U0214165

教育部高等学校电子信息类专业教学指导委员会规划教材

高等学校电子信息类专业系列教材

Antenna Technologies

天线技术

何业军　　张龙　编著
He Yejun　　Zhang Long

清华大学出版社

北京

内容简介

本书是一本系统论述天线知识的立体化教程(包含纸质图书、教学课件与仿真案例)。全书共 10 章,第 1 章介绍天线基础知识,第 2 章介绍线天线,第 3 章介绍面天线,第 4 章介绍微带天线,第 5 章介绍缝隙天线,第 6 章介绍宽带天线,第 7 章介绍非频变天线,第 8 章介绍阵列天线基础,第 9 章介绍几种实用天线,第 10 章介绍天线测量。

为便于读者高效学习,快速掌握天线设计与测量,本书附有完整的教学课件、天线仿真和天线测试案例。

本书适合作为广大高校电子信息专业"天线技术"课程教材,也可以作为天线技术科研工作者的自学参考用书。

图书在版编目(CIP)数据

天线技术/何业军,张龙编著. —北京:清华大学出版社,2021.4(2025.5重印)
高等学校电子信息类专业系列教材
ISBN 978-7-302-57090-5

Ⅰ. ①天⋯ Ⅱ. ①何⋯ ②张⋯ Ⅲ. ①天线-高等学校-教材 Ⅳ. ①TN82

中国版本图书馆 CIP 数据核字(2020)第 251175 号

责任编辑:盛东亮　吴彤云
封面设计:李召霞
责任校对:李建庄
责任印制:刘　菲

出版发行:清华大学出版社
　　　　网　　　址:https://www.tup.com.cn,https://www.wqxuetang.com
　　　　地　　　址:北京清华大学学研大厦 A 座　　　　　　　邮　　编:100084
　　　　社 总 机:010-83470000　　　　　　　　　　　　　　邮　　购:010-62786544
　　　　投稿与读者服务:010-62776969,c-service@tup.tsinghua.edu.cn
　　　　质量反馈:010-62772015,zhiliang@tup.tsinghua.edu.cn
　　　　课件下载:https://www.tup.com.cn,010-83470236
印 装 者:三河市铭诚印务有限公司
经　　销:全国新华书店
开　　本:185mm×260mm　　　印　张:13.5　　　　　字　　数:329 千字
版　　次:2021 年 5 月第 1 版　　　　　　　　　　　印　　次:2025 年 5 月第 6 次印刷
印　　数:4501 ～ 5000
定　　价:49.00 元

产品编号:071422-01

专家书评
REVIEWS

　　天线是无线电系统中的关键部件。深圳大学何业军教授编著的《天线技术》由浅入深地讲述了天线技术的基础知识以及实用工程设计方法。本书提供了 10 个天线仿真实例和 10 个天线测试实例,对于天线工程学习阶段的学生,这是非常必要的。特别是,本书还为教师提供了配套的可编辑的教学课件。这既减少了教师的备课工作量又为他们各自的发挥留有空间。衷心地希望本书成为课堂学习,特别是在线学习的一本实用又适用的好书。

　　　　　　　　　　　　——陈志宁　新加坡国立大学教授、IEEE Fellow、新加坡工程院院士

　　天线是现代无线电系统的关键部件,随着移动通信、雷达、导航、RFID 等系统的发展,天线技术也在持续演进。因此,天线技术教材也需要与时俱进,以适应时代的发展。本书是一部立体化教程,包含纸质图书、教学课件、仿真与测试案例,为学生深度掌握天线原理与设计提供了一条有效的新颖的途径。相信本书会受到天线技术领域学生和科技工作者的广泛欢迎。

　　　　　　　　　　　　——洪伟　东南大学信息科学与工程学院毫米波国家重点实验室教授、IEEE Fellow

　　《天线技术》一书的作者长期从事电磁场理论与天线技术的教学和研究工作,取得了一系列高水平的科研成果。作者凭借自己多年的教学和研究经验,以及对天线技术的深入理解,创造性地编写了这部包括了纸质图书、教学课件、仿真与测试案例的内容丰富的高水平著作,对天线领域的科研人员、工程师、学生等来说,具有非常高的参考价值。

　　　　　　　　　　　　——薛泉　华南理工大学教授、IEEE Fellow

　　天线是无线通信、雷达和导航系统中的关键部件。随着 5G、6G 移动通信和物联网技术的发展,天线技术将更加重要。《天线技术》系统、深入地论述了天线的基本理论和技术,包含了很多仿真实例和现代天线的新技术,内容丰富、新颖,是电磁场与微波技术、无线电物理、电子工程、通信工程专业本科生、研究生、科研和工程技术人员的一本很好的参考书,具有很高的实用价值。

　　　　　　　　　　　　——高式昌　英国肯特大学教授、IEEE Fellow

　　《天线技术》一书参考了国内外相关的资料,结合作者多年的实践经验,详尽讲述了天线的重要理论,分析了各种典型的天线类型,介绍了最新的天线技术与设计方法。本书讲解深入浅出,几乎每章都有实用的仿真实例,便于读者学习理解,再配上教学课件,特别适合于高等学校的教学。对于从事天线、无线通信和雷达研究开发的技术人员,也具有很高的实用参考价值。

　　　　　　　　　　　　——黄漪　英国利物浦大学讲座教授、IEEE Fellow

前 言
PREFACE

天线作为无线通信系统必不可少的组成部分,正日益受到重视。但从天线技术理论的学习到实践环节,普遍缺乏系统性、前沿性的归纳和指导。期望读者阅读本书后能在较短时间内全方位理解和掌握天线基础理论和实践知识。

本书既可作为电子信息类专业天线技术课程的专业课教材,也可作为大学阶段的公共选修课教材,还可作为天线技术 MOOC 课配套教材。本书不仅面向科研院所、大专院校师生,而且面向工程领域科技工作者,尽量将公式、定理和理论提炼成结论性内容表述。读者除需要具备基本的高等数学、普通物理、电路分析、电磁场与电磁波等基础知识外,无须预修其他课程。本书特别理想的读者是电子信息工程、通信工程、集成电路、生物医学工程、材料科学工程等领域需要用到天线技术的研发、生产、测试人员,希望为他们提供有价值的参考。

本书共 10 章,内容涵盖天线基础知识、线天线、面天线、微带天线、缝隙天线、宽带天线、非频变天线、阵列天线基础、几种实用天线和天线测量。通过本书的学习,读者可以了解天线种类和结构,理解天线原理,掌握天线设计和测量方法。

感谢博士研究生贺卫、陈亚玲、陈瑞森和硕士研究生孙宇航、罗宁、李军、李超对本书撰写工作做出的贡献,他们在资料整理与文字编辑上投入许多精力,并且对本书的部分天线进行了仿真和测试。如果没有他们的帮助,本书将很难顺利完成。

本书受到深圳大学学术出版基金、国家科技部中国科学技术交流中心台湾青年科学家交流计划项目(RW2019TW001)、深圳市国际合作研究项目(No. GJHZ20180418190529516)资助,特此感谢!

感谢清华大学出版社盛东亮老师等的大力支持,通过与他们多次交流,才使本书的质量得到极大的提升。

由于编者水平有限,书中难免有疏漏和不足之处,敬请广大读者批评指正!

编 者

2021 年 3 月

目 录
CONTENTS

第 1 章

天线基础知识

1.1 引言

天线是用于接收或发射电磁波的设备,它是导行电磁波与自由空间电磁波之间的转换器件。根据工作模式的不同,可将天线分为发射天线和接收天线。发射天线可以将束缚在导波系统内的导行电磁波转换为向自由空间辐射的电磁波;相反,接收天线则可以将自由空间电磁波转换为导行电磁波,即

$$导行电磁波 \xrightleftharpoons[\text{接收天线}]{\text{发射天线}} 自由空间电磁波$$

天线是无线通信设备的重要组成部分,天线性能的优劣将直接影响整个无线通信系统的性能。为了评价天线的性能,定义天线的各种电参数是很有必要的。天线的主要电参数包括方向性、效率、频带宽度、极化、输入阻抗、有效面积等。本章将详细阐述主要电参数的定义以及电参数之间的联系。

1.2 天线的方向特性参数

天线的方向特性参数是用来描述天线各个方向辐射能量强弱的参数。表征天线方向特性的参数主要有 4 个,分别为方向性函数、方向性系数、增益和方向图。方向性函数、方向性系数和增益都是关于空间坐标[此处为球坐标(r,θ,φ)]的函数,而方向图则是以方向性函数、方向性系数或增益中的某一个参数为依据绘制出来的图形,天线的设计者或使用者可以通过方向图形象且快速地了解该天线的方向特性。

1.2.1 方向性函数

方向性函数 $F(\theta,\varphi)$ 定义为在距离天线 r 处的远区场电场强度幅值 $|E(\theta,\varphi)|$ 与辐射最强方向上距离天线 r 处的电场强度幅值 $|E_{\max}|$ 之比。它描述了天线辐射的电场强度在空间中的相对分布情况,数学表达式如式(1-1)所示。

$$F(\theta,\varphi) = \frac{\left| E(\theta,\varphi) \right|}{\left| E_{\max} \right|} \Bigg|_{r\text{相同}} \tag{1-1}$$

其中,$|E_{\max}|$ 为对应 $|E(\theta,\varphi)|$ 的最大值。

例 1-1 求沿 z 轴放置的电偶极子的方向性函数。

解：每个长度为 dl 的小电流元 Idl 就是一个基本电偶极子，已知基本电偶极子的远区场电场强度为 $\boldsymbol{E}=\boldsymbol{a}_{\theta}\mathrm{j}\dfrac{Idl}{2\lambda r}\eta\sin\theta\mathrm{e}^{-\mathrm{j}kr}$，其中，$r$ 为小电流元 Idl 与场点的距离，η 为媒质中的波阻抗，λ 为媒质中的波长，k 为相移常数。

根据式(1-1)可得

$$F(\theta,\varphi)=\left|\frac{\mathrm{j}I\eta\mathrm{e}^{-\mathrm{j}kr}\,\mathrm{d}l}{2\lambda r}\sin\theta\right|\cdot\left|\frac{2\lambda r}{\mathrm{j}I\eta\mathrm{e}^{-\mathrm{j}kr}\,\mathrm{d}l}\right|=|\sin\theta|$$

1.2.2　方向性系数

方向性系数 $D(\theta,\varphi)$ 定义为在距离天线 r 处的远区场功率密度 $S(\theta,\varphi)$ 与辐射功率 P_r 相同的理想无方向性天线在相同位置的功率密度 S_0 之比。它定量地描述了天线方向性的强弱，数学表达式如式(1-2)或式(1-3)所示。

$$D(\theta,\varphi)=\frac{S(\theta,\varphi)}{S_0}\bigg|_{P_\mathrm{r}相同,r相同} \tag{1-2}$$

$$D(\theta,\varphi)=\frac{|\boldsymbol{E}(\theta,\varphi)|^2}{|\boldsymbol{E}_0|^2}\bigg|_{P_\mathrm{r}相同,r相同} \tag{1-3}$$

特殊地，在不指定方向时，通常辐射最强方向上的方向性系数用符号 D 表示。数学表达式如式(1-4)或式(1-5)所示。

$$D=\frac{S_{\max}}{S_0}\bigg|_{P_\mathrm{r}相同,r相同} \tag{1-4}$$

$$D=\frac{|\boldsymbol{E}_{\max}|^2}{|\boldsymbol{E}_0|^2}\bigg|_{P_\mathrm{r}相同,r相同} \tag{1-5}$$

进一步，方向性系数 $D(\theta,\varphi)$ 与方向性函数 $F(\theta,\varphi)$ 存在一定的关系，推导如下。

假设天线任意方向辐射的功率密度为

$$S(\theta,\varphi)=\frac{|\boldsymbol{E}(\theta,\varphi)|^2}{2\eta_0} \tag{1-6}$$

其中，η_0 为真空中的波阻抗，且 $\eta_0=\sqrt{\dfrac{\mu_0}{\varepsilon_0}}=120\pi$。

可求得半径为 r 的球面上的功率为

$$\begin{aligned}
P_\mathrm{r}&=\oint_S S(\theta,\varphi)\mathrm{d}S\\
&=\int_0^{2\pi}\int_0^{\pi}S(\theta,\varphi)r^2\sin\theta\mathrm{d}\theta\mathrm{d}\varphi\\
&=\frac{r^2}{2\eta_0}\int_0^{2\pi}\int_0^{\pi}|\boldsymbol{E}(\theta,\varphi)|^2\sin\theta\mathrm{d}\theta\mathrm{d}\varphi\\
&=\frac{r^2|\boldsymbol{E}_{\max}|^2}{2\eta_0}\int_0^{2\pi}\int_0^{\pi}F(\theta,\varphi)^2\sin\theta\mathrm{d}\theta\mathrm{d}\varphi
\end{aligned} \tag{1-7}$$

无方向性天线任意方向辐射的功率密度为

$$S_0=\frac{P_\mathrm{r}}{4\pi r^2} \tag{1-8}$$

根据式(1-2)可得,方向性系数 $D(\theta,\varphi)$ 与方向性函数 $F(\theta,\varphi)$ 的关系为

$$D(\theta,\varphi) = \frac{S(\theta,\varphi)}{S_0} = \frac{4\pi r^2 S(\theta,\varphi)}{P_r}$$

$$= \frac{4\pi F^2(\theta,\varphi)}{\int_0^{2\pi}\int_0^{\pi} F^2(\alpha,\beta)\sin\alpha\,d\alpha\,d\beta} \tag{1-9}$$

例 1-2 计算沿 z 轴放置的电偶极子的方向性系数(辐射最强方向)。

解:由例 1-1 可知,电基本振子的方向性函数为

$$F(\theta,\varphi) = |\sin\theta|$$

根据式(1-9)可得

$$D_0 = \frac{4\pi}{\int_0^{2\pi}\int_0^{\pi}\sin^2\alpha \cdot \sin\alpha\,d\alpha\,d\beta} = 1.5 \approx 1.76\text{dB}$$

方向性系数的物理意义是:若方向性系数为 $D(\theta,\varphi)$ 的方向性天线在指定方向上某点 M 处产生强度为 E 的电场,则使用无方向性天线在相同位置产生相同强度的电场所需要消耗的辐射功率将是方向性天线的 $D(\theta,\varphi)$ 倍。以例 1-2 为例,电偶极子在辐射最强方向上的方向性系数为 1.5,在该方向上某点 N 处产生强度为 E 的电场所消耗的辐射功率为 10W,那么使用无方向性天线在相同位置产生相同强度的电场就需要消耗 15W 的辐射功率。

1.2.3 增益

增益 $G(\theta,\varphi)$ 定义为在距离天线 r 处的远区场功率密度 $S(\theta,\varphi)$ 与输入功率 P_{in} 相同的理想无方向性天线在相同位置的功率密度 S_0 之比。可以看出,增益的定义与方向性系数的定义类似,但是要明确的是,增益计算的前提条件为输入功率 P_{in} 相同,而方向性系数计算的前提条件是辐射功率 P_r 相同。与方向性系数一样,增益也可以用于表征天线方向性的强弱。数学表达式如式(1-10)或式(1-11)所示。

$$G(\theta,\varphi) = \frac{S(\theta,\varphi)}{S_0}\bigg|_{P_{in}\text{相同},r\text{相同}} \tag{1-10}$$

$$G(\theta,\varphi) = \frac{|E(\theta,\varphi)|^2}{|E_0|^2}\bigg|_{P_{in}\text{相同},r\text{相同}} \tag{1-11}$$

特别地,在不指定方向时,默认方向为辐射最强方向上的增益,用符号 G 表示。数学表达式如式(1-12)或式(1-13)所示。

$$G = \frac{S_{max}}{S_0}\bigg|_{P_{in}\text{相同},r\text{相同}} \tag{1-12}$$

$$G = \frac{|E_{max}|^2}{|E_0|^2}\bigg|_{P_{in}\text{相同},r\text{相同}} \tag{1-13}$$

进一步,增益 $G(\theta,\varphi)$ 与方向性系数 $D(\theta,\varphi)$ 存在一定的关系,简单概述如下。

假设天线的辐射效率为 e_{cd},则辐射功率 P_r 与输入功率 P_{in} 的关系为

$$P_r = e_{cd} P_{in} \tag{1-14}$$

由天线输入功率 P_{in} 可求得无方向性天线在任意方向辐射的功率密度 S_0 为

$$S_0 = \frac{P_{\mathrm{in}}}{4\pi r^2} \tag{1-15}$$

将式(1-15)代入式(1-10),可得增益 $G(\theta,\varphi)$ 与方向性系数 $D(\theta,\varphi)$ 的关系为

$$\begin{aligned}
G(\theta,\varphi) &= \frac{S(\theta,\varphi)}{S_0} \\
&= \frac{4\pi r^2 S(\theta,\varphi)}{P_{\mathrm{in}}} \\
&= e_{\mathrm{cd}} \frac{4\pi r^2 S(\theta,\varphi)}{P_{\mathrm{r}}} \\
&= e_{\mathrm{cd}} D(\theta,\varphi)
\end{aligned} \tag{1-16}$$

若忽略天线自身的损耗(即辐射效率为1),天线的增益和方向性系数相等。

需要注意的是,此处的增益 $G(\theta,\varphi)$ 未考虑输入端反射损耗。若将输入端反射损耗考虑进来,则可定义天线的实际增益 $G_{\mathrm{re}}(\theta,\varphi)$ 为

$$G_{\mathrm{re}}(\theta,\varphi) = e_0 D(\theta,\varphi) \tag{1-17}$$

其中, e_0 为天线实际辐射效率。

1.2.4　方向图

方向图可分为二维方向图和三维方向图,如图 1-1 所示。其中,由于二维方向图绘制简单,占用计算机资源少,所以在实际设计和工程应用中得到了广泛应用。

在天线方向图中,主瓣指的是包含有最大辐射方向的波瓣,除了主瓣以外的波瓣统称为副瓣或旁瓣。位于主瓣正后方的副瓣称为后瓣。另外,为了便于对各种天线方向图进行比较,方向图的几个常用电参数定义如下。

(1) 第一零点波束宽度(First Null Beamwidth,FNBW):主瓣最大辐射方向两侧的两个第一零点功率点(功率首次为零的点)对应的矢径之间的夹角。

(2) 半功率波束宽度(Half-Power Beamwidth,HPBW):最大辐射方向两侧最近的两个半功率点(即功率密度下降为最大值的 $1/2$,或场强下降为最大值的 $\sqrt{2}/2$)对应矢径之间的夹角,通常也称为主瓣宽度。主瓣宽度越小,说明天线的方向性越强。

(3) 副瓣电平:副瓣最大辐射方向上的功率密度 S_2 与主瓣最大辐射方向上的功率密度 S_1 的比值。通常将该比值取对数,即

$$P_{\mathrm{sub}} = 10\lg \frac{S_2}{S_1} \mathrm{dB} \tag{1-18}$$

方向图的副瓣一般都不是我们所需要的,工程上希望尽量消除副瓣,使其辐射(接收)的能量集中在主瓣上。此外,在某些情况下,副瓣的存在还会干扰该天线邻近一些设备的工作,因此,副瓣电平越小越好。

(4) 前后比:后瓣最大辐射方向上的功率密度 S_3 与主瓣最大辐射方向上的功率密度 S_1 的比值。通常将该比值取对数,即

$$\frac{F}{B} = 10\lg \frac{S_3}{S_1} \mathrm{dB} \tag{1-19}$$

前后比用于衡量天线对后瓣抑制的好坏,前后比越大,说明天线往背面辐射(接收)的能量越小。

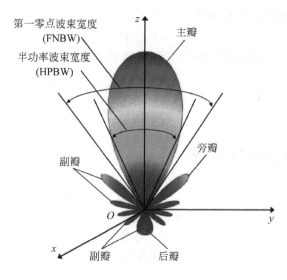

(a) 二维方向图(yOz平面)

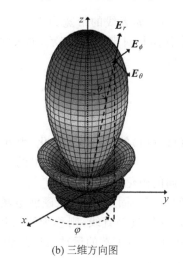

(b) 三维方向图

图 1-1　某天线的方向图

1.3　天线效率

　　天线效率是用于衡量天线是否能够有效地转换能量的物理量。天线总效率 e_0 与天线输入端的反射损耗、天线输出端的导体损耗和介质损耗有关,如图 1-2 所示。

　　通常用式(1-20)表示天线总效率。

$$e_0 = e_r e_c e_d \tag{1-20}$$

其中,e_r 表示天线与传输线之间因失配产生反射波导致能量无法完全传输到天线上所对应的效率,该效率与反射系数 Γ 有关,具体关系如式(1-21)所示;e_c 表示天线导体在工作时自身发热产生的能量损耗所对应的效率;e_d 表示电磁波在电

图 1-2　天线的反射损耗、导体
损耗和介质损耗

介质中传播产生能量损耗所对应的效率。

$$e_r = 1 - |\Gamma|^2 \tag{1-21}$$

一般地，将 e_c 与 e_d 的乘积称为天线的辐射效率，如式(1-22)所示。

$$e_{cd} = e_c e_d \tag{1-22}$$

进一步，可将天线总效率写为

$$e_0 = (1 - |\Gamma|^2) e_{cd} \tag{1-23}$$

1.4　天线的频带宽度

天线的频带宽度简称为天线带宽，定义为在某个频率范围内天线的某一电参数符合一定的条件，那么这个频率范围所对应的频带宽度称为该电参数的带宽，常见的有阻抗带宽、波束宽度带宽、轴比带宽、增益带宽、辐射效率带宽等。一般而言，带宽的表达形式有两种：一种是绝对带宽 $B = f_H - f_L$，f_H 和 f_L 分别为频带的最高频率和最低频率；另一种是相对带宽 $B_r = \dfrac{f_H - f_L}{f_0} \times 100\%$，$f_0$ 为中心频率或设计频率。对于宽带天线，通常使用最高频率与最低频率的比值 f_H/f_L 表示带宽，如天线的带宽为 10：1，是指天线最高频率是最低频率的 10 倍；对于窄带天线，通常使用相对带宽 B_r 表示，如天线的带宽为 5%，是指天线的绝对带宽 B 只有中心频率 f_0 的 5%。

1.5　天线的极化

天线的极化定义为天线辐射(发射)的电磁波的极化，由互易定理可知，同一个天线作为发射天线和接收天线的极化形式是一样的。天线辐射出的电磁波在各个方向上是不一样的，所以在不同方向上会存在不同的极化。

电磁波的极化定义为在空间上任一固定点处，电磁波电场矢量的末端随时间变化的运动轨迹。如果电场矢量末端的运动轨迹是直线，则称为线极化；如果电场矢量末端的运动轨迹是圆，则称为圆极化；如果电场矢量末端的运动轨迹是椭圆，则称为椭圆极化。常见的电场矢量末端运动轨迹如图 1-3 所示。

以均匀平面电磁波为例，分析电磁波的线极化、圆极化和椭圆极化。已知一均匀平面电磁波，其电场矢量表达式为

$$\begin{aligned}
\boldsymbol{E} &= \boldsymbol{a}_x E_x + \boldsymbol{a}_y E_y \\
&= \mathrm{Re}[(\boldsymbol{a}_x E_{0x} + \boldsymbol{a}_y E_{0y}) \mathrm{e}^{-\mathrm{j}kz}] \\
&= \mathrm{Re}[(\boldsymbol{a}_x E_{xm} \mathrm{e}^{\mathrm{j}\phi_x} + \boldsymbol{a}_y E_{ym} \mathrm{e}^{\mathrm{j}\phi_y}) \mathrm{e}^{-\mathrm{j}kz}]
\end{aligned} \tag{1-24}$$

其中，电场矢量的两个分量的瞬时值可表示为

$$\begin{cases}
E_x = E_{xm} \cos(\omega t - kz + \phi_x) \\
E_y = E_{ym} \cos(\omega t - kz + \phi_y)
\end{cases} \tag{1-25}$$

为了计算方便，在空间任取一固定点($z = 0$)，则

$$\begin{cases}
E_x = E_{xm} \cos(\omega t + \phi_x) \\
E_y = E_{ym} \cos(\omega t + \phi_y)
\end{cases} \tag{1-26}$$

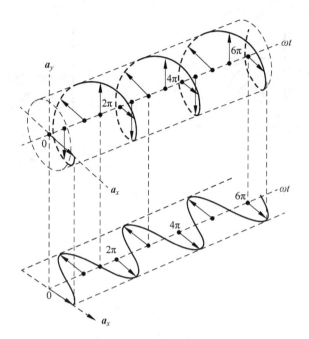

图 1-3　常见的电场矢量末端运动轨迹

1. 线极化

对于线极化波，电场矢量的两个分量的相位差是 π 的整数倍，数学表达式为

$$\Delta\phi = | \phi_x - \phi_y | = n\pi, \quad n = 0,1,2,\cdots \tag{1-27}$$

2. 圆极化

对于圆极化波，电场矢量的两个分量的幅度相等，相位差为 $\pi/2$，数学表达式为

$$\begin{cases} E_{x\mathrm{m}} = E_{y\mathrm{m}} \\ \Delta\phi = | \phi_x - \phi_y | = \dfrac{\pi}{2} + 2n\pi, \quad n = \cdots, -2, -1, 0, 1, 2, \cdots \end{cases} \tag{1-28}$$

根据电场矢量的旋向，圆极化可分为左旋圆极化和右旋圆极化。假设电磁波沿 $+z$ 轴方向传播，大拇指方向指向电磁波传播方向，其余 4 指指向电场矢量旋转方向。当电场矢量的 x 分量的相位领先于 y 分量时，电场矢量的旋转方向为逆时针方向，符合右手螺旋关系，称为右旋圆极化；当电场矢量的 y 分量的相位领先于 x 分量时，电场矢量的旋转方向为顺时针方向，符合左手螺旋关系，称为左旋圆极化，如图 1-4 所示。注意：不管是右旋圆极化还是左旋圆极化，4 指的转向都是相位超前分量转向相位滞后分量。

3. 椭圆极化

椭圆极化是最一般的极化情况，即 $E_{x\mathrm{m}}$ 和 $E_{y\mathrm{m}}$ 以及 ϕ_x 和 ϕ_y 之间为任意关系。当 $\Delta\phi = | \phi_x - \phi_y | = \dfrac{(2n+1)\pi}{2}$，$n = 0,1,2,\cdots$ 时，椭圆的长短轴与坐标轴重合，而 $\Delta\phi = | \phi_x - \phi_y | \neq \dfrac{(2n+1)\pi}{2}$，$n = 0,1,2,\cdots$ 时，椭圆的长短轴与坐标轴不重合，如图 1-5 所示。

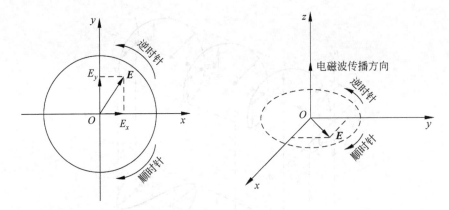

图 1-4　圆极化

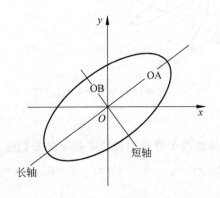

图 1-5　椭圆极化

总的来说,电磁波的极化形式只有 3 种:线极化、圆极化和椭圆极化。线极化和圆极化是椭圆极化的两个特例。为了更好地区分各种极化形式,此处引入一个重要的参数——轴比。轴比(Axial Ratio,AR)定义为椭圆极化的长轴与短轴之比,如式(1-29)所示。由定义可知,线极化的轴比为无穷大,圆极化的轴比为 1。

$$AR = \frac{OA}{OB}, \quad 1 \leqslant AR \leqslant \infty \tag{1-29}$$

1.6　输入阻抗

输入阻抗定义为天线输入端的电压与电流之比。在分析时可以将天线看成一个二端网络,从而去研究其输入端的输入阻抗。首先以发射天线为例,如图 1-6(a)所示,假设天线直接与发射机相连(即不经过传输线相连),天线的输入端为 a-b。a-b 两端的电压与电流之比定义为该天线的输入阻抗 Z_Λ,可表达为

$$Z_\Lambda = R_\Lambda + jX_\Lambda \tag{1-30}$$

其中,Z_Λ 为天线的输入阻抗(单位为 Ω);R_Λ 为天线的输入电阻(单位为 Ω);X_Λ 为天线的输入电抗(单位为 Ω)。

通常来说,天线的输入电阻由两部分组成,一部分是辐射电阻,另一部分是损耗电阻,即

$$R_\Lambda = R_r + R_L \tag{1-31}$$

其中,R_r 为天线的辐射电阻;R_L 为天线的损耗电阻。

假设与天线相连接的发射机的内部阻抗为

$$Z_g = R_g + jX_g \tag{1-32}$$

其中,R_g 为发射机的内部电阻;X_g 为发射机的内部电抗。

天线与发射机相连,天线处于发射模式时,可以把图 1-6(a)的电路分别等效为图 1-6(b)的戴维南电路和图 1-6(c)的诺顿电路。上述两种等效电路的分析原理及过程类似,本书以图 1-6(b)的戴维南等效电路为例进行分析。为求出 R_r 和 R_L 上的功率,可以求得整个回路的电流为

$$I_g = \frac{V_g}{Z_t} = \frac{V_g}{Z_\Lambda + Z_g} = \frac{V_g}{(R_r + R_L + R_g) + j(X_\Lambda + X_g)}(A) \tag{1-33}$$

电流的幅度为

$$|I_g| = \frac{|V_g|}{[(R_r + R_L + R_g)^2 + (X_\Lambda + X_g)^2]^{1/2}} \tag{1-34}$$

其中,V_g 是发射机输出电压的峰值。天线的辐射功率 P_r、天线的损耗功率 P_L 和发射机内阻所消耗的功率 P_g 分别为

$$P_r = \frac{1}{2}|I_g|^2 R_r = \frac{|V_g|^2}{2}\left[\frac{R_r}{(R_r + R_L + R_g)^2 + (X_\Lambda + X_g)^2}\right](W) \tag{1-35}$$

$$P_L = \frac{1}{2}|I_g|^2 R_L = \frac{|V_g|^2}{2}\left[\frac{R_L}{(R_r + R_L + R_g)^2 + (X_\Lambda + X_g)^2}\right](W) \tag{1-36}$$

$$P_g = \frac{1}{2}|I_g|^2 R_g = \frac{|V_g|^2}{2}\left[\frac{R_g}{(R_r + R_L + R_g)^2 + (X_\Lambda + X_g)^2}\right](W) \tag{1-37}$$

由式(1-35)～式(1-37)可知,若想要天线获取最大的输入功率,必须满足以下条件

$$\begin{cases} R_r + R_L = R_g \\ X_\Lambda = -X_g \end{cases} \tag{1-38}$$

满足以上条件称为阻抗共轭匹配,此时天线的辐射功率、天线的损耗功率和发射机内阻所消耗的功率可以表示如下:

$$\begin{cases} P_r = \frac{|V_g|^2}{2}\left[\frac{R_r}{4(R_r + R_L)^2}\right] = \frac{|V_g|^2}{8}\left[\frac{R_r}{(R_r + R_L)^2}\right] \\ P_L = \frac{|V_g|^2}{8}\left[\frac{R_L}{(R_r + R_L)^2}\right] \\ P_g = \frac{|V_g|^2}{8}\left[\frac{R_g}{(R_r + R_L)^2}\right] = \frac{|V_g|^2}{8}\left[\frac{R_r + R_L}{(R_r + R_L)^2}\right] = \frac{|V_g|^2}{8R_g} \\ P_g = P_r + P_L \end{cases} \tag{1-39}$$

由此可见,当天线与发射机在共轭匹配的情况下,发射机所提供的功率,50%被发射机内阻消耗,50%输到天线上。因为天线上还会产生其他损耗,所以用于辐射的功率小于50%。假设天线是无损耗的,那么50%的功率将全用于辐射电磁波。所以要想提高天线的辐射效率,应尽可能地提高辐射电阻和降低损耗电阻。需要指出的是,图 1-6 所给出的等效电路是恒定电压源或者恒定电流源的场景。在实际应用中,存在恒定功率源的场景,比如当天线与信号源或者网络分析仪等设备连接。在这种情况下,图 1-6 所给出的两种等效电路

将不再适用。

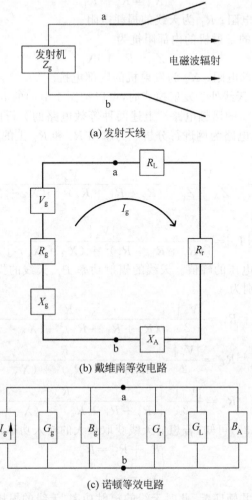

(a) 发射天线

(b) 戴维南等效电路

(c) 诺顿等效电路

图 1-6　发射天线及其等效电路

下面介绍恒定功率源的天线等效电路图，如图 1-7 所示[16]。

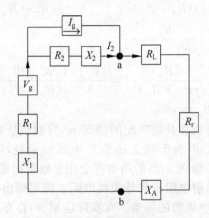

图 1-7　恒定功率源等效电路

其中阻抗关系由式(1-40)给出，Z_g 代表总的源阻抗，Z_Λ 代表天线阻抗。

$$\begin{cases} Z_g = Z_1 + Z_2 = (R_1 + R_2) + \text{j}(X_1 + X_2) \\ Z_g = R_g + \text{j}X_g \\ R_g = R_1 + R_2 \\ X_g = X_1 + X_2 \\ Z_\Lambda = R_\Lambda + \text{j}X_\Lambda = R_r + R_L + \text{j}X_\Lambda \end{cases} \tag{1-40}$$

由于恒定功率源和负载无关，可以得到[16]

$$X_2 = 0, \quad V_g = I_g R_2 \tag{1-41}$$

根据上面的分析，可以得到输入源的功率和负载(天线)所获得的功率为

$$\begin{cases} P_g = \dfrac{1}{2} \mid V_g I_g \mid = \dfrac{1}{2} \dfrac{\mid V_g \mid^2}{R_2} \\ P_\Lambda = \dfrac{1}{2} \mid I_1 \mid^2 R_L = \dfrac{1}{2} \left| \dfrac{V_g + Z_2 I_g}{Z_g + Z_\Lambda} \right|^2 R_\Lambda = \dfrac{2 \mid V_g \mid^2 R_\Lambda}{(R_g + R_\Lambda)^2 + (X_g + X_\Lambda)^2} \end{cases} \tag{1-42}$$

当源阻抗和负载阻抗共轭匹配时，即 $R_g = R_\Lambda$，$X_g = -X_\Lambda$ 时，可以获得最大的负载功率

$$P_{\Lambda_{max}} = \dfrac{\mid V_g \mid^2}{2R_g} = \dfrac{\mid V_g \mid^2}{2(R_1 + R_2)} \tag{1-43}$$

因此，天线的效率为

$$\eta = \dfrac{P_\Lambda}{P_g} = \dfrac{R_2}{R_1 + R_2} \tag{1-44}$$

由此可知，当 $R_1 = 0$ 时，即源电阻为零时，负载功率达到最大，和输入源功率一致，此时天线的效率达到 100%，有别于前面 50% 的天线效率。当天线工作在接收模式时，其工作原理图如图 1-8(a)所示，在入射波和再次辐射波均存在功率损耗。此时输入源是接收天线吸收到的能量，因此是恒定功率源，而不是恒定电压源或者电流源。因此，接收天线的等效电路如图 1-8(b)所示。阻抗关系如下：

$$\begin{cases} Z_\Lambda = R_\Lambda + \text{j}X_\Lambda = R_r + R_{loss} + \text{j}X_\Lambda \\ Z_L = R_L + \text{j}X_L \end{cases} \tag{1-45}$$

负载所获得的功率为

$$P_L = \dfrac{1}{2} \mid I_L \mid^2 R_L = \dfrac{2 \mid V_g \mid^2 R_L}{(R_r + R_{loss} + R_L)^2 + (X_\Lambda + X_L)^2} \tag{1-46}$$

考虑天线无耗($R_{loss} = 0$)且共轭匹配($R_\Lambda = R_L$，$X_\Lambda = -X_L$)情况下，负载功率 P_L 和输入源功率 P_g 分别为

$$P_L = \dfrac{1}{2} \dfrac{\mid V_g \mid^2}{R_L} \tag{1-47}$$

$$P_g = \dfrac{1}{2} \mid V_g I_g \mid = \dfrac{1}{2} \dfrac{\mid V_g \mid^2}{R_\Lambda} \tag{1-48}$$

此时，由式(1-49)计算的接收天线的效率为 100%，即在天线无耗的情况下，天线的效率可以达到 100%。

$$\eta = \dfrac{P_L}{P_g} = \dfrac{R_L}{R_\Lambda} = 1 \tag{1-49}$$

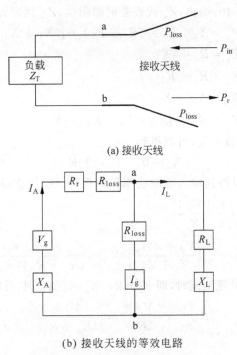

(a) 接收天线

(b) 接收天线的等效电路

图 1-8　接收天线及其等效电路

上述内容是在不考虑通过传输线将收发机和天线连接起来的情况,若考虑传输线的影响,还需要考虑传输线与天线失配所造成的功率损耗。

1.7　天线的有效面积

天线的有效面积是用来衡量接收天线能从来波中获取多大功率的一个物理量。在给定来波方向的条件下,天线的有效面积被定义为接收天线终端接收到的功率 P_{RM} 与平面入射波能量密度 S_i 的比值,如式(1-50)所示。在没有指定来波方向的情况下,天线的有效面积 A_e 被定义为天线最大辐射方向的有效面积。

$$A_e = \frac{P_{RM}}{S_i} \tag{1-50}$$

特殊地,在极化和阻抗均匹配的情况下,在天线辐射最强方向上的增益 G 与该方向的有效面积的比值为常数 $4\pi/\lambda^2$,即

$$\frac{G}{A_e} = \frac{4\pi}{\lambda^2} \tag{1-51}$$

这个关系适用于所有天线。重新整理式(1-51),可得

$$G = \frac{4\pi}{\lambda^2} A_e \tag{1-52}$$

由式(1-52)可知,天线辐射最强的方向上的有效面积 A_e 越大,则该方向上的增益 G 越高。

第2章

线　天　线

2.1　偶极子天线

众所周知,偶极子天线是最简单且使用最广泛的一种天线,是由开路双线传输线演变而来的,其典型的结构由两根金属线构成,且长度相等,其演化结构如图 2-1 所示。对于线天线的分析和设计,可以先获取线天线上的电流分布,进而获得天线的电参数,如辐射方向图和输入阻抗等。

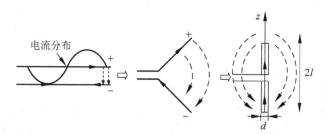

图 2-1　偶极子天线的演化(总长 $2l$,直径 d)

如果传输线的终端是开路,则末端的瞬态阻抗无穷大,这时反射系数为 1,能量将全部被反射回来。传输线上的电压和电流分别如式(2-1)和式(2-2)所示。式(2-3)则表征了传输线上电流的幅度分布。

$$V(z,t) = A_1 e^{j(\omega t - kz)} + A_2 e^{j(\omega t + kz)} \tag{2-1}$$

$$I(z,t) = \frac{1}{Z_0}(A_1 e^{j(\omega t - kz)} - A_2 e^{j(\omega t + kz)}) \tag{2-2}$$

$$|I(z,t)| = \mathrm{Re}\left[\frac{1}{Z_0}(A_1 e^{j(\omega t - kz)} - A_2 e^{j(\omega t + kz)})\right] = \frac{2}{Z_0}A_1 \sin(\omega t)\sin(kz) \tag{2-3}$$

其中,k 为相位常数。当 $z = \lambda/4 + n\lambda/2$($n$ 为整数)时,电流幅度达到最大值。如果偶极子天线的直径非常小(理想情况下为零),则电流分布由式(2-3)近似表示。如果坐标原点位于图 2-1 的偶极子中心处,则偶极子天线表面电流分布可以表示为

$$I(z) = I_0 \sin[k(l-z)], \quad 0 \leqslant z \leqslant l$$
$$I(z) = I_0 \sin[k(l+z)], \quad -l \leqslant z \leqslant 0 \tag{2-4}$$

其中,I_0 为传输线上电流的幅值(与馈电点处的电流不同),若偶极子天线的长度短于 $\lambda/2$,

则偶极子天线上的最大电流小于 I_0。由式(2-4)可得：极点处电流为0；馈电点处的电流幅度为 $I_0 \sin(kl)$；该周期函数的周期等于一个波长。

长度为 $2l = \lambda/10$、$\lambda/2$、λ 和 1.5λ 的偶极子天线的电流分布如表 2-1 所示，并且两极上的电流分布关于天线中心对称。

表 2-1　一些常见偶极子天线的特性

偶极子长度 $2l$	电流分布	辐射方向图	方向性系数	波束波宽	输入阻抗	说明
$\lambda/10$			1.50 或 1.76dBi	90°	R(实部)：非常小（约为 2Ω）jX(虚部)：容性	天线半径对电抗有影响
$\lambda/2$			1.64 或 2.15dBi	78°	R(实部)：约为 73Ω jX(虚部)：约为 0Ω	天线半径对阻抗没有影响
λ			2.40 或 3.80dBi	47°	R(实部)：非常大 jX(虚部)：约为 0Ω	天线半径对阻抗有影响
1.5λ			约 2.3dBi	—	R(实部)：约为 100Ω jX(虚部)：约为 0Ω	天线半径对阻抗有影响

因为有了电流分布，可以推出其他参数，所以利用式(2-5)近似得出电场强度。

$$E_\theta \approx \mathrm{j}\eta \frac{I_0 \mathrm{e}^{\mathrm{j}kr}}{2\pi r}\left[\frac{\cos(kl\cos\theta)-\cos(kl)}{\sin\theta}\right] \tag{2-5}$$

其中，η 为媒质的特征阻抗。表 2-1 中列出了各个长度下偶极子天线的方向图。同时，磁场强度也可通过式(2-6)得到。

$$H_\phi = \frac{E_\theta}{\eta} \approx \mathrm{j}\frac{I_0 \mathrm{e}^{\mathrm{j}kr}}{2\pi r}\left[\frac{\cos(kl\cos\theta)-\cos(kl)}{\sin\theta}\right] \tag{2-6}$$

因此，平均功率密度可以表示为

$$S_{\mathrm{av}} = \frac{1}{2}\mathrm{Re}(\boldsymbol{E}\times\boldsymbol{H}^*) = \boldsymbol{a}_r \frac{\eta I_0^2}{8\pi^2 r^2}\left[\frac{\cos(kl\cos\theta)-\cos(kl)}{\sin\theta}\right]^2 \tag{2-7}$$

所以，能进一步得到辐射强度为

$$U = r^2 S_{\mathrm{av}} = \frac{\eta I_0^2}{8\pi^2}\left(\frac{\cos(kl\cos\theta)-\cos(kl)}{\sin\theta}\right)^2 \tag{2-8}$$

并且,当 kl 比较小,即小于 $\pi/4$ 时,$\cos(kl)\approx1-(kl)^2/2$,并且可以得到

$$\frac{\cos(kl\cos\theta)-\cos(kl)}{\sin\theta}\approx\frac{1}{2}(kl)^2\sin\theta \tag{2-9}$$

因此,对于短偶极子天线,其辐射电场和辐射强度分别为

$$E_\theta\approx\mathrm{j}\eta\frac{I_0\mathrm{e}^{\mathrm{j}kr}}{4\pi r}(kl)^2\sin\theta\approx\mathrm{j}\eta\frac{I_0\mathrm{e}^{\mathrm{j}kr}}{4\pi r}(kl)\sin\theta \tag{2-10}$$

$$U\approx\frac{\eta I_{\mathrm{in}}^2}{32\pi^2}(kl)^2\sin^2\theta \tag{2-11}$$

其中,$I_{\mathrm{in}}=I_0\sin(kl)$ 是短偶极子天线的输入电流。

长度为 $2l=\lambda/10、\lambda/2、\lambda$ 和 1.5λ 的偶极子天线的电场平面辐射图也如表 2-1 所示,从各个 E 平面的方向图可以看出,偶极子上不同的电流分布能产生不同的辐射方向图。当偶极子的长度小于 λ 时,两极上的电流具有相同的极性,并且两侧只有一个波瓣而没有旁瓣。但是当偶极子的长度大于 λ 时,偶极子上的电流将会变得复杂,它们沿两个相反的方向行走,这将会造成辐射方向图的分裂,图表中的"$+$"和"$-$"表示电流相位相反的方向。

使用前面章节计算方向性系数的公式,偶极子的方向性系数计算公式为

$$D=\frac{4\pi U(\theta,\phi)}{P_{\mathrm{t}}}=\frac{4\pi U(\theta,\phi)}{\int_0^{2\pi}\int_0^\pi U\sin\theta\mathrm{d}\theta\mathrm{d}\phi}=\frac{2U(\theta,\phi)}{\int_0^\pi U\sin\theta\mathrm{d}\theta} \tag{2-12}$$

所以当频率数值与偶极子长度确定时,基于式(2-12)可以计算得到方向性系数,再通过方向性系数与增益的关系,可以更进一步求出增益。

在表 2-1 中,长度为 $\lambda/10、\lambda/2、\lambda$ 和 1.5λ 的偶极子的方向性系数也被列出,表中的参数还包括半功率波束宽度(HPBW)。方向性系数随着偶极子天线长度增加而增加,并且其会达到最大值。

在实际工程中,长度为 $\lambda/2$ 的偶极子(半波偶极子)天线更容易受到人们的青睐,其主要原因如下。

(1) 它在 H 平面的辐射方向图为全方向性,这一特点可以应用到很多方面,包括移动通信系统。

(2) 它的方向性系数为 2.15dBi,是比较合理的,虽然数值小于全波偶极子天线的方向性系数,但是高于短偶极子天线的方向性系数。

(3) 因为半波偶极子天线长度大于短偶极子天线长度且小于全波偶极子天线长度,所以在工程应用中能权衡方向性系数与尺寸的要求,它是最合理的选择。

(4) 更重要的一点是,半波偶极子的输入阻抗对于半径不是很敏感且保持在 73Ω 左右,这能与标准传输线的特征阻抗很好地匹配,一般传输线的特征阻抗为 50Ω 或 75Ω(驻波比小于 2 时)。

综合以上优势,半波偶极子天线是最佳的选择。

例 2-1　应用在移动通信系统中的一短偶极子天线长度为 3cm,工作频率为 1GHz,且它的偶极子天线直径为 2mm,偶极子的材料为铜线(电导率 $\sigma=5.7\times10^7$S/m,磁导率 $\mu=4\pi\times10^{-7}$H/m)。求:

(1) 辐射方向图和方向性系数;

(2) 输入阻抗、辐射电阻和辐射效率;

（3）如果该天线被应用在电磁兼容领域,在 100MHz 的工作频段上作为探针,计算它的辐射效率增益,用 dB 表示。

解：因为偶极子天线的工作频率为 1GHz,所以其工作波长 $\lambda = 30\text{cm}$,且 $2l/\lambda = 0.1$, $kl = 0.1\pi$。

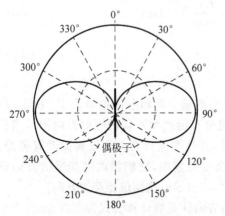

图 2-2　电场平面短偶极子天线的辐射方向图

（1）因为这是一个短偶极子天线,所以使用式(2-9)和式(2-10)可计算出其辐射方向图,E 平面的辐射方向图如图 2-2 所示,H 平面的方向图则具有全方向性。这个 E 平面的半功率波束宽度（HPBW）为 90°（图 2-2 中 45°～135°）,数据被列在表 2-1 中,方向性系数可以由式（2-10）和式（2-11）计算得到,数值为 1.5～1.76dBi。

（2）由阻抗计算公式可以计算出输入阻抗为

$$Z_a \approx 20(kl)^2 - \mathrm{j}120\left(\ln\frac{2l}{d} - 1\right)\bigg/(kl)$$
$$= 1.93 - \mathrm{j}652\ \Omega$$

为了计算损耗电阻,首先需要计算趋肤深度,用趋肤深度计算公式可得

$$\delta \approx \sqrt{\frac{1}{\pi f \mu \sigma}} = \sqrt{\frac{1}{\pi \times 10^9 \times 4\pi \times 10^{-7} \times 5.7 \times 10^7}} = 2.1 \times 10^{-6}\ \text{m}$$

趋肤深度的计算结果明显比传输线半径小,因此损耗电阻为

$$R_L \approx \frac{2l}{d}\sqrt{\frac{f\mu}{\pi\sigma}} \approx 0.04\Omega$$

由于辐射电阻等于输入电阻与损耗电阻之和,所以辐射电阻 $R_r = 1.93 + 0.04 = 1.97\Omega$,前面输入阻抗计算公式未考虑损耗电阻,故更精确的输入阻抗为 $Z_a = 1.93 + 0.04 - \mathrm{j}652\Omega = 1.97 - \mathrm{j}652\Omega$。

此时辐射效率为

$$\eta_e = \frac{R_r}{R_r + R_L} = \frac{1.97}{1.97 + 0.04} = 98\%$$

（3）因为天线被应用在电磁兼容领域,并且工作频率为 100MHz,所以波长 $\lambda = 300\text{cm}$,因此 $2l/\lambda = 0.01$,$kl = 0.01\pi$。此时用同样的方法可得：天线输入阻抗 $Z_a = 0.0197 - \mathrm{j}6524.3\Omega$,趋肤深度 $\delta \approx 6.67 \times 10^{-6} < d/2$,损耗电阻 $R_L \approx 0.0126\Omega$。因此,辐射效率为

$$\eta_e = \frac{R_r}{R_r + R_L} = \frac{0.0197}{0.0197 + 0.0126} \times 100\% = 60.99\% \quad 或 \quad 2.14\text{dB}$$

该效率远低于天线工作于 1GHz 时的效率,通常电小天线具有低效率和高电抗,尽管它们的尺寸更小,但是它们在工程应用中也不受欢迎。但有时候工程师也会使用短偶极子天线接收信号,因为信噪比比辐射效率更重要。

除圆柱形偶极子外,还有许多其他形状的偶极子被开发并投入应用。如图 2-3 所示,双锥形天线能提供比圆柱形偶极子更大的带宽;蝶形领结天线具有大带宽以及低剖面形状;半波折叠偶极子可被视为两个半波偶极子的叠加,其输入阻抗约为 280Ω,接近于双线传输

线的标准特征阻抗 300Ω，所以它在 20 世纪 50 年代和 60 年代被广泛应用于电视信号接收；套筒偶极子也具有大带宽，并且可以通过同轴电缆很好地馈电。

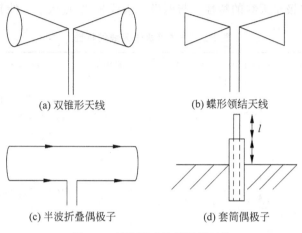

(a) 双锥形天线   (b) 蝶形领结天线

(c) 半波折叠偶极子   (d) 套筒偶极子

图 2-3　其他形式的偶极子天线

2.2　单极子天线

单极子天线是偶极子天线的一半，如图 2-4 所示。单极子天线与偶极子天线有很多相似之处，研究单极子天线的最佳方法是镜像理论。

镜像理论定义为：如果在无限大完美传导地面上存在电流 **A**、**B**、**C**，则地面将充当镜子产生的镜像电流为 **A**′、**B**′、**C**′，如图 2-5 所示。**A** 和 **B** 可以被认为是基波电流，在任意情况下，如电流 **C**，可以被视为这两种电流的矢量和。地平面上任意一点的场相当于电流 **A**、**B**、**C** 所产生，并且它们的镜像电流 **A**′、**B**′、**C**′ 不存在地平面。镜像电流的幅值与原始电流相同，其方向由边界条件决定，如切向电场（Tangential Electric Field）必须为零。利用镜像原理，将地平面移除后，则自由空间中可以当作有一对电流源存在。

图 2-4　单极子天线模型   图 2-5　镜像理论

将镜像理论应用于图 2-4 中的单极子天线，可以清楚地看到它等同于图 2-5 中 **B** 的情况，假设处于自由空间中，就可以等效为长度为 $2l$ 的偶极子天线。沿极点的电流分布与前面讨论的偶极子天线的电流分布相同，因此辐射方向图在地平面上方，与偶极子天线辐射方向图相同（$0 \leqslant \theta \leqslant \pi/2$）。功率仅辐射到上半空间并且下半空间的功率被反射回上半空间，这会导致方向性增加，因此，单极子天线的方向性系数是它对应偶极子天线方向性系数的两倍。

另外，单极子天线的输入阻抗也会发生变化，对于偶极子天线，极点输入点电压为

$V-(-V)=2V$；而对于单极子天线，在极点与地平面之间的电压为 V，偶极子的输入电流和单极子的输入电流是一样的，所以单极子天线的输入阻抗是其相应偶极子输入阻抗的 $1/2$。表 2-2 给出了一些单极子天线的特性。与偶极子天线相比，单极子天线具有以下优点。

表 2-2　一些单极子天线的特性

单极子长度	电流分布	辐射方向图	方向性系数	波束波宽	输入阻抗	说明
$\lambda/20$			3.00 或 4.76dBi	45°	R（实部）：非常小（约为 1Ω） jX（虚部）：容性	天线半径对电抗有影响
$\lambda/4$			3.28 或 5.15dBi	39°	R（实部）：约为 37Ω jX（虚部）：约为 0Ω	天线半径对阻抗没有影响
$\lambda/2$			4.80 或 6.80dBi	23.5°	R（实部）：非常大 jX（虚部）：约为 0Ω	天线半径对阻抗有影响
$3\lambda/4$			约 4.6dBi	—	R（实部）：约为 50Ω jX（虚部）：约为 0Ω	天线半径对阻抗有影响

（1）单极子天线的尺寸是相应偶极子天线的 $1/2$。

（2）单极子天线的方向性系数是相应偶极子天线的 2 倍。

（3）单极子天线的输入阻抗是相应偶极子天线的 $1/2$。

$\lambda/4$ 的单极子天线与半波偶极子天线一样，是一根谐振天线。但 $\lambda/4$ 的单极子天线的输入阻抗为半波偶极子天线输入阻抗的 $1/2$，大约为 37.5Ω，与 50Ω 的标准传输线匹配良好。因此，$\lambda/4$ 的单极子天线是最受欢迎的天线之一，它几乎被应用于从无线电广播塔到移动电话等各个方面。第 9 章将详细介绍单极子天线在手机中的应用。

分析上述单极子天线的特性时，是基于一个无限大完美导电地平面的假设，但实际上通常不是无限大地平面或地平面不是完美的导体，所以需要进一步分析地平面对单极子的影响。单极子天线所有的参数都可能受到地平面的影响，包括辐射方向图、增益和输入阻抗等。

如果导电的接地平面的尺寸有限，则辐射功率会泄漏到空间的下半部分，这意味着辐射方向图会改变，可能会出现旁瓣甚至后瓣，因为接地平面的边缘会衍射电磁波，从而产生许多旁瓣。当最大角度被改变（向天空倾斜的角度），单极子天线的方向性系数会减少，并且其输入阻抗也会发生变化。如果这个接地平面不是无限大的，它也可能作为一个辐射导体辐射电磁波而不是只当作接地平面。根据工程项目的经验，接地平面的直径至少为一个波长。

另外，如果接地平面非常大但不是由良导体构成，则天线的所有特性都会受到影响，特别是方向性系数和增益会降低。为了改善地平面的反射性,有时会利用金属网。

2.3 环形天线

环形天线是另外一种简单且通用的线天线,其结构形式包括圆形、方形、矩形、三角形和椭圆形等。偶极子天线被认为是从传输线开路演变而来的形式,而环形天线可以看作是从传输线短路演变而来的形式,如图 2-6 所示。因此,对于小的环形天线,其电流很大但电压很小,会导致环形天线产生小的输入阻抗,这与短偶极子天线不同,短偶极子天线的阻抗,更准确地说是电抗非常大。分析环形天线的属性,依然可以使用传统方法,通过其电流分布获得环形天线的原理,但这是特别耗时且麻烦的。因为前面已经研究过偶极子的特性,所以本节将使用另一种方法,即用对偶原理寻找环形天线的特征,此方法更容易且更直接。

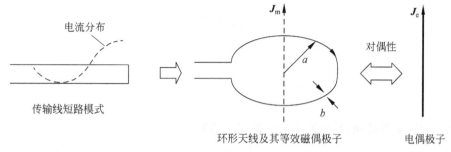

图 2-6 环形天线的演变形式

对偶,也就是二元性,是将两种不同事物紧密联系在一起的状态。在天线理论分析中,对偶理论意味着可以通过互换参数,由一个天线的场表达式写出另一个天线的场表达式。

首先,在具有电流源的系统 1 中写出麦克斯韦方程组的前两个方程。

$$\begin{cases} \nabla \times \boldsymbol{E}_1 = -\mathrm{j}\omega\mu_1 \boldsymbol{H}_1 \\ \nabla \times \boldsymbol{H}_1 = \boldsymbol{J}_e + \mathrm{j}\omega\varepsilon_1 \boldsymbol{E}_1 \end{cases} \tag{2-13}$$

其中,$\boldsymbol{E}_1$ 和 $\boldsymbol{H}_1$ 为电流密度在介质 $1(\mu_1$ 和 $\varepsilon_1)$ 产生的电场矢量与磁场矢量,$\boldsymbol{J}_e$ 为电流密度。

再假设一个系统 2,有一个虚拟磁源,系统 2 中的磁流密度为 $\boldsymbol{J}_m$,所以系统 2 的麦克斯韦方程为

$$\begin{cases} \nabla \times \boldsymbol{H}_2 = \mathrm{j}\omega\varepsilon_2 \boldsymbol{E}_2 \\ \nabla \times \boldsymbol{E}_2 = -\boldsymbol{J}_m - \mathrm{j}\omega\mu_2 \boldsymbol{H}_2 \end{cases} \tag{2-14}$$

其中,$\boldsymbol{E}_2$ 和 $\boldsymbol{H}_2$ 为磁流密度在介质 $2(\mu_2$ 和 $\varepsilon_2)$ 产生的电场矢量与磁场矢量。

因此,具有电流源的系统 1 和具有磁流源的系统 2 是对偶关系,它们的参数可以交换,如表 2-3 所示。需要注意的是,对偶性不但连接了场参数,还连接了材料属性,并且从磁场到电场也有一个符号变化。

对偶原理的应用是比较简单的,对于一个小的环形天线(圆周长 $C = 2\pi a < \lambda/3$),其电流可以被认为是近似不变的。当环形天线的半径为 a 时,磁流 $I_m\Delta l$ 与恒定电流 I_0 的关系为

$$I_m\Delta l = \mathrm{j}\omega\mu S I_0 \tag{2-15}$$

$$S = \pi a^2 \tag{2-16}$$

表 2-3 对偶性原理

含电流源的系统 1	含磁流源的系统 2
$\boldsymbol{E}_1$	$\boldsymbol{H}_2$
$\boldsymbol{H}_1$	$-\boldsymbol{E}_2$
ε_1	μ_2
μ_1	ε_2
$\boldsymbol{J}_c$	$\boldsymbol{J}_m$
k	k
η	$1/\eta$

通过式(2-15)和式(2-16),可知它们的辐射场是相等的,如图 2-6 所示。由对偶原理,可以由电流天线的电场表达式写出其对应的磁场表达式。例如下面电流的场表达式。

$$\begin{cases} E_\theta = \dfrac{\mathrm{j} I \Delta l}{4\pi r} \eta k \sin\theta \mathrm{e}^{-\mathrm{j}kr} \\[2mm] H_\phi = \dfrac{\mathrm{j} I \Delta l}{4\pi r} k \sin\theta \mathrm{e}^{-\mathrm{j}kr} \\[2mm] E_r = E_\phi = 0 \\[2mm] H_r = H_\theta = 0 \end{cases} \tag{2-17}$$

然后,通过参数替换,写出环形天线的场表达式。

$$\begin{cases} H_\theta = \dfrac{\mathrm{j} I_m \Delta l}{4\pi r \eta} k \sin\theta \mathrm{e}^{-\mathrm{j}kr} \\[2mm] E_\phi = -\dfrac{\mathrm{j} I_m \Delta l}{4\pi r} k \sin\theta \mathrm{e}^{-\mathrm{j}kr} \\[2mm] H_r = H_\phi = 0 \\[2mm] E_r = E_\theta = 0 \end{cases} \tag{2-18}$$

通过公式等价变换可知,电小环天线的辐射方向图与短偶极子天线一样,如图 2-7 所示。所以,电小环天线的方向性系数也与短偶极子天线一样,数值约为 1.5dBi 或 1.76dBi。通过上述电小环天线的场表达式,还可进一步推出辐射阻抗表达式为

$$R_r = \frac{P_t}{I_0^2} = 20\pi^2 (ka)^4 = 20\pi^2 \left(\frac{C}{\lambda}\right)^4 \tag{2-19}$$

其中,C 同样是电小环天线的周长,当然环形天线也会出现其他情况,如果它不是圆形,那么 C 就是环形的总长度。比较电小环天线与偶极子天线的辐射阻抗公式可以看出,环形天线的辐射电阻对环形长度和波长的变化更敏感。所以对于具有相同长度的偶极子天线与环形天线,环形天线的辐射阻抗可以更小。同理,电小环天线的电抗可以近似通过以下公式计算。

$$X_\Lambda = \omega \mu a \left[\ln\left(\frac{8a}{b}\right) - 2 \right] + \frac{a}{b} \sqrt{\frac{\omega \mu}{2\sigma}} \tag{2-20}$$

其中,b 为传输线的直径,这个方程考虑了环形导体的外部感抗(第一项)和内部电抗(第二项)。为了阻抗匹配,电小环天线需要串联电容。

如果一个环形天线不能认为很小,则不能将电流分布参数视为常数。这样的结果就是环形天线的很多属性被改变,并且获得恒定电流的结果不能应用于实际天线的设计中。实

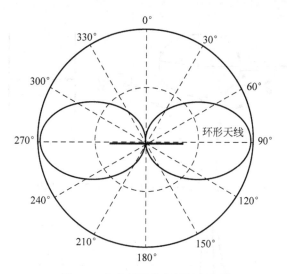

图 2-7　电小环天线的辐射方向图

验已经表明,当环形天线的环周长变得与波长相当时,其最大辐射方向向其轴线偏移($\theta=0$和π),并且是垂直于环平面的。这与电小环是完全不同的,所以这种环形天线的辐射场没有简单的数学表达式。如果需要三维模型,计算机仿真方法是最好的选择。圆形的环形天线的方向性系数是用波长 λ 表示的圆周长 C 的函数,且当 $a/b=40$ 和 $\theta=0$ 时,其结果如图 2-8 所示。由图 2-8 可见,当 $C=1.4\lambda$ 时,环形天线最大的方向性系数约为 4.5dBi。另外,也可以看出当 $C<1.4\lambda$ 时,环形天线的方向性系数与传输线的半径相当独立。

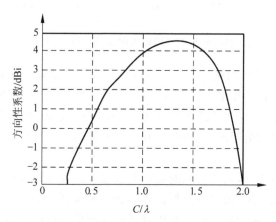

图 2-8　方向性系数与圆周长的函数关系

　　一个波长的环形天线(圆周长 $C=\lambda$)通常被称作谐振环,环路中的电流约为 $I_0\cos\phi$(输入端的最大电流),近似等于间隔为 $2a$ 的两个半波偶极子,如图 2-9 所示。并且最大辐射方向偏离轴线,可以通过偶极子原理进行解释。这个环形天线的方向性系数约为 2.2dBi 或 3.4dBi(比一个半波偶极子要大),其输入阻抗约为 100Ω,是一个能与传输线阻抗(50Ω 或 75Ω)合理匹配的值。然而,这个输入电抗大约为 -100Ω(对半径的变化不是很敏感),并且当 $C>\lambda$ 时会发生共振,如图 2-10 所示。

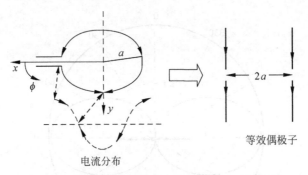

图 2-9　谐振环中的电流分布和等效的一对偶极子

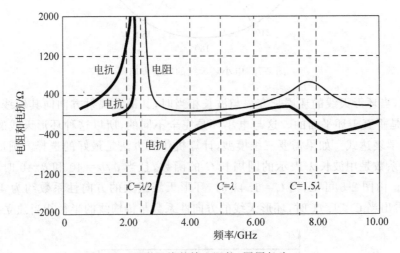

图 2-10　环形天线的输入阻抗(圆周长为 6cm)

当圆周长 $C=6$cm(对应的频率为 5GHz)时,环形天线的输入阻抗如图 2-10 所示。当 $C/\lambda=0.5$(在 2.5GHz,称为反谐振回路)时,输入电阻达到一次最大值,并且第二次最大值出现在 $C/\lambda=1.5$,从图 2-10 中可以看出不到 9GHz 但接近 8GHz。有趣的是,环形天线的电阻曲线与偶极子天线的电阻曲线很相似,并且它们的电抗曲线也较为相似,但是相对应的点偏离 $\lambda/2$。

除了圆形环形天线以外,其他形状的环形天线也被研发并投入使用。由于对多边形(如正方形、矩形、三角形和菱形)天线的分析比环形天线复杂得多,因此它们受到的关注较少。环形天线具有许多优点,例如低剖面形状以及良好控制的辐射模式,可以使用平衡和不平衡馈电(同轴电缆可用于对环形天线馈电)方式。虽然环形天线的形状是圆形的,但是它的极化形式却为线极化。另外,也有研究表明,如果在环形上引入间隙,环形天线也可以辐射圆极化波。

2.4　仿真实例

本节将对偶极子天线、单极子天线、环形天线进行仿真设计,以达到理论与实践相结合的目的。通过电磁仿真软件 Ansys HFSS 对天线进行建模仿真,这个软件的操作页面清晰明了,天线模型的构造极其简单,运用画图功能即可实现模型设计,其建模流程分为求解设置、模型构造、边界与激励设置、仿真及优化。

首先对偶极子天线进行设计仿真,本节设计了一个最简单的偶极子天线,通过前文公式分析,偶极子一臂的长度为 $\lambda/4$,在这里,波长与天线工作频率有关,本节设计的偶极子天线适用工作频点为 2.4GHz,所以计算出一臂的长度为 31mm,因此便得出一个偶极子天线的整体尺寸,在 HFSS 中使用理想导体(Perfect Electric Conductor,PEC)进行偶极子建模,偶极子两臂间采用矩形片馈电,在 HFSS 中的激励模式为集总端口激励(Lumped Port),边界条件设置为距离偶极子大约 $\lambda/4$,如图 2-11 所示。图 2-11 中的空气盒子为一个大圆柱,其内部各个方向上距离偶极子的长度约为 $\lambda/4$。

图 2-11　偶极子天线仿真模型

通过前面的建模操作,已经完成了偶极子天线模型的构造和求解设置等仿真前期工作,在仿真计算之前,可以对模型进行设计检查,检查模型建造是否出现问题,以保证设计的正确性和完整性。一般在主菜单栏中选择 HFSS→Validation Check 命令,在弹出的对话框中的每一项指标前面均显示正确图标,即表明模型构造正确,就可以进行仿真计算了。

仿真计算时间通常取决于计算机配置以及模型大小,因为本节设计的偶极子天线模型很简单,所以所需仿真时间非常短。仿真完成后,HFSS 还给出了天线的各项性能参数的仿真分析结果,如回波损耗、驻波比、辐射方向图等指标。工程师一般首先查看回波损耗结果,以此判断天线的性能状况。本节仿真的偶极子天线的回波损耗如图 2-12 所示。可以看出,该偶极子天线的谐振频率为 2.4GHz,低于 −10dB 的带宽为 2.3～2.5GHz,能够满足日常工作需要。

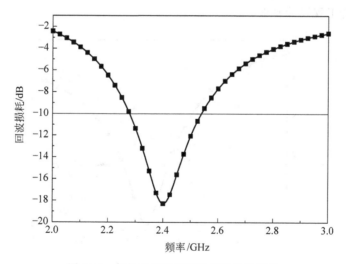

图 2-12　偶极子天线的回波损耗分析结果

有时候工程项目上需要查看驻波比指标,其仿真结果同样可以在 HFSS 上看到。通过性能参数查看对话框,在 Category 列表框中选择 VSWR 结果,即可查看天线的驻波比分析结果。该偶极子天线的驻波比分析结果如图 2-13 所示。一般工程应用要求驻波比小于 1.5,

图 2-13 中驻波比小于 1.5 所对应的频带宽度为 2.32～2.46GHz。

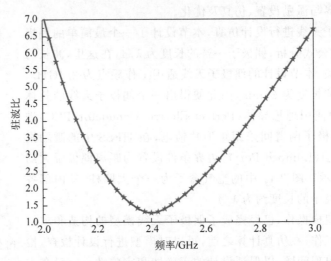

图 2-13　偶极子天线的驻波比分析结果

在 HFSS 中,还有一个 Optimetrics 优化功能,因为大多数天线设计是不可能一步到位的,这就需要工程师根据理论知识,调整天线的结构参数进一步改善性能。本节设计的偶极子天线就是如此。如图 2-14 所示,h 代表偶极子天线的臂长,虽然前面通过理论计算得出了偶极子天线的臂长,但由于软件算法等原因,仿真计算与理论值总会存在误差,因此需要用到优化功能,查看偶极子天线的长度对其回波损耗的影响。图 2-14 表示随着 h 的增大,也就是偶极子臂长变长,其回波损耗的谐振频点向频段左侧移动,即向低频处移动,因此为了符合 2.4GHz 的工作频点,选取 h 为 28.9mm,当偶极子天线的一臂长度处于这个长度时,谐振频点符合工程设计要求。

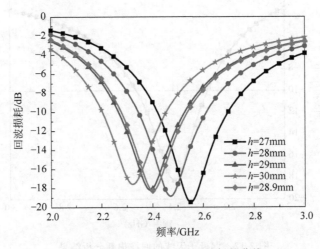

图 2-14　不同 h 时对应的回波损耗曲线

另外,仿真软件 HFSS 同样可以观察偶极子天线的辐射方向图,如图 2-15 所示。xOz 平面与 xOy 平面的方向图曲线可以与前文理论的方向图对应。通过这些仿真结果,可以证明仿真软件 HFSS 有强大的功能,并且是加强天线理论学习的强有力工具。

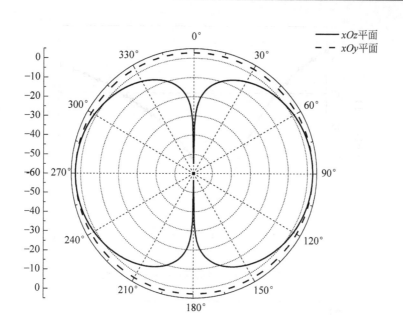

图 2-15　偶极子天线的辐射方向图

　　偶极子天线仿真完成后,以此为基础,可继续仿真单极子天线,因为前面讲述了单极子天线是由偶极子天线演变而来的,所以将偶极子天线的一臂去掉后,在其端点处构造一个无限大的地平面,即可得到一个单极子天线。在这样的理论设计下,一个单极子天线模型在HFSS 中就能被构造出来,如图 2-16 所示。单极子天线模型的臂长依然为 λ/4,地平面则是一个边长为 a 的正方形,设置为理想导体,在地平面与单极子之间用一个矩形片馈电,就构造了单极子天线模型。按照前面偶极子天线的仿真操作,设置求解频率与检查设计后,即可开始仿真计算,同样,因为单极子天线模型特别简单,所需仿真时间很少。仿真结束后,查看回波损耗,结果如图 2-17 所示。可以看出,仿真性能比前面的偶极子天线更好,回波损耗低于 −10dB 的带宽比偶极子天线宽,并且单极子天线谐振频点对应的回波损耗值比偶极子天线更小,说明其更多能量被辐射出去。同样可以通过查看驻波比对比回波损耗结果,如图 2-18 所示,图中标明了驻波比小于 1.5 的频带宽度,再次证明了该单极子天线具有不错的性能。

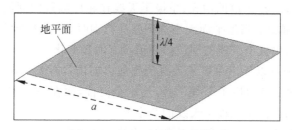

图 2-16　单极子天线仿真模型

　　同时,2.2 节提到单极子天线所在的无限地平面并不存在,说明地平面的大小对单极子天线有着重要的影响,为了验证该说法,在 HFSS 中使用 Optimetrics 优化功能观察其尺寸对天线性能的影响。因为地平面为一个正方形,所以只需要改变边长就可以实现地平面大

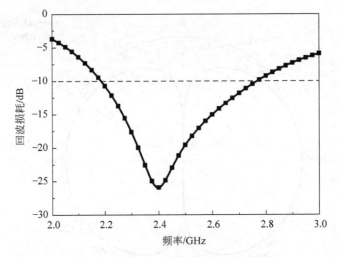

图 2-17 单极子天线的回波损耗分析结果

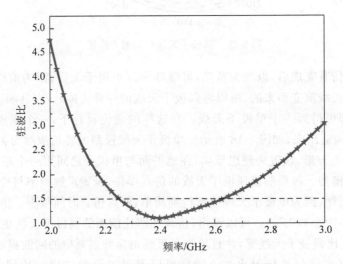

图 2-18 单极子天线的驻波比分析结果

小的变化。单极子天线的优化结果如图 2-19 所示,可以看出,地平面大小确实会对单极子天线的性能产生影响,随着 a 值的增大,单极子天线在相应频段的回波损耗值会变小,表明天线的辐射性能越来越好;当地平面大小达到某一范围时,其对天线的影响就会减弱,如当 a 为 110～118mm 时,单极子天线的回波损耗值没有明显变化。

同样,在 HFSS 中可以导出单极子天线的辐射方向图,如图 2-20 所示。单极子天线辐射方向图在 xOy 平面上与偶极子天线一样,均呈全向性,而在 xOz 平面上,因为单极子天线只有一臂,其方向图类似于偶极子天线的 8 字形。

最后,对环形天线仿真。本节所设计的环形天线结构模型如图 2-21 所示,介质基板采用厚度为 1mm 的 FR4 介质基板,其损耗角正切值为 1.07,相对介电常数为 4.4,而环形天线则架在泡沫上,泡沫的尺寸为 15mm×62mm×6mm,所以该环形天线的整体尺寸为 120mm×62mm×6mm。在 HFSS 中完成模型建造后,回波损耗的仿真结果如图 2-22 所示。可以看出,虽然在工作频点处其回波损耗值较小,但整体带宽需要改善。

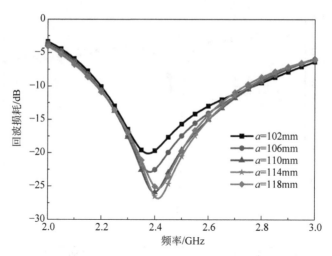

图 2-19 不同 a 值对应的回波损耗曲线

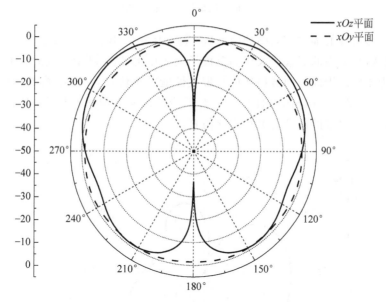

图 2-20 单极子天线的辐射方向图

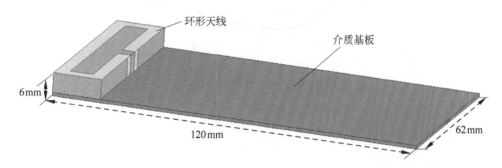

图 2-21 环形天线仿真模型

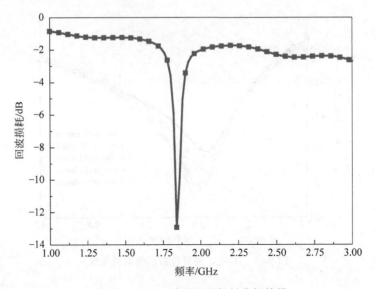

图 2-22　环形天线的回波损耗分析结果

　　另外,该环形天线的辐射方向图如图 2-23 所示,图中列出了 xOz 平面与 xOy 平面的辐射方向图。当然,与前面的偶极子天线和单极子天线相比,这个环形天线的辐射方向性并不太好,这是因为该环形天线的回波损耗值与带宽性能并不优良,从而影响了其辐射方向性,可以应用 HFSS 中的 Optimetrics 优化功能对天线的结构参数进行优化,本节所提供的天线模型仅供参考,有兴趣的读者可另行优化仿真。

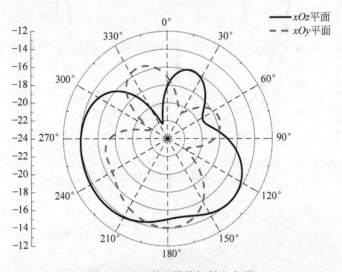

图 2-23　环形天线的辐射方向图

第3章 面 天 线

CHAPTER 3

3.1 惠更斯等效原理

实际生活中的场源,如天线或发射机,它们是可以被等效源代替的,假设这些等效源在相应的一定区域中产生了与天线或发射机相同的场,可认为它们在这个区域是等效的。由于电磁特性的性质,天线的辐射特性是可以用麦克斯韦方程组描述的,但麦克斯韦方程组通常只适用于解决已知激励的特定天线。一般情况下,麦克斯韦方程组得到的精确解是不一定可用的,所以常常用方程得到的数值当作实际情况下的近似解。传播电磁波的天线,其简化形式问题可以通过等效原理实现。如果研究电磁场的场解范围只是在空间中的有限区域,那么天线可以被围绕在该天线表面的等效电磁源代替,如图3-1所示。虽然这些用来等效天线的电磁源物质只是假设存在的,若这些源是在自由空间中,它和天线具有同样的辐射效果,此时相应的场解可以通过辐射积分运算得到。

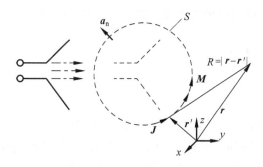

图 3-1 等效电磁源

惠更斯原理早在1690年由荷兰物理学家、天文学家、数学家惠更斯提出,是一个场等效原理。1936年,谢昆诺夫对场等效原理给出更严格的表述。等效源可以有不同的定义,用许多方法定义这些源。一般地,等效源是麦克斯韦方程中表示激发项的电磁表面电流密度的组合,一个最直接构造等效源的方法就是惠更斯原理。惠更斯原理指的是:某个区域 V 的场解,是完全由围绕在 V 球表面的切向场决定的。其相应的电磁等效表面电流密度如下。

电流密度为

$$J = a_n \times H \tag{3-1}$$

磁流密度为

$$\boldsymbol{M} = -\boldsymbol{a}_n \times \boldsymbol{E} \tag{3-2}$$

其中，$\boldsymbol{a}_n$ 为球面的法向量；$\boldsymbol{J}$ 和 $\boldsymbol{H}$ 的单位都是安培每米（A/m），而 $\boldsymbol{M}$ 和 $\boldsymbol{E}$ 的单位则是伏特每米（V/m）。关于天线的辐射问题，如图 3-1 所示，假定 V 的外边界是在无穷远处，即意味着无穷远处的等效源辐射场可以忽略不计，此天线可以用包围它的任意球面等效源代替。假设电磁波在自由空间中传播，那么这些等效源可以重现天线本来的辐射场。对于特定结构（或排列）的天线，要想得到精确的 $\boldsymbol{J}$ 和 $\boldsymbol{M}$，就必须知道表面 S 的真实场分布，然而对于许多实际天线，确定 $\boldsymbol{J}$ 和 $\boldsymbol{M}$ 的近似值才合乎实际情况。例如，取表面 S 放置在与天线的金属部分重合的位置，使 $\boldsymbol{M}$ 在 S 表面消失。

任何天线的辐射场都可以通过所有场贡献的积分得到，即对等效电流密度和等效磁流密度进行积分，如下所示。

$$\boldsymbol{E} = -\mathrm{j}\omega\mu_0 \oiint_s \left[\boldsymbol{J}(\boldsymbol{r}') \frac{\mathrm{e}^{-\mathrm{j}k_0|\boldsymbol{r}-\boldsymbol{r}'|}}{4\pi|\boldsymbol{r}-\boldsymbol{r}'|} + \frac{1}{k_0^2}(\nabla'\cdot\boldsymbol{J}(\boldsymbol{r}'))\nabla\frac{\mathrm{e}^{-\mathrm{j}k_0|\boldsymbol{r}-\boldsymbol{r}'|}}{4\pi|\boldsymbol{r}-\boldsymbol{r}'|} \right] \mathrm{d}s' +$$

$$\oiint_s \boldsymbol{M}(\boldsymbol{r}') \times \nabla\frac{\mathrm{e}^{-\mathrm{j}k_0|\boldsymbol{r}-\boldsymbol{r}'|}}{4\pi|\boldsymbol{r}-\boldsymbol{r}'|}\mathrm{d}s' \tag{3-3}$$

对于远场（$r \to \infty$），式（3-3）可简化为如下形式。

$$\boldsymbol{E} = -\mathrm{j}\omega\mu_0 \frac{\mathrm{e}^{-\mathrm{j}k_0 r}}{4\pi r} \oiint_s \left[(\boldsymbol{I} - r\boldsymbol{a}_r)\cdot\boldsymbol{J}(\boldsymbol{r}') - \sqrt{\frac{\varepsilon_0}{\mu_0}}\boldsymbol{a}_r\times\boldsymbol{M}(\boldsymbol{r}') \right] \mathrm{e}^{\mathrm{j}k\boldsymbol{a}_r\cdot\boldsymbol{r}'}\mathrm{d}s' \tag{3-4}$$

其中，$\boldsymbol{I}$ 为单位向量；r 为定义的观测点（见图 3-1）；r 为观测点的距离（由图 3-1 可知）；$\boldsymbol{r}'$ 为定义积分表面电流密度的位置；ε_0 为自由空间的介电常数；$\boldsymbol{a}_r$ 为径向单位矢量；μ_0 为自由空间磁导率；$k_0 Z_0 = \omega\mu_0$；$k_0 = 2\pi/\lambda$；λ 为波长。

对于理想的或无穷小的电偶极子源或磁偶极子源，是可以消去辐射积分的，并且场还可以使用闭式解给出，由此得到的场表达式可以用来研究和得到常规天线参数。

3.2 喇叭天线

3.2.1 简介

最简单、最广泛使用的微波天线是喇叭天线，喇叭天线的出现可追溯到 1800 年，虽然在 20 世纪早期被忽略过一段时间，但是 20 世纪 30 年代，人们开始对微波和波导传输线产生了浓厚的兴趣，喇叭天线逐渐得到发展。当时已经有一些文章讲述喇叭天线的辐射机制、最佳设计以及实际应用等。

喇叭天线被广泛地用作天文学器件及卫星跟踪器件的馈源元件。除了作为反射天线和透镜天线反馈源之外，喇叭天线还是相控阵的常见阵元，还可作为校准和测量其他高增益天线的通用标准。由于其制作简单，易于给定激励，通用性强，具有高增益等优良性能，所以喇叭天线具有十分广泛的用途。

电磁喇叭天线有许多种不同形式，图 3-2 列出了 4 种。其实喇叭天线就是具有不同大小截面的矩形波导，衔接着呈现锥形逐渐扩张变大的开口截面。锥面的结构、角度以及长度对喇叭天线的性能有着极其重要的影响。本节将阐述喇叭天线的基本特性。此外，本节还会呈现一些数据,使读者更好地了解喇叭天线的设计、工作原理以及辐射效果。

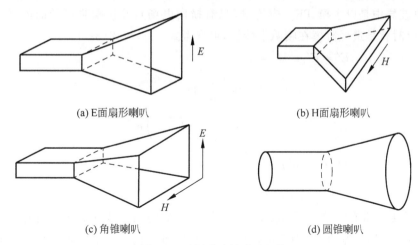

(a) E面扇形喇叭   (b) H面扇形喇叭

(c) 角锥喇叭   (d) 圆锥喇叭

图 3-2　不同形式的喇叭天线

3.2.2　E 面扇形喇叭

E 面扇形喇叭的开口是沿着电场 E 的方向展开的,其形式如图 3-3 所示。该喇叭天线可以视为面天线。为了研究它的辐射特点,此处用到上述已经讨论过的等效原理。为了能够找到完全等效的形式,我们需要了解在该天线附近的封闭表面上切向电场分量和磁场分量,通常选取的封闭表面就是与喇叭孔径重合的无限平面,如果孔径外的场分布不确定,那么就不能形成正确的等效原则。往往假定外场的近似值为零,通过这种方法形成正确的等效原则。

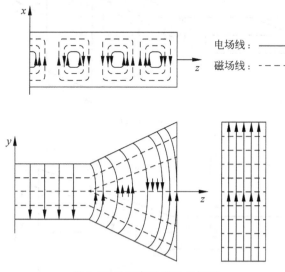

电场线:——
磁场线:---

图 3-3　E 面扇形喇叭电场图

喇叭孔径面的场可以通过把喇叭当作径向波导处理得到,而喇叭内部的场可以用圆柱形 TE 波和 TM 波的函数形式表示(Hankel 函数),这种方法不仅适用于喇叭的孔径面上,而且在喇叭的内部也能找到对应函数,这是一种直接但复杂的方法。

若馈电波导中是以主模 TE_{10} 模传输(只有横向电场),并且喇叭口径面的尺寸大于波导面,那么此时就是最低阶模在喇叭中传输,可参考式(3-5)～式(3-9)。

$$E'_z = E'_x = H'_y = 0 \tag{3-5}$$

$$E'_y(x', y') \simeq E_1 \cos\left(\frac{\pi x'}{a}\right) e^{-j[ky'^2/(2\rho_1)]} \tag{3-6}$$

$$H'_z(x', y') \simeq jE_1\left(\frac{\pi}{ka\eta}\right) \sin\left(\frac{\pi}{a}x'\right) e^{-j[ky'^2/(2\rho_1)]} \tag{3-7}$$

$$H'_x(x', y') \simeq -\frac{E_1}{\eta} \cos(\pi x'/a) e^{-j[ky'^2/(2\rho_1)]} \tag{3-8}$$

$$\rho_1 = \rho_e \cos(\psi_e) \tag{3-9}$$

其中,E_1 为常数;带有"′"的字母表示喇叭波导口径处的场。此处的表达有点类似于矩形波导(a 为矩形波导的宽边;b 为窄边)的 TE_{10} 模式,唯一的不同点是此处使用复指数项表示二次方相位变化。

式(3-6)～式(3-8)中包含的二次项必要性是可以用几何图形来说明的。如图 3-4 所示,假设在喇叭的虚顶点处存在一个可以辐射圆柱波的线源,当这个波沿着径向向外传播时,等相位线是圆柱形的。在孔径面上任意一点 y',其场的相位和原点处的相位都不同,原因就是波从虚顶点传输到不同的地方经过了不同的距离。如图 3-4 中的虚弧线所示,虚顶点到弧线的距离都是相等的,但是到口径面则满足勾股定理,即

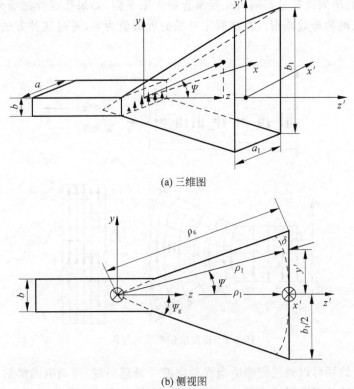

(a) 三维图

(b) 侧视图

图 3-4　E 面扇形喇叭三维图和侧视图

$$[\rho_1 + \delta(y')]^2 = \rho_1^2 + y'^2 \tag{3-10}$$

或写为

$$\delta(y') = (\rho_1^2 + y'^2)^{\frac{1}{2}} - \rho_1 = \rho_1 \left[1 + \left(\frac{y'}{\rho_1}\right)^2\right]^{\frac{1}{2}} - \rho_1 \tag{3-11}$$

将式(3-11)二项式展开并保留前两项(近似值),可以求得球面相位为

$$\delta(y') \approx \rho_1 \left[1 + \frac{1}{2}\left(\frac{y'}{\rho_1}\right)^2\right] - \rho_1 = \frac{1}{2}\left(\frac{y'^2}{\rho_1}\right) \tag{3-12}$$

若将式(3-12)乘以相位常数 k,那么结果就和式(3-6)和式(3-8)中的二次相位项一样。

喇叭天线的口径上主模场的二次相位变化多年来一直都有相应标准,之所以被选为标准,是因为在许多实际情况下有较好的吻合结果。为了方便,可以使用菲涅耳积分表达喇叭辐射特性。还有文章表明,若使用更加精确的相位表达式,对于大口径的喇叭(口径面的宽边或窄边大于 50λ 或小峰值口径相位误差 $S = \rho_e - \rho_1 < 0.2\lambda$),数值积分产生的结果会与方向图基本保持一致。对于夹在两者中间尺寸大小的口径喇叭(窄边大于 5λ,长边小于 8λ),其更加精确的口径相位变化表达式产生的方向性系数结果要比上述公式的更高。随着喇叭尺寸的不断扩大,其口径上还会包含除 TE_{10} 以外的高次模,使振幅分布也变大了,口径的相位分布会更接近抛物线相面。

此外,方向性系数也是一个经常用到的参数,用来描述天线性能好坏,为了确定喇叭天线的方向性,其最大辐射方向表达式如下。

$$U_{max} = U(\theta, \phi)\mid_{max} = \frac{r^2}{2\eta}\mid \boldsymbol{E}\mid_{max}^2 \tag{3-13}$$

对于大多数喇叭天线, $\mid \boldsymbol{E}\mid_{max}$ 几乎都是指向 z 轴的(即 $\theta = 0°$),所以有

$$\mid \boldsymbol{E}\mid_{max} = \sqrt{\mid E_\theta\mid_{max}^2 + \mid E_\phi\mid_{max}^2} = \frac{2a\sqrt{\pi k\rho_1}}{\pi^2 r}\mid E_1\mid\mid F(t)\mid \tag{3-14}$$

其中

$$\mid E_\theta\mid_{max} = \frac{2a\sqrt{\pi k\rho_1}}{\pi^2 r}\mid E_1\sin(\phi)F(t)\mid \tag{3-15}$$

$$\mid E_\phi\mid_{max} = \frac{2a\sqrt{\pi k\rho_1}}{\pi^2 r}\mid E_1\cos(\phi)F(t)\mid \tag{3-16}$$

$$F(t) = C(t) - jS(t) \tag{3-17}$$

$$t = \frac{b_1}{2}\sqrt{\frac{k}{\pi\rho_1}} = \frac{b_1}{\sqrt{2\lambda\rho_1}} \tag{3-18}$$

$$C(-t) = -C(t) \tag{3-19}$$

$$S(-t) = -S(t) \tag{3-20}$$

将式(3-14)代入式(3-13)可得

$$U_{max} = \frac{r^2}{2\eta}\mid \boldsymbol{E}\mid_{max}^2 = \frac{2a^2 k\rho_1}{\eta\pi^3}\mid E_1\mid^2\mid F(t)\mid^2 = \frac{4a^2\rho_1\mid E_1\mid^2}{\eta\lambda\pi^2}\mid F(t)\mid^2 \tag{3-21}$$

其中

$$\mid F(t)\mid^2 = C^2\left(\frac{b_1}{\sqrt{2\lambda\rho_1}}\right) + S^2\left(\frac{b_1}{\sqrt{2\lambda\rho_1}}\right) \tag{3-22}$$

通过对喇叭口径面上平均功率密度简单积分,可得辐射的总功率。使用式(3-5)~式(3-8)可得

$$P_{rad} = \frac{1}{2}\iint_{s_0} \mathrm{Re}(\boldsymbol{E}' \times \boldsymbol{H}'^*) \cdot \mathrm{d}\boldsymbol{s} = \frac{1}{2\eta}\int_{-b_1/2}^{+b_1/2}\int_{-a/2}^{+a/2} |E_1|^2 \cos^2\left(\frac{\pi}{a}x'\right)\mathrm{d}x'\mathrm{d}y' \quad (3-23)$$

式(3-23)可简化为

$$P_{rad} = |E_1|^2 \frac{b_1 a}{4\eta} \quad (3-24)$$

由式(3-21)和式(3-24)中的 U_{max} 和 P_{rad} 表达式可得到喇叭的 E 面方向性系数为

$$D_E = \frac{4\pi U_{max}}{P_{rad}} = \frac{64a\rho_1}{\pi\lambda\rho_1}|F(t)|^2$$

$$= \frac{64a\rho_1}{\pi\lambda\rho_1}\left[C^2\left(\frac{b_1}{\sqrt{2\lambda\rho_1}}\right) + S^2\left(\frac{b_1}{\sqrt{2\lambda\rho_1}}\right)\right] \quad (3-25)$$

整个天线的性能好坏可以通过天线的波束宽度或方向性系数判断。其中,半功率波束宽度(HPBW)也可以用来表达不同的喇叭天线的性能。不同的喇叭张角对应的 HPBW 如图 3-5 所示,当喇叭长度固定不变时,随着喇叭的张角逐渐变大,喇叭的半功率波束宽度是先减小后增大的趋势,会存在一个最小值的波束宽度点;同时可以看到,当喇叭的张角不变时,不同长度的喇叭的半功率波束宽度也不同。

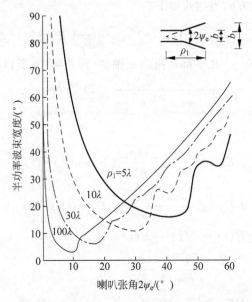

图 3-5　E 面扇形喇叭不同张角和长度的半功率波束宽度图

除此之外,可用方向性系数表达天线性能,如图 3-6 所示。对于固定长度的喇叭天线,随着喇叭的口径逐渐增大,其归一化的方向性系数值会先增加达到峰值后再减小,这是由于喇叭的口径尺寸变大之后,口径面上的相位差先增后减(平方律变化),最终达到了同相场分布的极限值;在喇叭的口径不变的前提下,改变喇叭的长度,其归一化方向性系数值也同样有区别,一般来说,较长的喇叭具有更好的方向性。

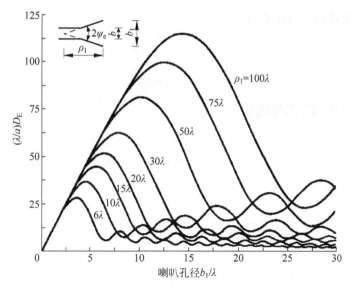

图 3-6　E 面扇形喇叭的归一化方向性系数值与喇叭长度和口径关系

图 3-6 给出了喇叭的 E 面方向性系数 D_E 在不同 ρ_1 时随 b_1 的变化关系,图中 D_E 的方向性系数最大值在每个 ρ_1 下对应一个 b_1 值。根据大量的经验可以得到 b_1 和 ρ_1 满足如下关系时,方向性系数近似达到最大值。

$$b_1 \simeq \sqrt{2\lambda\rho_1} \tag{3-26}$$

同时对应的 s 为

$$s\Big|_{b_1=\sqrt{2\lambda\rho_1}} = s_{\mathrm{op}} = \frac{b_1^2}{8\lambda\rho_1}\Big|_{b_1=\sqrt{2\lambda\rho_1}} = \frac{1}{4} \tag{3-27}$$

E 面扇形喇叭的经典标准方向性系数表达式(式(3-25))已被人们认识多年。但是该表达式并不能总是产生非常准确的方向性值。据此,一种更加准确的最大方向性系数表达式被提出,该表达式基于分析一个精密开放的平行板波导展开且还有一个修正值,并被证明可以使方向性系更加精准计算,方向性系数的修正值公式如下。

$$D_E(\max) = \frac{16ab_1}{\lambda^2(1+\lambda_g/\lambda)}\left[C^2\left(\frac{b_1}{\sqrt{2\lambda\rho_1}}\right) + S^2\left(\frac{b_1}{\sqrt{2\lambda\rho_1}}\right)\right] e^{\frac{\pi a}{\lambda}\left(1-\frac{\lambda}{\lambda_g}\right)} \tag{3-28}$$

其中,λ_g 为在波导中传输主模 TE_{10} 模时对应的波长。将式(3-25)的预测值和式(3-28)的预测值进行对比发现,后者得到的结果更加接近实际的测量值。

E 面扇形喇叭的方向性系数也同样可以用以下方法计算。

(1) 先计算

$$B = \frac{b_1}{\lambda}\sqrt{\frac{50}{\rho_e/\lambda}} \tag{3-29}$$

(2) 在图 3-7 中找到与 B 值相对应的 G_E 值。但是如果 $B<2$,那么 G_E 值的计算可参考式(3-30)。

$$G_E = \frac{32}{\pi}B \tag{3-30}$$

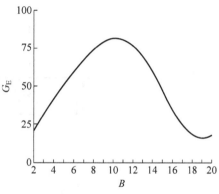

图 3-7　G_E 和 B 曲线图

（3）由 G_E 值得到方向性系数

$$D_E = \frac{a}{\lambda} \frac{G_E}{\sqrt{\dfrac{50}{\rho_e/\lambda}}} \qquad (3\text{-}31)$$

3.2.3　H 面扇形喇叭

H 面扇形喇叭的定义为：将矩形波导的前端尺寸沿着波导宽边进行扩展，同时其他的结构尺寸保持不变，最终形成的 H 面扇形喇叭的示意图如图 3-2(b) 所示。而 H 面扇形喇叭的场结构示意图如图 3-8 所示。

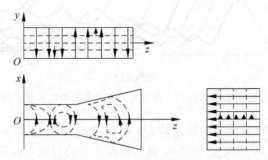

图 3-8　H 面扇形喇叭场结构

具体的尺寸坐标图如图 3-9 所示。H 面扇形喇叭与 E 面扇形喇叭无论是外形还是其分析方法都十分相似。分析 H 面扇形喇叭，采用与 3.2.2 节分析 E 面扇形喇叭同样的方法。

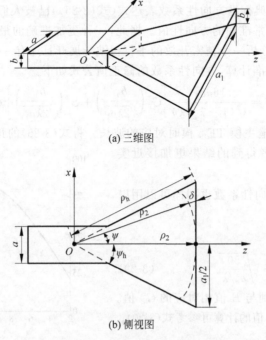

(a) 三维图

(b) 侧视图

图 3-9　H 面扇形喇叭的三维图和侧视图

同样,H 面扇形喇叭的方向性系数可以通过和 E 面扇形喇叭相似的方法求解。对于 H 面扇形喇叭,最大的辐射方向是沿着 z 轴($\theta=0°$)的。故有如下公式。

$$| E_{\theta} |_{\max} = | E_2 | \frac{b}{4r} \sqrt{\frac{2\rho_2}{\lambda}} \left| \sin\phi \left\{ \begin{array}{l} [C(t'_2) + C(t''_2) - C(t'_1) - C(t''_1)] \\ -j[S(t'_2) + S(t''_2) - S(t'_1) - S(t''_1)] \end{array} \right\} \right| \quad (3-32)$$

其中

$$t'_1 = \sqrt{\frac{1}{\pi k \rho_2}} \left(-\frac{ka_1}{2} - \frac{\pi}{a_1}\rho_2 \right) \quad (3-33)$$

$$t'_2 = \sqrt{\frac{1}{\pi k \rho_2}} \left(\frac{ka_1}{2} - \frac{\pi}{a_1}\rho_2 \right) \quad (3-34)$$

$$t''_1 = \sqrt{\frac{1}{\pi k \rho_2}} \left(-\frac{ka_1}{2} + \frac{\pi}{a_1}\rho_2 \right) = -t'_2 = v \quad (3-35)$$

$$t''_2 = \sqrt{\frac{1}{\pi k \rho_2}} \left(\frac{ka_1}{2} + \frac{\pi}{a_1}\rho_2 \right) = -t'_1 = u \quad (3-36)$$

如果

$$\begin{cases} C(-x) = -C(x) \\ S(-x) = -S(x) \end{cases} \quad (3-37)$$

$$| E_{\theta} |_{\max} = | E_2 | \frac{b}{r} \sqrt{\frac{\rho_2}{2\lambda}} \left| \sin\phi \{ [C(u) - C(v)] - j[S(u) - S(v)] \} \right| \quad (3-38)$$

$$u = t''_2 = -t'_1 = \sqrt{\frac{1}{\pi k \rho_2}} \left(\frac{ka_1}{2} + \frac{\pi}{a_1}\rho_2 \right) = \frac{1}{\sqrt{2}} \left(\frac{\sqrt{\lambda \rho_2}}{a_1} + \frac{a_1}{\sqrt{\lambda \rho_2}} \right) \quad (3-39)$$

$$v = t''_1 = -t'_2 = \sqrt{\frac{1}{\pi k \rho_2}} \left(-\frac{ka_1}{2} + \frac{\pi}{a_1}\rho_2 \right) = \frac{1}{\sqrt{2}} \left(\frac{\sqrt{\lambda \rho_2}}{a_1} - \frac{a_1}{\sqrt{\lambda \rho_2}} \right) \quad (3-40)$$

由上述一系列式子可以得到 θ 方向的最大方向性系数公式。同样对于 ϕ 方向,有

$$| E_{\phi} |_{\max} = | E_2 | \frac{b}{r} \sqrt{\frac{\rho_2}{2\lambda}} \left| \cos\phi \{ [C(u) - C(v)] - j[S(u) - S(v)] \} \right| \quad (3-41)$$

根据两个方向(θ, ϕ)的最大值,进行矢量合成可以得到最终的电场表达式为

$$| \boldsymbol{E} |_{\max} = \sqrt{| E_{\theta} |^2_{\max} + | E_{\phi} |^2_{\max}} = | E_2 | \frac{b}{r} \sqrt{\frac{\rho_2}{2\lambda}} \{ [C(u) - C(v)]^2 + [S(u) - S(v)]^2 \}^{1/2}$$

$$(3-42)$$

总电压为

$$U_{\max} = | E_2 |^2 \frac{b^2 \rho_2}{4\eta\lambda} \{ [C(u) - C(v)]^2 + [S(u) - S(v)]^2 \} \quad (3-43)$$

对平均功率进行积分,就可以得到喇叭口径面辐射的总功率,表达式为

$$P_{rad} = | E_2 |^2 \frac{ba_1}{4\eta} \quad (3-44)$$

结合式(3-43)和式(3-44),可得 H 面扇形喇叭的方向性系数的表达式为

$$D_H = \frac{4\pi U_{\max}}{P_{rad}} = \frac{4\pi b \rho_2}{a_1 \lambda} \{ [C(u) - C(v)]^2 + [S(u) - S(v)]^2 \} \quad (3-45)$$

其中

$$u = \frac{1}{\sqrt{2}}\left(\frac{\sqrt{\lambda\rho_2}}{a_1} + \frac{a_1}{\sqrt{\lambda\rho_2}}\right), \quad v = \frac{1}{\sqrt{2}}\left(\frac{\sqrt{\lambda\rho_2}}{a_1} - \frac{a_1}{\sqrt{\lambda\rho_2}}\right) \tag{3-46}$$

半功率波束宽度 HPBW 与喇叭口径面张角的函数曲线如图 3-10 所示,表达了归一化的方向性系数和不同的张角之间的关系。由于 H 面扇形喇叭和 E 面扇形喇叭有较多相似之处,故可在此进行对比。E 面扇形喇叭的 HPBW 是随着口径张角先单调减小,后单调增加的关系。口径边长 a_1 的值与最大方向性系数的关系曲线如图 3-11 所示,曲线展示了不同参数对应的不同峰值,其中峰值对应的横坐标大致满足以下关系。

$$a_1 \approx \sqrt{3\lambda\rho_2} \tag{3-47}$$

对应的 t 值为

$$t\,\big|_{a_1 = \sqrt{3\lambda\rho_2}} = t_{\mathrm{op}} = \frac{a_1^2}{8\lambda\rho_2}\,\big|_{a_1 = \sqrt{3\lambda\rho_2}} = \frac{3}{8} \tag{3-48}$$

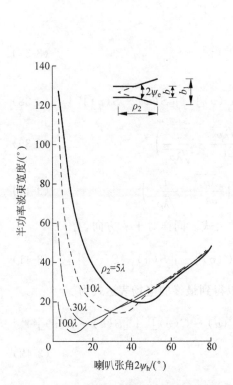

图 3-10　半功率波束宽度与喇叭张角关系

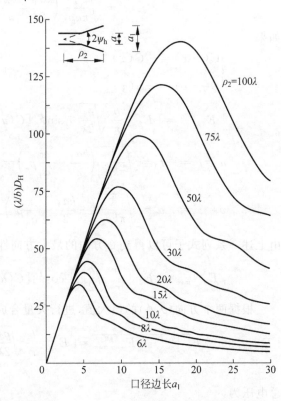

图 3-11　归一化方向性系数与口径边长曲线

对于半功率波束宽度曲线图,随着喇叭的开口逐渐增大,其 HPBW 的值是先减小后增大,若固定喇叭的张角,HPBW 会出现一个极小值。对不同的 ρ_1 值,随着其长度的减小,HPBW 对应的极小值会右移,且极小值会略微增大。对于归一化方向性系数曲线,除了归纳出了峰值和口径边长的关系之外,还可知道对于不同长度的喇叭,其归一化方向性系数的值也有差别,普遍的规律是随着长度的增加,方向性系数也会增加,但是并不会影响其方向性系数先增后减,出现峰值的现象。

对比 E 面喇叭的 G_E 和 B 的关系(可参考式(3-29)~式(3-31)),也可同样得到 A 和 G_H 的关系曲线,如图 3-12 所示。

H 面扇形喇叭的方向性系数还可以通过以下的式子计算。

首先定义 A 为

$$A = \frac{a_1}{\lambda} \sqrt{\frac{50}{\rho_h/\lambda}} \qquad (3-49)$$

由 A 的定义式,在图 3-12 中可找到对应的 G_H 值,若 $A<2$,那么 G_H 的值由式(3-50)计算。

$$G_H = \frac{32}{\pi}A \qquad (3-50)$$

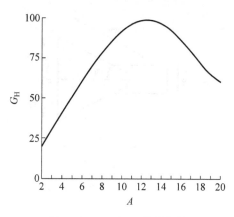

图 3-12 G_H 和 A 关系曲线

在图 3-12 中得到 G_H 值后,可通过式(3-51)计算 H 面扇形喇叭方向性系数,此为喇叭最终的方向性系数表达式。

$$D_H = \frac{b}{\lambda} \frac{G_H}{\sqrt{\dfrac{50}{\rho_h/\lambda}}} \qquad (3-51)$$

3.2.4 角锥喇叭

使用最普遍的喇叭是沿着波导的两个边长都进行扩张的喇叭,这种喇叭叫作角锥喇叭,结构示意图如图 3-13 所示。如图 3-14 所示,角锥喇叭的本质就是 E 面和 H 面扇形喇叭这两种喇叭的组合。角锥喇叭形似扩音器,因为其具有许多优良特性,在生活中的应用十分广泛。除了具有较高的增益之外,还因具有较低的损耗和宽带,以及比较好的分析方法(口径场法)。角锥喇叭不仅可以单独使用,还可以作为反射天线等其他天线的馈源,在天线家族中占有重要地位。

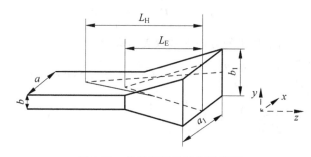

图 3-13 角锥喇叭的结构示意图

对于 E 面和 H 面扇形喇叭,方向性系数是角锥喇叭极其重要的参数,角锥喇叭的最大辐射方向基本上沿着 z 轴($\theta=0°$)。有了以上对 E 面和 H 面扇形喇叭的叙述,角锥喇叭的最大电场表达式可以很容易得到,之后相应的最大电压表达式也可得到。两个方向(θ 和 ϕ)的最大电场表达式如下。

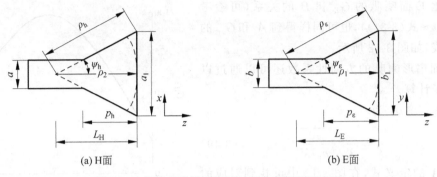

图 3-14　角锥喇叭俯视图（H 面）与侧视图（E 面）

$$| E_{\theta} |_{\max} = | \boldsymbol{E}_0 \sin\phi | \frac{\sqrt{\rho_1 \rho_2}}{r} \{ [C(u) - C(v)]^2 + [S(u) - S(v)]^2 \}^{1/2} \times$$
$$\left[C^2 \left(\frac{b_1}{\sqrt{2\lambda\rho_1}} \right) + S^2 \left(\frac{b_1}{\sqrt{2\lambda\rho_1}} \right) \right]^{1/2} \tag{3-52}$$

$$| E_{\phi} |_{\max} = | \boldsymbol{E}_0 \cos\phi | \frac{\sqrt{\rho_1 \rho_2}}{r} \{ [C(u) - C(v)]^2 + [S(u) - S(v)]^2 \}^{1/2} \times$$
$$\left[C^2 \left(\frac{b_1}{\sqrt{2\lambda\rho_1}} \right) + S^2 \left(\frac{b_1}{\sqrt{2\lambda\rho_1}} \right) \right]^{1/2} \tag{3-53}$$

根据式（3-42）和式（3-43）的形式可以得到 $U_{\max}$ 的表达式如下。

$$U_{\max} = \frac{r^2}{2\eta} | \boldsymbol{E} |_{\max}^2 = | \boldsymbol{E}_0 |^2 \frac{\rho_1 \rho_2}{2\eta} \{ [C(u) - C(v)]^2 + [S(u) - S(v)]^2 \} \times$$
$$\left[C^2 \left(\frac{b_1}{\sqrt{2\lambda\rho_1}} \right) + S^2 \left(\frac{b_1}{\sqrt{2\lambda\rho_1}} \right) \right] \tag{3-54}$$

其中，u 和 v 已经在式（3-39）和式（3-40）定义。功率的表达式类似式（3-44），即

$$P_{\mathrm{rad}} = | \boldsymbol{E}_0 |^2 \frac{a_1 b_1}{4\eta} \tag{3-55}$$

得到 P_{rad} 和 $U_{\max}$ 后，则角锥喇叭的方向性系数表达式为

$$D_{\mathrm{p}} = \frac{4\pi U_{\max}}{P_{\mathrm{rad}}} = \frac{8\pi\rho_1 \rho_2}{a_1 b_1} \{ [C(u) - C(v)]^2 + [S(u) - S(v)]^2 \} \times$$
$$\left[C^2 \left(\frac{b_1}{\sqrt{2\lambda\rho_1}} \right) + S^2 \left(\frac{b_1}{\sqrt{2\lambda\rho_1}} \right) \right] \tag{3-56}$$

式（3-56）可以化简为

$$D_{\mathrm{p}} = \frac{\pi\lambda^2}{32ab} D_{\mathrm{E}} D_{\mathrm{H}} \tag{3-57}$$

其中，D_{E} 和 D_{H} 分别对应 E 面和 H 面扇形喇叭的方向性系数，其表达式如式（3-25）和式（3-45）所示。这是在设计角锥喇叭时使用非常普遍的关系式。为了更加直观地表述，角锥喇叭的各向同性对数表达式为

$$D_{\mathrm{p}}(\mathrm{dB}) = 10 \left[1.008 + \lg\left(\frac{a_1 b_1}{\lambda^2} \right) \right] - (L_{\mathrm{e}} + L_{\mathrm{h}}) \tag{3-58}$$

其中，L_e 和 L_h（单位为 dB）分别是由角锥喇叭 E 面和 H 面的相位差导致的损耗，其损耗曲线如图 3-15 所示。

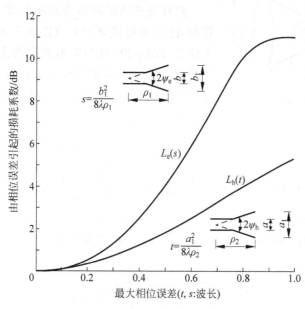

图 3-15　角锥喇叭 E 面和 H 面的损耗与相位差

定义

$$A = \frac{a_1}{\lambda}\sqrt{\frac{50}{\rho_h/\lambda}}, \quad B = \frac{b_1}{\lambda}\sqrt{\frac{50}{\rho_e/\lambda}} \tag{3-59}$$

通过 A 和 B 可以分别在图 3-7 和图 3-12 中找到 G_E 和 G_H，如果 A 和 B 的值都小于 2，那么就不满足图 3-7 和图 3-12 中的曲线，此时 G_E 和 G_H 的表达式为

$$\begin{cases} G_E = \dfrac{32}{\pi}B \\ G_H = \dfrac{32}{\pi}A \end{cases} \tag{3-60}$$

得到 G_E 和 G_H 后，可通过式(3-61)计算方向性系数 D_p。

$$D_p = \frac{G_E G_H}{\dfrac{32}{\pi}\sqrt{\dfrac{50}{\rho_e/\lambda}}\sqrt{\dfrac{50}{\rho_h/\lambda}}} = \frac{G_E G_H}{10.1859\sqrt{\dfrac{50}{\rho_e/\lambda}}\sqrt{\dfrac{50}{\rho_h/\lambda}}}$$

$$= \frac{\lambda^2\pi}{32ab}D_E D_H \tag{3-61}$$

其中，D_E 和 D_H 分别为 E 面和 H 面的方向性系数。式(3-61)得到的是最终的方向性系数值。

3.2.5　圆锥喇叭

圆锥喇叭也是喇叭天线的一种，与角锥喇叭、E 面和 H 面扇形喇叭带有的矩形波导不同的是，圆锥喇叭使用的是圆柱波导，这也就导致了圆锥喇叭和角锥喇叭存在诸多差别，但是同时，因为都是喇叭天线，它们还是拥有许多共同点。圆锥喇叭也是一种非常实用的微波

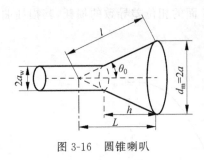

图 3-16　圆锥喇叭

天线,其结构示意图如图 3-16 所示,圆柱波导在示意图中也可以体现。

圆柱波导的辐射原理和矩形波导的辐射原理是一样的,除了矩形波导会有 TE 和 TM 模式,而圆柱波导主模是 TM_{11} 模,这与矩形波导的主模存在差异,导致差异的主要原因是在圆柱波导的口径边界条件使场线变成了曲线而不是直线,下面给出 TM_{11} 模的辐射远场表达式。

$$E_{\theta}(r,\theta,\phi)=2\pi a\,\frac{e^{-jkr}}{r}J_1(k_c a)\,\frac{J_1(\omega a)}{k_c\omega a}\cos\phi \tag{3-62}$$

$$E_{\phi}(r,\theta,\phi)=2\pi a\,\frac{e^{-jkr}}{r}J_1(k_c a)\,\frac{k_c J_1'(\omega a)}{k_c^2-\omega^2}\cos\theta\sin\phi \tag{3-63}$$

其中,a 为圆锥喇叭口径圆的半径;$\omega=k\sin\theta$ 且有 $k_c a=1.841181$;J_n 为 n 阶贝塞尔函数,J_n' 代表贝塞尔函数的一阶导数。圆柱波导在 TM_{11} 模式下的最大增益表达式可以写成以下形式。

$$G_{\max}=0.209(ka)^2\,\frac{k}{\beta}\Big(1+\frac{\beta}{k}\Big)^2 \tag{3-64}$$

其中,相位常数为 $\beta=\sqrt{k^2-k_c^2}$。在中心频率远高于截止频率时(即 $\beta=k$),此时输入的反射系数很小,且最大增益约为 $G_{\max}\approx0.873(ka)^2$,口径的效率可达 83.7%。对小尺寸圆锥喇叭的波束宽度而言,其 E 面的波束宽度比 H 面的波束宽度更宽,可达到 ka。为了减少 E 面波束宽度,可以加入扼流环结构,若把扼流环放在与轴心同线,且深度为 $0.2\lambda\sim0.6\lambda$ 的位置,可有效地减少 E 面波束宽度,使得与 H 面的波束宽度一样。但是这种方法对于大尺寸的圆锥喇叭是基本无效的,原因是辐射场变得太小而不能有效激活环槽。因此对于大尺寸的喇叭,要用其他方法解决轴对称问题。

将圆锥喇叭的场辐射用数学公式严谨地表达之后,圆锥喇叭的模通过引入球坐标系被人们发现,这个发现的过程中使用了贝塞尔函数和勒让德多项式,由于这个过程中的计算量过于庞大,不在此处进行展开,只给出相应的定性结论。尽管圆锥喇叭的适用范围较广泛,但是它的方向性和辐射场并不像它的用途一样被周知。

在圆锥喇叭中的圆柱形波导激发的是 TM_{11} 模,这和在角锥喇叭中的矩形波导激发的 TM_{10} 相对应,在许多时候,它们表现出类似的性质。圆锥喇叭的模态可以在球形坐标中精确表达,方法包括模式匹配、有限元法和有限时域差分法等,因为这几种方法可以得到圆锥喇叭精准的设计数据。

一般情况下,假设主模的相位近似不变,那么在主模形式下的辐射场表达式为

$$E_{\theta}(r,\theta,\phi)=\frac{jE_0 ka^2 e^{-jkr}}{2r}[G_0(\omega)-G_2(\omega)]\cos\phi \tag{3-65}$$

$$E_{\phi}(r,\theta,\phi)=\frac{jE_0 ka^2 e^{-jkr}}{2r}\cos\theta[G_0(\omega)+G_2(\omega)]\sin\phi \tag{3-66}$$

其中,$G_m(\omega)=1/a^2\int_0^a J_m(p_{11}\rho'/a)J_m(\omega\rho')\exp(-jk\rho'^2/2L)\rho'd\rho'$,且 $p_{11}=1.841184$;

$\omega = k\sin\theta$。式(3-65)和式(3-66)适用于半锥角小于 35°、尺寸是中等长度喇叭($L > 5\lambda$)。对于更大张角的喇叭,第一阶贝塞尔参数变为($p_{11}/\theta_0 a\tan(\rho'/L)$)。

函数 G_m 的表达式可以通过函数积分最大限度地估计,使用洛梅尔函数可知最后的结果可能是级数形式,此处不作展开。和角锥喇叭相比,圆锥喇叭的辐射形式极度依靠几何张角。圆锥喇叭的 E 面和 H 面辐射形式曲线如图 3-17 所示。由于二次相位会伴随着半角的增加而增加,使图形变得较为平缓。

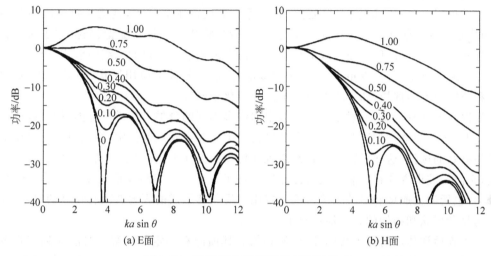

图 3-17 圆锥喇叭 E 面和 H 面辐射形式

设计圆锥喇叭的过程中需要考虑最大增益。由图 3-17 可以看出,喇叭大部分的辐射形式对应的都是低增益形式,这是由口径面的相位误差导致的。最优喇叭指固定最佳口径尺寸的喇叭产生最大增益。对于指定长度的圆锥喇叭,其最大增益是可以计算的,当口径圆的半径满足 $a = \sqrt{0.7812L\lambda}$ 关系式时,最大增益表达式可以写成如下形式。

$$G_{max}(dB) \approx 20.29\log_{10}(a/\lambda) + 12.85 \tag{3-67}$$

方向性系数也可以反映增益的大小(若在效率固定的情况下),图 3-18 为喇叭尺寸和方向性系数的关系曲线图。

由图 3-18 可以清晰地看到,当轴向长度保持不变时,增大口径尺寸,则方向性系数(增益)会出现一个最大值;当口径尺寸保持不变时,改变喇叭的长度,最大方向性系数值也会发生变化。理论上说,长度 L 趋于无穷大时(或张角为零时),方向性系数也会达到无穷大。一般情况下,方向性系数会随着喇叭长度的增加而增大。圆锥喇叭最大方向性系数对应的尺寸满足式(3-68),找出这个最大增益的喇叭尺寸是设计时必不可少的步骤。

$$d_m \approx \sqrt{3l\lambda} \tag{3-68}$$

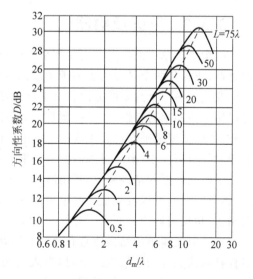

图 3-18 喇叭尺寸与方向性系数关系图

3.3　反射面天线

3.3.1　简介

反射面天线是天线中应用非常广泛的一种面天线,自从 1888 年赫兹发现了电磁波传播信号以来,这类天线的应用就一直受到欢迎。第二次世界大战的爆发直接促进了这类天线的快速发展,因为它在雷达、卫星通信、遥感等方面的需求非常大,这就导致了那些结构复杂、功能强大的反射面天线快速地发展起来,包括与它相关的仪器配置、分析方法和实验技术等方面。时至今日,反射面天线的技术发展得更加成熟。反射面天线的形式多种多样,使用比较普遍的有平面式、带角平面式、单或双曲面式等,具体的应用形式(辐射模式)要根据需求和环境的不同选择,如需求的波束不同或极化不同等。

根据许多文献记载,反射面天线可以根据许多不同的分类方法进行分类,如可以按照反射面类型、输入馈电类型以及辐射图类型进行分类。在点到点通信中,窄波束类型的反射器应该是最好的选择,这样可以使增益都出现在想要的方向上,有助于点到点通信的稳定。一般地,它们的波束方向在安装天线时已经确定好了。近代的卫星反射天线还有其他的辐射图分类,包括波束成形和多波束等。这些应用对反射器形成的辐射波束有较高的要求,越来越多的复杂形状和结构的天线涌现出来。

要正确地评估反射面天线的性能,就必须对其馈源有一定的了解。之前提到喇叭可以作为反射面天线的馈源,除了喇叭之外,波导馈电也是选择之一,这也是面天线的主流形式。但是为了满足射电天文学(如中国天眼)和卫星天线的应用要求,许多新的馈电形式正在大力研发中,希望可以用新的馈源满足这些具有高要求应用的领域,如使用具有混合模的馈源(合并 TE 模和 TM 模),以此来有效地匹配馈源分布和反射器的焦点场分布,达到减少交叉极化的目的。但是馈电系统的复杂程度也是一个重要的考虑因素,尤其是要求产生多波束的时候,需要克服馈源之间相互耦合的问题。甚至还有许多想法,包括使用贴片天线的阵列作为反射面天线的馈源。为了更好地了解反射面天线,下面将具体介绍几种具体的反射面天线。

3.3.2　平面反射器

结构最为单一的反射面天线就是平面反射器,如它的名字一样,其结构就是在一个平面的延伸,或者是两个平面组成的带角度的反射器,如图 3-19 所示。它的功能是将电磁波的方向改变到另一个想要的方向。对于反射器,辐射源的极化和辐射源相对于反射面的位置可以用来控制辐射特性,包括控制整个天线的辐射图、阻抗和方向性等。在进行理论计算的时候,往往需要把平面理想化成一个无限大的平面,虽然实际情况中不存在这样的平面,但若研究的范围较小,最终得到的实际结果和理想情况是比较接近的。

平面反射器的结构简单,其用途也十分有限。而带有角度的平面反射器则是前者的改进版,角反射器可以看成是由两个平面反射器组成的。为了更好地使能量平行于水平面辐射出去,角反射器应运而生,如图 3-19 所示。

角反射器简单的结构使它有独特的用处,如把角度调整为直角的角反射器,应用在雷达目标检测或其他的通信应用上时,当入射角为 90°时,反射的信号是原路返回的,这样就可以侦测或跟踪到自己想要的目标,其信号原路返回的示意图如图 3-20 所示。在实际情况下,若是遇到了波长长度大于物理尺寸的情况,那么角反射器还很有可能是用导线做成的栅格形式(相邻导线之间包含一定的间隔),如图 3-21 所示。这样构建不仅可以使重量大大减少,还能减少阻力,同时对波长较长的电磁波反射性能无较大的影响,可以说是角反射器的另外一种应用形式。

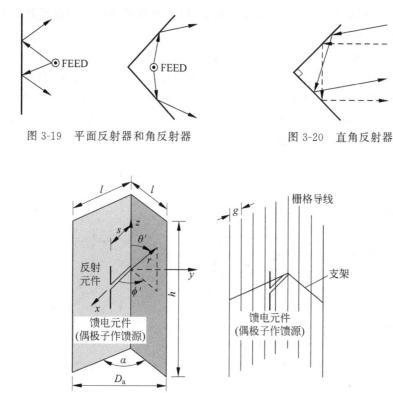

图 3-19　平面反射器和角反射器　　　　图 3-20　直角反射器

(a) 实心角反射器　　　　(b) 栅格反射器

图 3-21　实心角反射器和栅格反射器外观

如图 3-21 所示,通常角反射器孔径尺寸 D_a 取值范围为一个波长到两个波长之间($\lambda < D_a < 2\lambda$)。当角反射器夹角为直角时,角反射器两个边长 l 满足 $l = 2s$(s 为馈源到面交线的垂直距离);当角反射器夹角变小时,相应的边长 l 会变大,而 s 满足的长度范围一般为 $\lambda/3 < s < 2\lambda/3$。对于不同的反射器,最佳馈源位置点也不同(即 s 不同)。若这个长度偏小,那么系统的损失阻抗会使反射效率大大降低,不利于工作;相反,若长度偏大,辐射图会出现我们不想要的旁瓣,使辐射方向性变差,辐射效果大打折扣。对于理想的无限大反射器,其主瓣宽度会比非理想有限大小的反射平面略宽。反射器高度 h 通常的取值范围为 $1.2\lambda < h < 1.5\lambda$,显然大于馈电阵元的总长度,这样基本可以使反向辐射趋于零。

3.3.3　抛物面反射天线

抛物面反射天线可以说是目前使用最广泛的反射面天线,本节将对抛物面反射天线的特性进行阐述。要研究这一天线的具体性质,首先要了解其参数,如馈源的选择和位置、抛物面的弧度和口径尺寸、制作材料、天线效率等,这些参数可能对天线的性能产生严重的影响。

抛物面反射天线的辐射需要用到部分光学反射的原理。为了使电磁波能平行地辐射到指定方向,可以将这种情况类比为光路反射。即当平行光入射到一个抛物面时,所有光线会聚焦到一个点(抛物面的焦点),而光路又是可逆的,意味着焦点处发出的散射光经过抛物面的反射,会变成平行光射出。这样的情况类比为电磁波时,即在焦点处馈源的电磁波会经过抛物面的反射,平行地辐射到指定的方向,这是馈源前置(焦点处)的一种情况。还存在馈源放在抛物面中心处的情况,先经过一个反射面反射后,再到抛物面平行地反射出去(即卡塞格伦馈电),如图 3-22 所示。

前面已经提到,角锥喇叭是一种非常普遍的反射面天线的馈源。许多大口径天线使用这种抛物面反射天线,如迄今世界上最大反射器直径可达数百米,在卫星通信和太空探测等方面有着极其重要的应用。与平面反射器相比,此处的反射面变成了抛物面,但是都离不开反射原理。其几何形状可以看成是由一个平面中的抛物线沿着对称轴旋转 2π 得到的,为了便于分析,只取示意图进行分析,如图 3-23 所示。

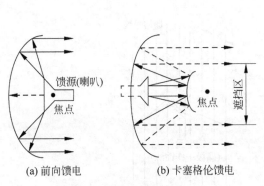

图 3-22　抛物面反射天线

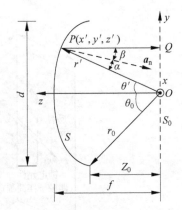

图 3-23　前馈反射天线平面示意图

由于几何形状是通过旋转得到的,那就取旋转的曲线进行分析,图 3-23 分别给出平面上下两条通路,在不考虑有电磁波损耗的前提下,它遵循以下关系式。

$$\begin{cases} OP + PQ = 常数 = 2f \\ OP = r', PQ = r'\cos\theta' \end{cases} \tag{3-69}$$

整理可得

$$\begin{cases} r'(1 + \cos\theta') = 2f \\ \Rightarrow r' = \dfrac{2f}{1 + \cos\theta'} = f\sec^2\left(\dfrac{\theta'}{2}\right), \quad \theta' \leqslant \theta_0 \end{cases} \tag{3-70}$$

由于几何形状可看成是旋转得到的抛物面,那么得到的三维结构可用相应的球坐标表示,对于水平方向都是对称的,故只须讨论球坐标中的 r' 和 θ' 两个参数。应用球坐标需要极高的空间想象力和复杂的计算过程,理论上是可行的。故最终选择简化的三维直角坐标进行表达式的展开,3 个坐标轴的方向如图 3-23 所示放置。故有

$$r' + r'\cos\theta' = \sqrt{(x')^2 + (y')^2 + (z')^2} + z' = 2f \tag{3-71}$$

或写成以下形式

$$(x')^2 + (y')^2 = 4f(f - z') \tag{3-72}$$

其中,$(x')^2 + (y')^2 \leqslant (d/2)^2$。在分析抛物面反射器的过程中,为了更好地表达关系式,还

需要找到对应在抛物面上的反射点的切面与法线。则有

$$f - r'\cos^2\left(\frac{\theta'}{2}\right) = S = 0 \tag{3-73}$$

然后求其梯度,得到抛物面的法向量,表达式如下。

$$\boldsymbol{N} = \nabla\left[f - r'\cos^2\left(\frac{\theta'}{2}\right)\right] = \boldsymbol{a}_{r'}\,\frac{\partial S}{\partial r'} + \boldsymbol{a}_{\theta'}\,\frac{1}{r'}\,\frac{\partial S}{\partial \theta'} \tag{3-74}$$

$$\Rightarrow \boldsymbol{N} = -\boldsymbol{a}_{r'}\cos^2\left(\frac{\theta'}{2}\right) + \boldsymbol{a}_{\theta'}\cos\left(\frac{\theta'}{2}\right)\sin\left(\frac{\theta'}{2}\right) \tag{3-75}$$

将法向量单位化可得

$$\boldsymbol{a}_{\mathrm{n}} = \frac{\boldsymbol{N}}{|\boldsymbol{N}|} = -\boldsymbol{a}_{r'}\cos\left(\frac{\theta'}{2}\right) + \boldsymbol{a}_{\theta'}\sin\left(\frac{\theta'}{2}\right) \tag{3-76}$$

为了求入射线与单位法向量 $\boldsymbol{a}_n$ 的夹角 α,有

$$\cos\alpha = -\boldsymbol{a}_{r'} \times \boldsymbol{a}_{\mathrm{n}} = -\boldsymbol{a}_{r'} \cdot \left[-\boldsymbol{a}_{r'}\cos\left(\frac{\theta'}{2}\right) + \boldsymbol{a}_{\theta'}\sin\left(\frac{\theta'}{2}\right)\right]$$

$$= \cos\left(\frac{\theta'}{2}\right) \tag{3-77}$$

用相同的方法可以得到关于 β 的表达式如下。

$$\cos\beta = -\boldsymbol{a}_{r'} \cdot \boldsymbol{a}_{\mathrm{n}} = -\boldsymbol{a}_{z'} \cdot \left[-\boldsymbol{a}_{r'}\cos\left(\frac{\theta'}{2}\right) + \boldsymbol{a}_{\theta'}\sin\left(\frac{\theta'}{2}\right)\right]$$

$$= \cos\left(\frac{\theta'}{2}\right) \tag{3-78}$$

通过式(3-77)和式(3-78)发现,两个角度的大小是一样的,这符合斯涅尔反射定律的理论,即在反射面上很小的范围内,可以假设为平面。

在反射面下半部分的另一个角度 θ_0 的表达式为

$$\theta_0 = \arctan\left(\frac{d/2}{Z_0}\right) \tag{3-79}$$

其中,Z_0 为对应抛物面上的反射点到焦点面的水平距离,在图 3-23 中已经标注。其具体表达式为

$$Z_0 = f - \frac{x_0^2 + y_0^2}{4f} = f - \frac{(d/2)^2}{4f} = f - \frac{d^2}{16f} \tag{3-80}$$

将 Z_0 的表达式代入 θ_0 的表达式可得

$$\theta_0 = \arctan\left|\frac{d/2}{f - \dfrac{d^2}{16f}}\right| = \arctan\left|\frac{\dfrac{1}{2}\left(\dfrac{f}{d}\right)}{\left(\dfrac{f}{d}\right)^2 - \dfrac{1}{16}}\right| \tag{3-81}$$

其中,θ_0 关于 f 的关系式是反三角函数的表达式,形式相当复杂,反过来还可以得到 f 关于 θ_0 的关系式,形式相对简洁,表达式如下。

$$f = \left(\frac{d}{4}\right)\cot\left(\frac{\theta_0}{2}\right) \tag{3-82}$$

这些反射器的辐射特性,包括方向图、增益等都和其面上分布的电流有密切的关系。面天线作为一种高增益的天线,最重要的参数自然是方向性,还需要提高天线的效率。在中心

频率较高的情况下,损耗可能会成倍增加,提高效率保住增益,是高频段非常有效的方法。

由于馈源天线(一般是喇叭)与反射器的距离一般比较近,口径效率必然要得到保证。假设 $g(\theta)$ 为位于焦点处喇叭天线的辐射功率,且口径是对称的,那么口径效率表达式为

$$\eta_{ap} = \cot^2 \left| \int_0^{\theta_0} g(\theta) \tan\left(\frac{\theta}{2}\right) d\theta \right|^2 \tag{3-83}$$

毫无疑问,这个效率是由反射面和馈源共同决定的,口径的最大效率约可以达到 82%,就单独效率这一参数和角锥喇叭相比,稍微高一些。天线的效率包含许多种类,如溢出效率、角锥效率、相位效率和极化等。其中部分参数是互相矛盾的,如入射的角度 θ_0 越大,溢出效率也会变大,但是角锥效率的变化却是相反的,这就要求在矛盾中找到最佳的平衡点,力求系统最终获得最大的效率。一旦上述效率确定了,那么方向性系数可以表达为

$$D = \frac{4\pi}{\lambda^2} \eta_{ap} \left(\pi(d/2)^2\right) \tag{3-84}$$

此处的方向性系数中并不包含馈源(喇叭)的效率,一般情况下,喇叭的效率可达到 70%～80%。但是即便如此,反射天线的方向性系数大于 30dBi 的例子不胜枚举,更有甚者可达到 80dBi,这个数值的方向性系数在其他类型的天线中是不敢想象的,但是在这里成为了可能。

除了方向性系数之外,半功率波束宽度(HPBW)也是衡量辐射效果的参数,其表达式为

$$\text{HPBW} \approx \frac{\lambda}{d} \times 70° \tag{3-85}$$

波束宽度通常与反射面有较大的关系,当反射面的损耗增加时,波束宽度和旁瓣会变小。

3.4 模型与仿真

本次仿真包含角锥喇叭和双模圆锥喇叭两个模型。对于角锥喇叭,本次列举的是一个 S 频段的最佳增益喇叭,中心频率为 2.4GHz,采用同轴线进行馈电,方便后续的优化调整,统一使用变量进行建模。角锥喇叭的尺寸如表 3-1 所示。

表 3-1 角锥喇叭天线尺寸

参数/结构名称		变 量 名 称	数值/英寸
波长		λ	4.92
喇叭尺寸	波导宽边	a	4.30
	波导窄边	b	2.15
	波导长度	L	6.15
	口径宽边	a_h	20.50
	口径窄边	b_h	15.18
同轴线尺寸	外导体半径	r_1	0.06
	内导体半径	r_2	0.025
	外导体长度	L_1	0.3
	内导体长度	L_2	0.3英寸+$b/2$

用 HFSS 对天线按照以上的尺寸进行建模,模型如图 3-24 所示。中心频率为 2.4GHz,为了确保精度,迭代的最大次数设为 20 次,最小收敛值为 0.02,扫频范围为 1.7～2.6GHz,扫

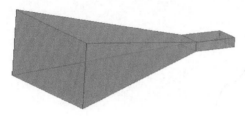

图 3-24　角锥喇叭模型

频间隔为 0.01(约 90 个点)。此天线尺寸相对于波长来说比较大,属于电大尺寸器件,仿真前需要在 HFSS 中设置其基函数为 Second Order。

天线仿真后得到的参数大致如图 3-25 和图 3-26 所示,其最大增益约为 19.5dB。如图 3-27 所示,在中心频率(2.4GHz)附近的回波损耗大约为 -15dB 左右,有较好的 S_{11} 参数。且由极坐标的增益可以看出有较好的前后比,列举出来的 E 面和 H 面的曲线比较接近(见图 3-28),符合角锥喇叭的特性,总体来说是一个性能优良的天线,可以为其他的角锥喇叭设计作为参考。

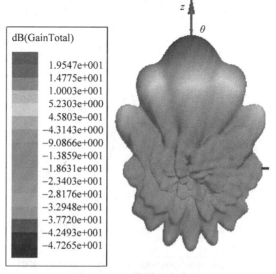

图 3-25　三维增益方向图

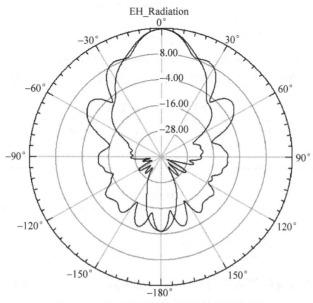

图 3-26　极坐标下的 E-H 面的增益方向

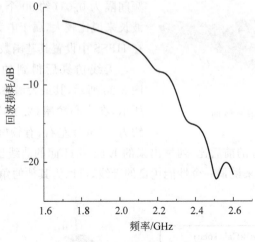

图 3-27　回波损耗

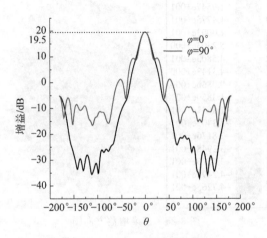

图 3-28　E 面、H 面增益方向图

对于双模圆锥喇叭,包含 TE_{11} 和 TM_{11} 两种模式,喇叭的模和喇叭的尺寸有着密切的关联(长度和口径)。为了清晰地认识 TE 模和 TM 模对应的截止波长,表 3-2 和表 3-3 分别列举了不同模式对应的截止波长,这对设计喇叭时要确定各尺寸有重要的帮助。

表 3-2　TE 模的截止波长

波形	H_{11}	H_{21}	H_{01}	H_{30}	H_{41}	H_{12}	H_{22}
λ_c	$3.413a$	$2.057a$	$1.64a$	$1.496a$	$1.182a$	$1.179a$	$0.784a$

表 3-3　TM 模的截止波长

波形	E_{01}	E_{11}	E_{21}	E_{02}	E_{31}	E_{12}	E_{41}
λ_c	$2.163a$	$1.64a$	$1.223a$	$1.138a$	$0.986a$	$0.896a$	$0.828a$

此次列举的实例双模圆锥喇叭对应的中心频率为 5GHz(工作波长为 6cm),为了满足上述两种模式,确定其两个圆柱的直径范围应为

$$1.757 < a < 3.657, \quad 3.657 < b < 5.090 \tag{3-86}$$

双模圆锥喇叭的具体参数如表 3-4 所示。

表 3-4　双模圆锥喇叭的参数

参　　数	变　　量	变量值/cm
工作波长	λ	6
小圆波导半径	a	2.13
大圆波导半径	b	3.93
小圆波导长度	h_1	7.62
两圆波导的间隔	h_2	3.12
大圆波导长度	h_3	8.22

用 HFSS 建立的双模圆锥喇叭模型如图 3-29 所示。

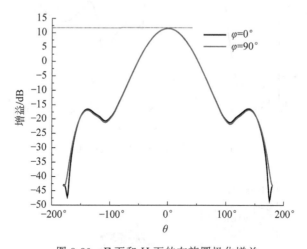

图 3-29　双模圆锥喇叭模型

仿真后的参数如图 3-30 和图 3-31 所示。

图 3-30　E 面和 H 面的左旋圆极化增益

由图 3-30 可知,该喇叭天线的增益可达 11.47dB。由图 3-31 可知,此天线中包含圆极化效果(电场矢量端点在垂直于传播方向的平面内描绘的是一个圆),这是由于在喇叭中设置了两个相互垂直的波端口激励。双模圆锥喇叭的回波损耗参数和三维增益图如图 3-32 和图 3-33 所示。

由图 3-32 可知,此次设计的中心频率为 5GHz,双模喇叭天线具有较宽的回波损耗带宽(此时是广义的 S 参数),整个扫频部分只有少部分是在 10dB 以上。图 3-33 是三维增益方向图,最大增益可达 11.47dB。总体而言,这是一款性能优良的双模圆锥喇叭天线。

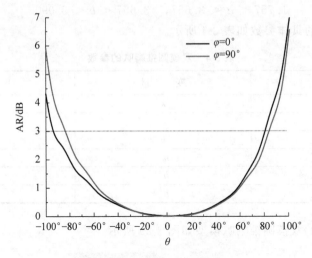

图 3-31 E 面和 H 面的轴比

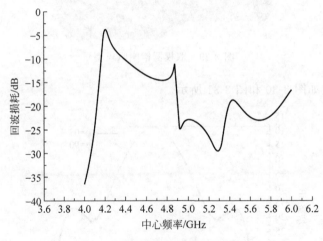

图 3-32 双模圆锥喇叭回波损耗

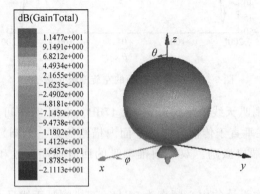

图 3-33 双模圆锥喇叭三维增益方向图

第4章

CHAPTER 4

微 带 天 线

4.1 微带天线的辐射机理

微带天线由印刷在单层或多层介质板上的薄金属贴片置于金属地板之上构成,金属贴片位于空气和介质之间或介质与介质之间,可以设计成任意形状,但常用的形状为矩形和圆,因其具有轻便、易于制作、易与微波电路集成等优点而被广泛使用。

典型的矩形微带天线结构如图 4-1 所示,金属贴片的长度 L 通常为 $\lambda/3 \sim \lambda/2$,宽度 W < λ(不能太小,否则金属贴片就成了微带线,而不是辐射体),微带天线的厚度非常薄,通带与微带线的厚度一样,所使用的介质基板高度 $h \ll \lambda$,相对介电常数通常为 $2 \sim 24$。

谐振天线的长度 L 应约为半波长,这种情况下,天线可以被视为两端开路的半波长谐振腔,其中金属贴片到地面的边缘场在上半空间($z > 0$)产生辐射。这种辐射机制与缝隙的辐射原理相同,因此贴片天线有两个辐射缝隙,这也是微带天线可以被视为孔径型天线的原因。

如图 4-1 所示,当矩形微带天线两端的边缘场物理间距为半波长时,两个场的激励相位相差 $180°$,但幅度相等。从天线顶部可以看出,两个边缘场在 x 轴方向上的分量是同相的,其辐射场沿 z 轴同相叠加,因而天线的最大辐射方向沿 z 轴。

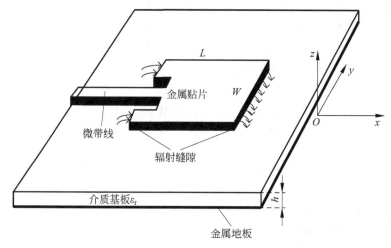

图 4-1 微带线馈电的矩形微带天线

4.1.1 辐射模型

尽管微带天线的结构相对简单,但是其解析场的分析是非常复杂的,主要是由于介质基板及其底部金属地板的存在。很多学者在微带天线分析方法和辐射模型方面进行了大量的研究,早期建立的模型都相对简单,为微带天线提供了一些基本的设计理论。随着技术的发展,分析微带天线的精确模型相继出现,但都涉及大量的数值计算,因此,早期的简单微带天线辐射模型一直广泛用于工程设计。下面将介绍一些微带天线的基本辐射模型,以解释微带天线的辐射机理及特性。

1. 微带传输线

在讨论微带天线的辐射模型之前,有必要先介绍一些微带传输线(也简称为微带线)的知识。图 4-2 给出了微带线的横截面的电场与磁场的近似分布图,其电力线从微带线指向金属地板,且电力线主要集中在微带线的底部,部分电力线延伸到介质基板上方的自由空间中,而磁力线则围绕着微带线并延伸到介质基板上方。

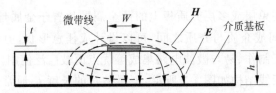

图 4-2 微带线横截面的场分布

由于微带线的重要性,其特征阻抗的闭环形式表达式被广泛研究,特征阻抗 Z_0 以及介质基板的有效介电常数 $\varepsilon_{\mathrm{re}}$ 可由以下公式计算。

$$Z_0 = \begin{cases} \dfrac{\eta_0}{2\pi\sqrt{\varepsilon_{\mathrm{re}}}} \ln\left(\dfrac{8h}{W_{\mathrm{e}}} + 0.25\dfrac{W_{\mathrm{e}}}{h}\right), & \dfrac{W}{h} \leqslant 1 \\[4mm] \dfrac{\eta_0}{\sqrt{\varepsilon_{\mathrm{re}}}}\left[\dfrac{W_{\mathrm{e}}}{h} + 1.393 + 0.667\ln\left(\dfrac{W_{\mathrm{e}}}{h} + 1.444\right)\right]^{-\frac{1}{2}}, & \dfrac{W}{h} \geqslant 1 \end{cases} \tag{4-1}$$

$$\frac{W_{\mathrm{e}}}{h} = \begin{cases} \dfrac{W}{h} + \dfrac{1.25}{\pi}\dfrac{t}{h}\left[1 + \ln\left(\dfrac{4\pi W}{t}\right)\right], & \dfrac{W}{h} \leqslant \dfrac{1}{2\pi} \\[4mm] \dfrac{W}{h} + \dfrac{1.25}{\pi}\dfrac{t}{h}\left[1 + \ln\left(\dfrac{2h}{t}\right)\right], & \dfrac{W}{h} \geqslant \dfrac{1}{2\pi} \end{cases} \tag{4-2}$$

$$\varepsilon_{\mathrm{re}} = \frac{\varepsilon_{\mathrm{r}} + 1}{2} + \frac{\varepsilon_{\mathrm{r}} - 1}{2} F\left(\frac{W}{h}\right) - C \tag{4-3}$$

$$F\left(\frac{W}{h}\right) = \begin{cases} \left(1 + 12\dfrac{h}{W}\right)^{-\frac{1}{2}} + 0.04\left(1 - \dfrac{W}{h}\right)^2, & \dfrac{W}{h} \leqslant 1 \tag{4-4} \\[4mm] \left(1 + 12\dfrac{h}{W}\right)^{-\frac{1}{2}}, & \dfrac{W}{h} \geqslant 1 \tag{4-5} \end{cases}$$

$$C = \frac{\varepsilon_{\mathrm{r}} - 1}{4.6} \frac{\dfrac{t}{h}}{\sqrt{\dfrac{W}{h}}} \tag{4-6}$$

其中，η_0 为自由空间的波阻抗，等于 377Ω；ε_r 为介质的相对介电常数；其他参数定义见图 4-2。当微带线工作在较低频率（8GHz 以下）时，色散效应被忽略，这些表达式与频率无关。

当微带线工作在较高频率时，需要考虑色散效应以便提升设计精度，此时通过修正式（4-1）～式（4-6）计算色散。与频率有关的特征阻抗及有效介电常数则分别用 $Z_0(f)$ 和 $\varepsilon_{re}(f)$ 表示。在大多数电路中，微带线的长度通常为波长的几分之一，波长的计算式为

$$\lambda = \frac{\lambda_0}{\sqrt{\varepsilon_{re}}} \quad \text{或} \quad \lambda = \frac{\lambda_0}{\sqrt{\varepsilon_{re}(f)}} \tag{4-7}$$

其中，λ_0 为自由空间波长。信号传输的相位常数（相移）β 主要由微带线的长度 l 决定，其计算式为

$$\beta = \frac{2\pi l}{\lambda} = \frac{2\pi l}{\lambda_0}\sqrt{\varepsilon_{re}} \quad \text{或} \quad \beta = \frac{2\pi l}{\lambda_0}\sqrt{\varepsilon_{re}(f)} \tag{4-8}$$

信号沿微带线传输时经历的衰减定义为衰减常数，通常由导体和金属地板的有限电导率和介质损耗决定。微带线的衰减常数 α 由两部分组成：导体损耗 α_c 和介质损耗 α_d，即 $\alpha = \alpha_c + \alpha_d$，单位为分贝每米（dB/m）。$\alpha_c$ 和 α_d 的表达式为

$$\alpha_c = \begin{cases} 1.38A \dfrac{R_s}{hZ_0}\left(\dfrac{32 - W_e/h}{32 + W_e/h}\right)^2, & \dfrac{W}{h} \leqslant 1 \\[3mm] 6.1 \times 10^{-5} A \dfrac{R_s Z_0 \varepsilon_{re}}{h}\left(\dfrac{W_e}{h} + \dfrac{0.667 W_e/h}{W_e/h + 1.444}\right), & \dfrac{W}{h} \geqslant 1 \end{cases} \tag{4-9}$$

$$\alpha_d = 27.3 \frac{\varepsilon_r}{\varepsilon_r - 1} \frac{\varepsilon_{re} - 1}{\sqrt{\varepsilon_{re}}} \frac{\tan\delta}{\lambda_0} \tag{4-10}$$

其中

$$A = \begin{cases} 1 + \dfrac{h}{W_e}\left[1 + \dfrac{1.25}{\pi}\ln\left(\dfrac{2\pi W}{t}\right)\right], & \dfrac{W}{h} \leqslant \dfrac{1}{2\pi} \quad (4\text{-}11) \\[3mm] 1 + \dfrac{h}{W_e}\left[1 + \dfrac{1.25}{\pi}\ln\left(\dfrac{2h}{t}\right)\right], & \dfrac{W}{h} \geqslant \dfrac{1}{2\pi} \quad (4\text{-}12) \end{cases}$$

$$R_s = \sqrt{\frac{\pi f \mu_0}{\sigma}} \tag{4-13}$$

其中，σ 为导体的电导率，单位为西门子每米（S/m）。

假设在微带线上输入幅度为 V_0 的信号，经过长度为 l 的微带线后，信号的幅度为

$$V = V_0 e^{-\alpha l} e^{-\beta l j} \tag{4-14}$$

式（4-14）遵循标准的传输线理论，信号的幅度由于衰减而变小（含有 α 的指数项），且信号发生相移（含有 β 的指数项）。由衰减常数 α 和相位常数 β 构成传播常数 $\gamma = \alpha + j\beta$。由于大多数微带线的损耗可忽略，所以 $\gamma \approx j\beta$，γ 随着 Z_0 呈线性变化。

上述结论只适用于微带线的主模和低阶模，接地的介质基板（没有微带线）能有效地引导能量，被引导的波称为表面波，表面波的场主要在电介质中，部分场存在于介质基板上方的自由空间中，其随着远离介质基板呈指数衰减。介质基板的最低阶表面波为 TM_0 模，其具有零截止频率，可在任何频率下被激发，而其他表面波模具有非零截止频率。对于电薄介质基板，高阶模通常在截止频率以下不易被激发。

微带电路上的信号能够激励起表面波,但通常是介质基板中的 TM_0 模,因表面波通常远离微带线传播而导致信号能量的损失。表面波能持续传播,直到遇到不连续处,如介质基板的边或其他的微带线等,当表面波到达不连续处,可辐射或耦合能量至不连续处,对电路或天线性能造成损害。通过选择低介电常数的薄介质基板能最小化 TM_0 模的激发,当相对介电常数已知时,介质地板高度的计算式为

$$h \leqslant \frac{c}{4f\sqrt{\varepsilon_r - 1}} \tag{4-15}$$

其中,c 为光速($3 \times 10^8 \, \text{m/s}$);$f$ 为工作频率。

图 4-2 给出了微带线下方的电场,图中的场呈均匀分布,但随着频率或线宽的增加,可能会激励起横向谐振模。微带线本质类似于谐振器,两端激励起驻波,电场在边缘处最大,中心处为零,在另一个边又达到最大。显然,不希望出现这种模式下的能量损失,且由于能量被分成两种不同速度的模式传播,信号失真也会发生。对于给定的介质基板和线宽,横模的截止频率为

$$f_c = \frac{c}{\sqrt{\varepsilon_r (2W + 0.8h)}} \tag{4-16}$$

最大线宽应由式(4-16)的截止频率求出,使截止频率远高于工作频率。

2. 微带贴片传输线模型

微带天线常被设计成不连续的规则形状辐射,但早期的微带天线通常是矩形贴片,其早期的分析模型为从两端辐射的微带传输线模型。即便如今,传输线模型对设计微带天线也非常有用,虽然已经发展到可以适用于其他形状的贴片,但还是主要用于分析矩形贴片。

图 4-3 给出了微带线馈电的矩形微带天线,微带线的场在微带线与矩形贴片的连接处遇到宽度改变后就扩散开(图中只描述了电场),在边缘处产生了边缘场,图中所示的贴片可视为微带线,场沿着传输线传播到达另一辐射边又产生边缘场,边缘场能存储能量。因电场的变化大于磁场的变化,所以贴片的两边等效为接地的电容,由于贴片的宽度比微带线宽,所以其边缘场也会辐射,可以等效为与边缘电容并联的电导,但其辐射会导致功率损失。

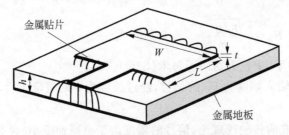

图 4-3　微带天线传输线模型辐射

微带贴片的等效电路分析如上所述,每个辐射边是电容和电导的并联组合,两个辐射边由一定长度的微带线连接,等效电路如图 4-4 所示。该等效电路的输入阻抗由输入端分流的电容与电导并联,通过一段长度为 L,特征阻抗为 Z_0 的传输线,以及输出端并联的电容电导构成。该等效电路的输入导纳可表示为

$$Y_{in} = G + jB + Y_0 \frac{G + j[B + Y_0 \tan(\beta L)]}{Y_0 + j[G + jB(\tan\beta L)]} \tag{4-17}$$

其中，$Y_0 = 1/Z_0$；$B = \omega C$；L 为贴片的长度；β 为微带线的相位常数。当 L 约为半波长时，式(4-17)的最后一项电纳是输入端电纳的负值，因此输入导纳或输入阻抗是实数，此时的频率称为贴片的工作频率，贴片在该频率谐振。

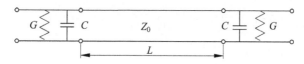

图 4-4　微带矩形贴片天线的等效电路

当贴片的长度为半波长时，输出端的边缘场与输入端的边缘场反向。假设输入端的场是正的，则场的方向是从金属地板指向贴片，输出端的场则是从贴片指向金属地板。但俯视观察贴片时，边缘场指向同样的方向，这些场在贴片的边射方向叠加形成了远场方向图。

随着等效电路的确立，接下来对电路中各个变量的值进行计算，辐射贴片的传输线特性可通过适当修正式(4-1)～式(4-6)和式(4-8)～式(4-14)计算，用于计算贴片的特征阻抗和传播常数。一旦 ε_{re}（或 $\varepsilon_{re}(f)$）已知，则贴片长度为 $0.5\lambda_0/\sqrt{\varepsilon_{re}}$。

由末端效应的延长部分可求边缘电容，但须注意大多数末端效应的公式只适用于相对细的线宽，通常适用于微带线，其适用判决条件为 $0.01 \leqslant W/h \leqslant 100$ 且 $\varepsilon_{re} \leqslant 128$。超出其物理长度的端部效应延长部分 Δl 为

$$\Delta l = \frac{\zeta_1 \zeta_3 \zeta_5}{\zeta_4} h \tag{4-18}$$

其中

$$\zeta_1 = 0.434907 \frac{\varepsilon_{eff}^{0.81} + 0.26}{\varepsilon_{eff}^{0.81} - 0.189} \frac{(W/h)^{0.8544} + 0.36}{(W/h)^{0.8544} + 0.87}$$

$$\zeta_4 = 1 + 0.0377 \arctan\left[0.067(W/h)^{1.0456}\right] \cdot \left[6 - 5e^{0.036(1-\varepsilon_r)}\right]$$

$$\zeta_5 = 1 - 0.218 e^{-7.5W/h}$$

$$\zeta_3 = 1 + \frac{0.5274 \arctan\left[0.084(W/h)^{1.9413/\zeta_2}\right]}{\varepsilon_{re}^{0.9236}}$$

在上述计算中，有

$$\zeta_2 = 1 + \frac{(W/h)^{0.371}}{2.358\varepsilon_r + 1}$$

$$\varepsilon_{re}(f) = \varepsilon_r - \frac{\varepsilon_r - \varepsilon_{re}(0)}{1 + P}$$

$$\begin{cases} \varepsilon_{re}(0) = \frac{1}{2}\left\{\varepsilon_r + 1 + (\varepsilon_r - 1)\left[(1 + 10h/W)^{-AB} - \frac{\ln 4}{\pi} \frac{t}{\sqrt{Wh}}\right]\right\} \\ A = 1 + \frac{1}{49}\ln\left\{\frac{(W/h)^4 + W^2/(52h)^2}{(W/h)^4 + 0.432}\right\} + \frac{1}{18.7}\ln\left\{1 + \left(\frac{W}{18.1h}\right)^3\right\} \\ B = 0.564 e^{-\frac{0.2}{\varepsilon_r + 0.3}} \end{cases}$$

$$\begin{cases} P = P_1 P_2 \{(0.1844 + P_3 P_4) f_n\}^{1.5763} \\ P_1 = 0.27488 + [0.6315 + 0.525/(1 + 0.0157 f_n)^{20}]u - 0.065683 e^{-8.7513u} \\ P_2 = 0.33622(1 - e^{-0.03442\varepsilon_r}) \\ P_3 = 0.0363 e^{-4.6u}[1 - e^{-(f_n/38.7)^{4.97}}] \\ P_4 = 1 + 2.751\{1 - e^{-(\varepsilon_r/15.916)^8}\} \\ f_n = f \cdot h = 47.713k \cdot h \\ u = [W + (W' - W)/\varepsilon_r]/h \end{cases}$$

末端效应延长部分与边缘电容的相关性可用传输线理论分析,末端效应的延长部分实质是一段非常短的开路传输线,因此其对贴片边缘呈现一定的阻抗。由于末端效应小(其长度远小于 $\lambda/4$),所以其阻抗呈负电抗,即电容。设该阻抗等于电容器的阻抗,则电容值 C 为

$$C = \frac{\tan(\beta \Delta l)}{\omega Z_0} \tag{4-19}$$

其中, $\omega = 2\pi f$。式(4-19)将末端效应延长部分与等效电容相关联。

边缘电导代表微带天线的辐射功率,这是从边缘辐射中发现的,其辐射具有两个分量,一个是与任意天线相同的正常空间辐射,另一个是表面波激励引起的辐射。对于薄介质基板($h < 0.02\lambda_0$),表面波可忽略,介质对辐射方向图的影响也可忽略到一阶,因此介质基板和贴片可移除,用位于无限大地平面上的两个缝隙代替,缝隙的长度和宽度分别为贴片的宽度 W 和介质基板的高度 h 。

既然贴片下方的电场在整个贴片宽度上呈均匀分布,那么缝隙具有相似的均匀场,计算缝隙的辐射方向图也相对简单。辐射边等效缝隙的几何图如图 4-5 所示。

假设贴片位于 xOz 平面,沿着贴片宽度(缝隙长度)的 yOz 平面即为 E 面。

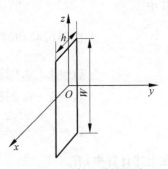

$$E_\theta = V_0 \frac{\sin[(k_0 W/2)\cos\theta]}{(k_0 W/2)\cos\theta} \tag{4-20}$$

沿着贴片长度的 xOy 平面即为 H 面。

$$E_\phi = V_0 \frac{\sin[(k_0 h/2)\cos\phi]}{(k_0 h/2)\cos\phi} \tag{4-21}$$

图 4-5　辐射边等效缝隙

其中, V_0 为缝隙两端的电压; $k_0 = 2\pi/\lambda_0$; θ 为与 x 轴的夹角; ϕ 为与 z 轴的夹角。因为 $h \ll \lambda_0$,式(4-21)对于所有的角度都一致。缝隙的辐射功率可以通过对地平面上半球的坡印廷矢量求积分求得,它是指在离开天线时损失的功率。显然,这是一种期望的效果。当电压加载在电导上时,电流流动且功率会流失,辐射造成的功率损失等同于电导中的功率损失。通过坡印廷矢量的积分除以 $2(V_0^2/2)$,可以求得辐射相同功率的等效电导,该边缘电导计算式为

$$G = \frac{1}{\pi}\sqrt{\frac{\varepsilon}{\mu}} \int \frac{\sin^2[(\pi W/\lambda_0)\cos\theta]}{\cos^2\theta}\sin^3\theta \, d\theta \tag{4-22}$$

为了便于计算,式(4-22)被简化为闭式

$$G = \frac{1}{\pi^2 \eta_0} \left\{ \left[\omega \mathrm{Si}(\omega) + \frac{\sin\omega}{\omega} + \cos\omega - 2 \right] \left(1 - \frac{s^2}{24} \right) + \frac{s^2}{12} \left(\frac{1}{3} + \frac{\cos\omega}{\omega^2} - \frac{\sin\omega}{\omega^3} \right) \right\} \quad (4\text{-}23)$$

其中,$\omega = k_0 W$;$\mathrm{Si}(\omega)$ 为正弦积分;$s = k_0 \Delta l$。

到目前为止,传输线模型没有考虑所有与贴片相关的现象,在贴片每条边上都会激励起一些表面波。如果介质基板很薄($h < 0.02\lambda_0$),表面波损失的功率远小于辐射功率,这限制了传输线模型对薄基板的有效性。由于表面波功率的计算非常复杂,因此包含表面波效应并不容易。另一个未被考虑的因素是辐射边缘之间的电磁耦合,一个边缘的场延伸到另一个边缘的场中,反之亦然。辐射边缘通过它们各自的场耦合至外部(通过贴片传输线在内部耦合)。

天线间的电磁耦合被广泛研究。利用互易性定理及每个天线的场可导出天线互耦的积分表达式。如果辐射边等幅激励,则它们之间的互导纳 Y_m 为

$$Y_m = \frac{1}{|V_0^2|} \int (\boldsymbol{E}_1 \times \boldsymbol{H}_2^*) \cdot \mathrm{d}\boldsymbol{S} \quad (4\text{-}24)$$

其中,$\boldsymbol{E}_1$ 为一辐射边的电场;$\boldsymbol{H}_2$ 为另一辐射边的磁场;$\mathrm{d}\boldsymbol{S}$ 为环绕该贴片垂直于大半个球面的矢量,$*$ 表示复数共轭。式(4-24)可简化为闭式,Y_m 的实部由 G_m 表示。

$$G_m = \left[J_0(l) + \frac{s^2}{24 - s^2} J_2(l) \right] G \quad (4\text{-}25)$$

其中,$J_0(l)$ 和 $J_2(l)$ 分别为 0 阶和 2 阶的第一类贝塞尔函数;$l = k_0 L$;$s = k_0 \Delta L$。Y_m 的虚部由 B_m 表示。

$$B_m = \frac{\pi}{2} \frac{Y_0(l) + [s^2/(24 - s^2)]Y_2(l)}{\ln(s/2) + 0.577216 - 1.5 + (s^2/12)/(24 - s^2)} [1 - e^{0.21\omega}] \omega C \quad (4\text{-}26)$$

其中,$Y_0(l)$ 和 $Y_2(l)$ 分别为零阶和二阶的第二类贝塞尔函数。

将两个电流源加入等效电路中,就可将电磁耦合引入传输线模型,图 4-6 所示为修正后的等效电路模型。谐振时,馈电激励边的输入电阻通常很大,为 $100 \sim 300\Omega$。因为微带电路的阻抗通常为 50Ω,所以必须采用类似 $\lambda/4$ 变换器的匹配电路。输入电阻随着馈点向贴片中心移动而变小,输入电阻的变化近似为插入距离的余弦平方函数,在边缘处最大,在中心处趋于零。

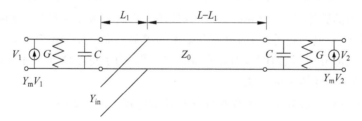

图 4-6 并入电磁耦合的等效电路

前面已指出贴片的长度约为半波长,即 $0.5\lambda_0/\sqrt{\varepsilon_{re}}$。由于末端效应,贴片的电长度比物理长度长,实际的贴片长度为 $L_p \approx L - 2\Delta l$,即物理长度减去末端效应延长的两倍,其计算结果对于天线的初始尺寸相对准确。如前所述,微带线不宜太宽,以避免激励起横向模谐振。通过在贴片宽度的中心馈电,使其中心电场最大,只要贴片宽度不超过介质中的波长,

就可抑制横向模的激励。

3. 微带贴片腔模型

谐振电路广泛用于射频和微波电路设计中,如滤波器、放大器、振荡器等。在几吉赫兹(GHz)的频率以下,谐振器以由电感和电容构成的集总元件电路的形式存在。在更高的频率,谐振器以分布式参数元件的形式存在。横截面封闭的波导称为腔,广泛用于矩形和圆柱形谐振器的设计,腔通常为封闭盒子的形式,其壁和端部都为金属,封闭的腔可避免辐射造成的功率损失。和所有谐振器一样,电能和磁能存储在腔内,腔体的能量耗散于有限电导率的金属腔体壁以及损耗媒质的电介质中。腔的品质因数 Q 值通常定义为

$$Q = \frac{2\pi f W_{\mathrm{E}}}{P_{\mathrm{d}}} \tag{4-27}$$

其中,W_{E} 为每个周期的平均储能;P_{d} 为耗散功率。

腔内金属壁的电场趋于零,对于腔体,这虽然不是严格的定义,但由于电压是电场的积分,因此壁上的电压为零,所以腔体壁就和短路一样。具有无限电导率的导体称为理想导体,在实际应用中,众多金属的电导率足够高,可视为理想电导体。因此,可假设存在磁场为零的理想磁导体。在理想磁导体上,由于电流密度和电流与磁场相关,因此其值为零,所以导体就和开路一样。因此,除了使用电导体做谐振器外,还可用磁导体或电磁导体。

现对矩形微带贴片的场进行分析,假设贴片的介质基板位于 xOy 平面,馈电激励起的电磁场位于贴片下方和金属地平面之间,当基底的厚度远小于 λ 时,电场仅存在从贴片指向金属地平面的 z 方向分量,但贴片与金属地平面之间却有 x 和 y 方向的磁场,由于介质基板很薄,场不随 z 方向变化。

在贴片下方和金属地平面上存在着电荷分布,在某个特定时刻,贴片的下方积累了正电荷,而金属地平面积累了负电荷,正负电荷间的引力作用使两个表面上持续存在大比例的电荷,贴片上正电荷间的排斥力使辐射边缘周围的一些电荷聚集在贴片顶部。对薄介质基板,通过电荷斥力作用聚集在贴片顶部的电荷其实非常少,在边缘周围电荷流动很少的情况下,可合理的假设其电流为零,因此,可在贴片的四周引入理想磁导体,不会对场的分布有影响。

矩形贴片可视为腔体谐振器,4 个金属边视为理想磁导体,顶部和底部视为理想导体,通过麦克斯韦方程可求解贴片内场分布的波动方程。贴片场的分布仅为贴片几何形状的函数,对形状可分离的腔体,如矩形和圆形腔,其波动方程的求解非常简单,场的幅度取决于腔体内的材料、损耗、馈电结构等,场的分布和幅度的求解都需要贴片的参数,如阻抗等。天线存在损耗,其中大部分与辐射有关,因此阻抗存在实部,为了将腔体和贴片进行对比,需要一种将天线损耗结合到腔体中的方法。

现假设一个具有理想导电壁但存在介质损耗的腔体,它的 Q 值为

$$Q = \frac{1}{\tan\delta} \tag{4-28}$$

其中,$\tan\delta$ 为介质损耗角正切。腔体阻抗的实部表征功率损失,阻抗的数学函数包含复极点,虚部表征功率耗散。当频率接近谐振频率 f_{r} 时,Q 值与阻抗函数极点有关。

$$Q = \frac{1}{2}\frac{\omega_{\mathrm{r}}}{\omega_{\mathrm{i}}} \tag{4-29}$$

其中,ω_{r} 为极点的实部,ω_{i} 为极点的虚部。式(4-28)和式(4-29)将损耗与腔体阻抗函数极

点相关联,由于天线的辐射损耗和其他损耗,阻抗函数的极点呈现复数形式,如果将介质腔体中的损耗调节至与天线损耗一致,则腔体与天线具有相同的复极点,阻抗也相同。从式(4-31)中可以看出,当介电损耗角正切为天线 Q 值的倒数时,则极点相等。上述便是腔体和贴片之间的类比,为腔模型的基础。

现将腔模型用于分析矩形贴片和馈电结构,假设贴片位于 xOy 平面且宽边沿 x 轴,其介质基板很薄,从麦克斯韦方程组出发,导出贴片下方电场 z 分量的波动方程。根据每个壁上的切向磁场为零,贴片和金属地平面上的切向电场为零的边界条件,可求出波动方程的解为

$$E_z(x,y) = \mathrm{j}I_0 \sqrt{\frac{\mu_0}{\varepsilon}}\, k \sum_{m=0}^{\infty} \sum_{n=0}^{\infty} \frac{\psi_{mn}(x,y)\psi_{mn}(x_0,y_0)}{k^2 - k_{mn}^2} G_{mn} \tag{4-30}$$

其中,I_0 为馈电电流的幅度;$\varepsilon = \varepsilon_0 \varepsilon_r$;$k = \omega \sqrt{\mu_0 \varepsilon}$;$(x_0, y_0)$ 为馈点的位置坐标;$k_{mn}^2 = k_m^2 + k_n^2$,$k_n = n\pi/W$,$k_m = m\pi/L$;G_{mn} 为与馈电形状相关的振幅系数,并且

$$\psi_{mn} = \frac{\chi_{mn}}{\sqrt{WL}} \cos(k_n x) \cos(k_m y) \tag{4-31}$$

其中

$$\chi_{mn} = \begin{cases} 1, & m=0 \text{ 且 } n=0 \\ \sqrt{2}, & m \neq 0 \text{ 或 } n=0 \\ 2, & m \neq 0 \text{ 且 } n \neq 0 \end{cases} \tag{4-32}$$

式(4-30)中的每一项都为腔体的模,当接近谐振频率时,只存在 $m=1$,$n=0$ 这一个主模,该主模与贴片的辐射(以及一些存储在贴片的能量)相关,式(4-30)中的其他模表示馈电与贴片之间的相互作用以及额外的能量存储。

接下来用腔模型求解天线的品质因数 Q,其值由辐射决定,由传输线模型可知贴片从边缘辐射。这种情况下,考虑贴片所有边的场,通过式(4-30)求出每条边的电场,将其作为辐射源,求出远场方向图,将天线周围半球的远场坡印廷矢量积分求出天线辐射功率。如果介质基板非常薄且介电常数低,通过每条边的场也可得到表面波功率的近似值。

在求得贴片天线的辐射功率后,还必须计算出贴片天线存储的能量。用式(4-30)得到的贴片下方的电场 $E_z(x,y)$,可求得存储的能量为

$$W_E = \frac{1}{2} \varepsilon_0 \varepsilon_r \iiint |E_z(x,y)|^2 \mathrm{d}V \tag{4-33}$$

式(4-33)是对贴片的体积进行积分。

贴片天线的辐射 Q 值为

$$Q_r = \frac{2\pi f W_E}{P_{rad}} \tag{4-34}$$

其中,P_{rad} 为辐射功率。如果贴片天线表面波功率 P_{sur} 已知,其 Q 值为

$$Q_{sur} = \frac{2\pi f W_E}{P_{sur}} \tag{4-35}$$

贴片天线的 Q 值还与导体损耗和介质损耗有关。当介质基板很薄时,导体损耗和介质损耗与贴片形状无关,其 Q 值为

$$Q_c = h \sqrt{\pi f \mu_0 \sigma} \tag{4-36}$$

$$Q_d = \frac{1}{\tan\delta} \tag{4-37}$$

其中,δ 为金属贴片的电导率;$\tan\delta$ 为介质损耗角正切。贴片天线的总 Q 值为

$$\frac{1}{Q} = \frac{1}{Q_r} + \frac{1}{Q_{sur}} + \frac{1}{Q_c} + \frac{1}{Q_d} \tag{4-38}$$

对于大多数微带天线,辐射 Q 值占主导地位,通常 $Q_r \approx 70, Q_c \approx 1000, Q_d \approx 40$。贴片天线的总 Q 值通常为 $55\sim60$。

为提升腔模型的精度,需要考虑贴片天线的损耗。当腔体介质存在损耗,但其相对介电常数变为复数 $\varepsilon_r(1-\mathrm{j}\tan\delta)$ 时,式(4-30)依然成立。式(4-28)表示当损耗角正切为贴片 Q 值的倒数时,腔体和贴片的场一致。因此,当使用复数的相对介电常数且 $\tan\delta = 1/Q$ 时,就完成了腔模型,式(4-30)计算的任何结果也都适用于贴片天线。

设计人员最感兴趣的一个量是贴片天线的输入阻抗,其定义为跨于馈电两端的电压与流过馈电的电流之比。之前曾假设电场与 z 方向无关(贴片与金属地平面之间的方向),电压是电场的线积分,现已知馈入的电场为 $E_z(x_0,y_0)$,且不是 z 的函数,因此其两端电压为 $V_f = -hE_z(x_0,y_0)$。经过代数运算后,输入阻抗为

$$Z_{in} = \frac{V_f}{I_0} = -\mathrm{j}\omega\mu_0 h \sum_{m=0}^{\infty}\sum_{n=0}^{\infty} \frac{\psi_{mn}(x,y)\psi_{mn}(x_0,y_0)}{k^2 - k_{mn}^2} G_{mn} \tag{4-39}$$

其中,$k^2 = \varepsilon_r[1-\mathrm{j}(1/Q)]\omega^2\mu_0\varepsilon_0$。式(4-39)的准确性直接取决于馈入的场的表达式。G_{mn} 为腔模与馈入的场之间相互作用的积分。最常见的两种馈电类型为微带线和同轴探头。对于恒定电流的小馈源,G_{mn} 的近似表达式为

$$G_{mn} = \frac{\sin(n\pi d_x/2W)}{n\pi d_x/2W} \cdot \frac{\sin(m\pi d_y/2L)}{n\pi d_y/2L} \tag{4-40}$$

其中,d_x 和 d_y 为馈电横截面积的宽度和长度。对于微带线馈电,$d_y \approx 0, d_x$ 近似为线的宽度;对于探针馈电,$d_x = d_y$ 且 $d_x d_y$ 即为探针的横截面积。

对于腔模型,值得注意的是,当磁壁处于贴片天线周围,全部磁场都被约束在贴片下方。事实上贴片周围的边缘场被忽略了。因为贴片的顶部表面很少有电流,这是合理的近似。然而,如果考虑边缘场,腔模型的精度可以得到提升。两端的场由末端效应加长贴片产生,即将上述 L 替换为 $L+2\Delta l$,其边缘场用有效宽度 $W_{eff}(f)$ 描述,计算式为

$$W_{eff}(f) = W + \frac{W_e(0)-W}{1+f/f_g} \tag{4-41}$$

其中,f 为频率;$f_g = c/(2W\sqrt{\varepsilon_r})$;$c = 3\times10^8\,\mathrm{m/s}$,且

$$W_e(0) = \frac{120\pi h}{Z_0\sqrt{\varepsilon_{re}}} \tag{4-42}$$

其中,Z_0 使用式(4-1)计算;ε_{re} 使用式(4-3)计算。式(4-41)的有效宽度与频率有关,如果使用薄介质基板且工作频率低于 8GHz,不应考虑色散效应,此时可用式(4-42)代替。

4.1.2 馈电方式

1. 同轴探针馈电

用 50Ω 的同轴探针从接地平面底部穿过给微带贴片馈电,同轴的外导体焊接到接地平

面,内导体穿过基板和贴片,焊接到贴片的顶部,为了实现阻抗匹配,探针的位置应位于贴片的 50Ω 点。不同的频率范围有各种类型的同轴探针,如 N 型、TNC 或 BNC 连接器可用于甚高频、特高频或低微波频率;OSM、OSSM 连接器可用于整个微波频率;而 OS-50、K 型连接器通常用于毫米波频率。

2. 容性探针馈电

对于宽带宽(5%～15%)的微带天线,其介质基板通常较厚。如果使用常规的同轴探针,会引入大电感,导致阻抗失配。换句话说,限制在同轴小圆柱空间中的电场不能突然过渡到贴片的大间距中,为了抵消馈电产生的电感,须引入容抗,一种方法是使用如图 4-7 所示的电容盘,贴片与探针没有物理连接,另一种方法是使用眼泪形或圆柱形探针,如图 4-8 所示。

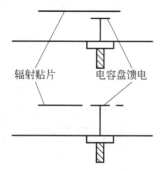

图 4-7　电容盘馈电

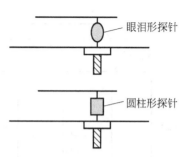

图 4-8　眼泪形和圆柱形馈电

3. 微带线馈电

如图 4-1 所示,微带传输线可以直连到微带贴片,由于贴片边缘的阻抗通常远高于 50Ω,为了避免阻抗不匹配,需要加入 λ/4 阻抗变换线,将输入阻抗转换为 50Ω,利用这种馈电方法,可以在同一介质基板上设计贴片阵列以及蚀刻微带功分器,极大程度地减少了制造成本,然而,在一些情况下,传输线的辐射泄漏可能会提高旁瓣或交叉极化。

4. 近耦合微带线馈电

通过将开路微带线靠近贴片耦合馈电,如图 4-9 所示,100Ω 开路线可以放置在贴片下方 100Ω 的位置,开路微带线也可以平行放置在靠近贴片边缘处,如图 4-10 所示,通过边缘场耦合实现激励,这两种方法都可以避免焊接连接,在某些情况下可实现更好的机械可靠性。

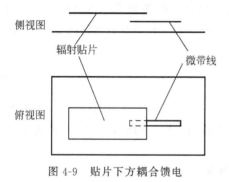

图 4-9　贴片下方耦合馈电

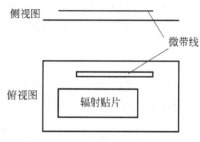

图 4-10　平行贴片边缘耦合馈电

5. 孔耦合馈电

将开路微带线或带状线传输线放置在金属地板的背侧,通过金属地板上的开口槽激励金属地板上方的辐射贴片,如图 4-11 所示,这种槽耦合或孔耦合技术称为孔径耦合馈电,可避免焊接连接,避免微带线的辐射泄漏对贴片辐射的干扰。此外,这种馈电方法可使贴片在厚基板上实现宽带宽(>10%),对堆叠贴片结构可达到带宽大于 30%。与同轴探针馈电相比,通过该方法实现的宽带宽由耦合槽产生,耦合槽既是谐振器,也是辐射单元。该方法除了带宽宽之外,另一个优点是通过非接触馈电(近耦合和孔径耦合)减少由电路中的非线性器件产生的其他谐波频率引起的无源互调失真。

6. U 形槽同轴探针馈电

将同轴探针馈电和贴片开 U 形槽结合,可以以实现非常宽的带宽(>30%),如图 4-12 所示,这种 U 形槽必须有一定的槽宽,以提供所需的电容,抵消相对厚的基板引入的电感。

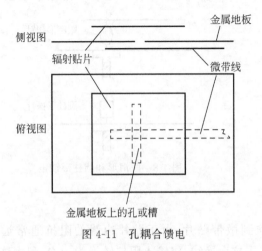

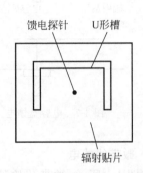

图 4-11 孔耦合馈电　　　　　　图 4-12 同轴馈电加 U 形槽

4.2 微带天线的品质因数、带宽与效率

微带天线的品质因数、带宽与效率都是相互关联的,不可能单独优化其中一个,因此,当天线性能最佳时,它们之间总会存在取舍,通常会牺牲其中一个优化另一个。

品质因数(Q)代表着天线的损耗,通常有辐射损耗、导体(欧姆)损耗、介质损耗和表面波损耗,微带天线的 Q 值如式(4-38)所示,导体损耗和介质损耗如式(4-38)和式(4-39)所示。对于薄介质基板,表面波损耗非常小,可以忽略,但对于厚介质基板必须考虑,辐射品质因数为天线的分数带宽,与 Q 值成反比,定义为

$$\frac{\Delta f}{f_0} = \frac{1}{Q} \tag{4-43}$$

然而,由于式(4-43)没有考虑天线输入端的阻抗匹配,所以不常用,更有意义的分数带宽定义为在输入端的 VSWR 等或小于期望的最大值的带宽。因此,式(4-43)修正为

$$\frac{\Delta f}{f_0} = \frac{VSWR - 1}{Q\sqrt{VSWR}} \tag{4-44}$$

通常,天线带宽 BW 与体积成比例,对于恒定谐振频率的矩形微带天线,有

$$BW \sim 体积 = 面积 \times 高 = 长度 \times 宽度 \times 高 \sim \frac{1}{\sqrt{\varepsilon_r}} \frac{1}{\sqrt{\varepsilon_r}} \sqrt{\varepsilon_r} = \frac{1}{\sqrt{\varepsilon_r}} \qquad (4-45)$$

在表面波功率远小于辐射功率的情况下，VSWR≤2 的带宽近似表达式为

$$BW = \frac{16}{3\sqrt{2}} \left[\frac{\varepsilon_r - 1}{(\varepsilon_r)^2} \right] \frac{h}{\lambda_0} \frac{W}{L} = 3.771 \left[\frac{\varepsilon_r - 1}{(\varepsilon_r)^2} \right] \frac{h}{\lambda_0} \frac{W}{L} \qquad (4-46)$$

式(4-46)同样适用于 $h \ll \lambda_0$ 的介质基板。

由式(4-46)可知，带宽与介质基板的介电常数的平方成反比，如图 4-13 所示。对于两个不同介电常数的介质基板，微带天线的带宽是介质基板归一化高度的函数，很明显，带宽随着介质基板高度的增加而增加。

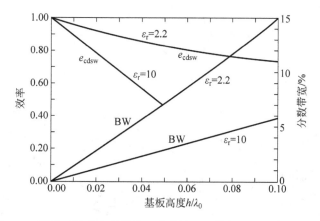

图 4-13　两种不同基底的微带天线的效率和带宽与基板高度的关系

天线的辐射效率定义为辐射功率与输入功率的比值，对于微带天线，也可以用品质因数表示为

$$e_{cdsw} = \frac{1/Q_r}{1/Q} = \frac{Q}{Q_r} \qquad (4-47)$$

图 4-13 表明微带天线的效率是介质基板高度的函数，随着介质基板高度的增加而减小。

4.3　圆极化微带天线

到目前为止，讨论过的贴片天线无论贴片形状如何，如果使用之前的馈电方式，则主要辐射线极化波。然而，圆极化和椭圆极化可以通过不同的馈电方式或对贴片略微修改来获得。

圆极化是通过激励起两个相位差为 90°的正交模得到，可以通过调整贴片的物理尺寸，使用单个、两个或多个馈源实现。对于正方形贴片，激励起圆极化波的最简单方式是在两个相邻的边馈电，激励起两个正交模，在其中一边激励起 TM_{010}^x 模，另一边激励起 TM_{001}^x 模，正交相位差则通过相位差为 90°的功分器或耦合器得到，如图 4-14(a)和图 4-14(b)所示。

对于圆形贴片，将两个馈源相隔适当角度则可得到圆极化。如图 4-14(c)所示，使用两个相隔 90°的馈源，在贴片下方以及贴片外部产生正交场，这种双馈电方式将每个馈电点位于另一个馈电点产生的场的零点位置，因此，两个馈电点之间的互耦很小，为了实现圆形贴

片的圆极化,两个馈源还需相差 90°。通过耦合器产生相差 90° 的两个馈源。通过在贴片中心放置短路销钉,将贴片与地平面连接,可以抑制一些模,改善圆极化的质量。

(a) 通过功分器在相邻边馈电的方形贴片　(b) 通过耦合器在相邻边馈电的方形贴片

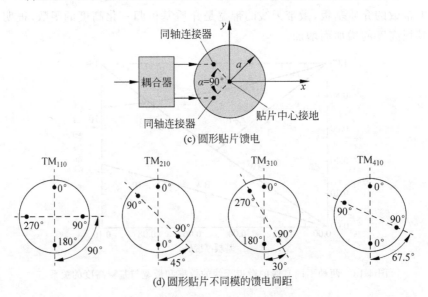

(c) 圆形贴片馈电

(d) 圆形贴片不同模的馈电间距

图 4-14　方形和圆形贴片的双馈圆极化

对于高阶模,实线圆极化的两个馈源之间的间距是不同的,TM^z_{110}、TM^z_{210}、TM^z_{310}、TM^z_{410} 的馈源间距如图 4-14(d) 所示,对于较厚的基底,为了保持对称性并最小化交叉极化,通常在每个馈源径向相对的位置加一个馈电探针,主要用于抑制次高幅度的相邻模。对于偶次模(TM^z_{210} 和 TM^z_{410}),4 个馈电探针的相位依次为 0°、90°、0°、90°;对于奇次模(TM^z_{110} 和 TM^z_{310}),馈电探针的相位依次为 0°、90°、180°、270°。

为了克服双馈的复杂性,也可以用单馈实现圆极化,一种方法是在贴片的单个馈电点激励起两个等幅的正交简并模,通过在腔中引入适当的非对称性,可以消除单模随频率增加的简并性,使其正交模随频率的增加而减小相同的量,由于两种模式的频率存在略小的差距,通过适当的设计,将一种模提前 45°,另一种模滞后 45°,形成圆极化所需的 90° 相位差。

与矩形微带天线的长和宽相关的两个谐振频率 f_1 和 f_2 为

$$f_1 = \frac{f_0}{\sqrt{1 + 1/Q}} \tag{4-48}$$

$$f_2 = f_0 \sqrt{1 + 1/Q} \tag{4-49}$$

其中,f_0 为中心频率。如图 4-15(a) 所示,沿着从左下角向右上角的对角线馈电,在侧边产生理想的左旋圆极化波。右旋圆极化通过在相对的对角线馈电实现,即右下角到左上角的对角线,如图 4-15(b) 所示。

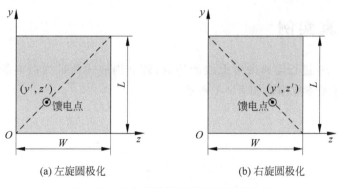

(a) 左旋圆极化   (b) 右旋圆极化

图 4-15　对角线单馈的圆极化矩形贴片

对角线单馈通过馈电点位置的移动改变圆极化的类型,由于变容二极管可用于调节电容和偏压,可有效地通过电气手段改变馈电点的物理位置。还有一些实现近似圆极化的实用方法,对于方形贴片,可通过切割非常薄的槽实现,如图 4-16 所示,槽的尺寸为

$$c = \frac{L}{2.72} = \frac{W}{2.72} \tag{4-50}$$

$$d = \frac{c}{10} = \frac{L}{27.2} = \frac{W}{27.2} \tag{4-51}$$

如图 4-17(a)所示,另一种方法是修剪方形贴片的两个相对角的末端并在点 1 或点 3 处馈电。对于圆形贴片,通过使其略微呈椭圆形并加载金属条,也可以实现圆极化,如图 4-17(b)所示。

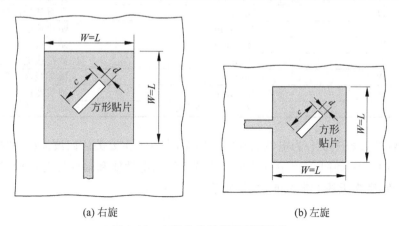

(a) 右旋   (b) 左旋

图 4-16　方形贴片开槽实现圆极化

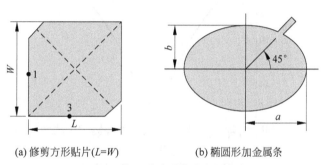

(a) 修剪方形贴片(L=W)   (b) 椭圆形加金属条

图 4-17　修正贴片形状实现圆极化

4.4　仿真实例

基于 HFSS13.0 进行经典微带天线的仿真,建立内嵌式微带线馈电的微带天线模型,如图 4-18 所示,详细参数描述如表 4-1 所示。

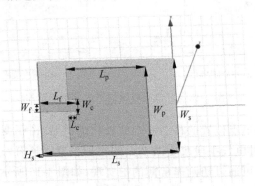

图 4-18　微带天线模型

表 4-1　微带天线详细参数

参　　数	值	描　　述
W_s	46mm	介质基板宽度
L_s	66.3mm	介质基板长度
H_s	3mm	介质基板高度
L_p	38.8mm	贴片长度
W_p	38.8mm	贴片宽度
L_c	4mm	微带线嵌入长度
W_c	8mm	微带线嵌入宽度
W_f	3.77mm	馈线宽度
L_f	$(L_s - L_p)/2 + L_c$	馈线长度

天线的性能参数主要分为电性能和辐射性能,电性能主要关注回波损耗,辐射性能主要关注方向图,图 4-19 和图 4-20 分别给出了微带天线的电性能和辐射性能指标,仿真结果与理论基本一致,微带天线的带宽非常窄,通常为 5% 左右。

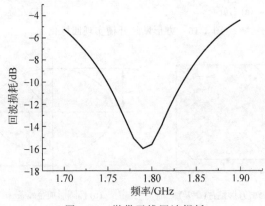

图 4-19　微带天线回波损耗

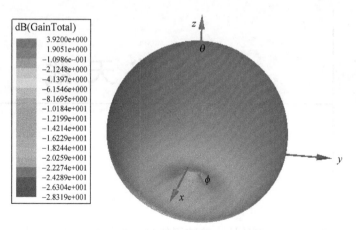

图 4-20 微带天线三维方向图

第5章

CHAPTER 5

缝 隙 天 线

本章将阐述缝隙天线的辐射特性。缝隙天线是一种特殊的口径天线,因其剖面很低,所以应用非常广泛,如机载雷达或导弹。这种天线最简单的例子就是在一个薄的金属片上切一个矩形缝隙,如图 5-1 所示。缝隙可以由连接缝隙两边的像巴伦一样的平行传输线、同轴电缆或同轴传输线进行馈电,也可以用波导进行馈电。

一般采用口径分布的方法分析缝隙天线的辐射特性。但是对于窄缝天线,常用另一种等效的原理获得辐射特性,这种方法简单方便,并且前面所学的线天线的知识也可以很容易地应用于此。本章将介绍巴比涅原理,然后利用它得到一般的缝隙天线辐射场和辐射电阻,最后介绍两种常见的缝隙天线:微带缝隙天线和波导缝隙天线。

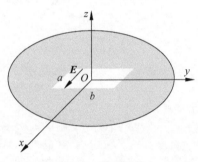

图 5-1　矩形缝隙

5.1　巴比涅原理

在学习了线天线和微带天线后,现在可以讨论它们之间的联系了。首先,需要引入一个光学上的原理——巴比涅原理:位于屏障所在平面后方任意点处的场,加上用互补屏障替换后在同一点处的场,等于全无屏障时该点处的场。巴比涅原理在光学上主要用于处理与吸收屏幕相关的问题,不涉及极化,但极化在天线理论中至关重要。Booker 介绍了扩展的巴比涅原理,其中包括了极化和实际的导体屏障。

如图 5-2(a)所示,假设有一个电流源 J 辐射到本征阻抗为 $\eta=(\mu/\varepsilon)^{1/2}$ 的无界媒质,在 P 点产生的电场和磁场分别为 E_0 和 H_0。当电流源辐射到本征阻抗为 $\eta=(\mu/\varepsilon)^{1/2}$ 的媒质时,将从下面两种情况下的辐射场结合起来也能获得同样的辐射场。

(1) 当媒质平面为薄的无限大理想电导体(Perfect Electric Conductor,PEC)时,平面中间开有一个孔 S_a,在 P 点产生的场为 E_e 和 H_e,如图 5-2(b)所示。

(2) 当媒质平面为薄的扁平的理想磁导体(Perfect Magnetic Conductor,PMC)时,在 P 点产生的场为 E_m 和 H_m,如图 5-2(c)所示。

因此,$E_0=E_e+E_m,H_0=H_e+H_m$。

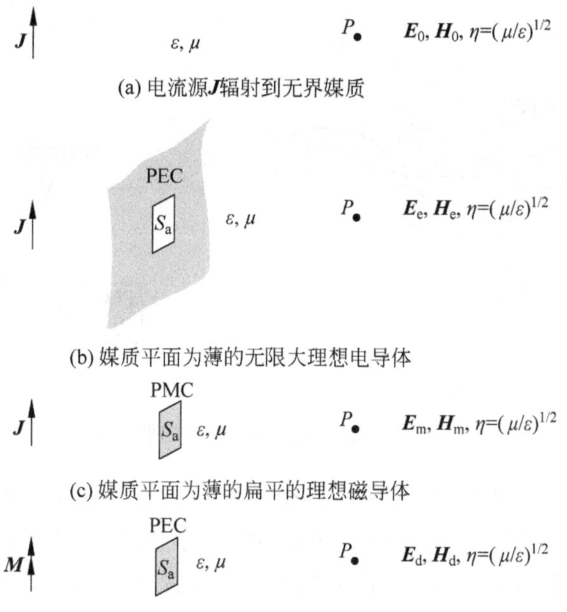

$J \uparrow$ ε, μ $P_\bullet$ $\boldsymbol{E}_0, \boldsymbol{H}_0, \eta=(\mu/\varepsilon)^{1/2}$

(a) 电流源$\boldsymbol{J}$辐射到无界媒质

$J \uparrow$ PEC $\boxed{S_a}$ ε, μ $P_\bullet$ $\boldsymbol{E}_e, \boldsymbol{H}_e, \eta=(\mu/\varepsilon)^{1/2}$

(b) 媒质平面为薄的无限大理想电导体

$J \uparrow$ PMC $\boxed{S_a}$ ε, μ $P_\bullet$ $\boldsymbol{E}_m, \boldsymbol{H}_m, \eta=(\mu/\varepsilon)^{1/2}$

(c) 媒质平面为薄的扁平的理想磁导体

$M \Uparrow$ PEC $\boxed{S_a}$ ε, μ $P_\bullet$ $\boldsymbol{E}_d, \boldsymbol{H}_d, \eta=(\mu/\varepsilon)^{1/2}$

(d) 磁流源$\boldsymbol{M}$辐射到无界媒质

图 5-2　无界媒质中的电流源和巴比涅原理

图 5-2(a)的辐射源产生的场还可以通过结合下面两种情况下产生的场而获得。

（1）一个电流源 J 辐射到本征阻抗为 $\eta=(\mu/\varepsilon)^{1/2}$ 的媒质时,在薄的无限大平面上存在的理想电导体 S_a 在 P 点产生的场为 $\boldsymbol{E}_e$ 和 $\boldsymbol{H}_e$,如图 5-2(b)所示。

（2）一个磁流源 M 辐射进本征阻抗为 $\eta=(\mu/\varepsilon)^{1/2}$ 的媒质时,在薄的扁平的表面上存在的理想电导体 S_a 在 P 点产生的场为 $\boldsymbol{E}_d$ 和 $\boldsymbol{H}_d$,如图 5-2(d)所示。

因此,$\boldsymbol{E}_0=\boldsymbol{E}_e+\boldsymbol{H}_d$,$\boldsymbol{H}_0=\boldsymbol{H}_e-\boldsymbol{E}_d$。

在实际设计中,对图 5-2(c)利用对偶原理更容易得到图 5-2(d)中的场。将图 5-2(c)中的 J 替换成 M,$\boldsymbol{E}_m$、$\boldsymbol{H}_m$、ε、μ 分别替换成 $\boldsymbol{H}_d$、$-\boldsymbol{E}_d$、μ、ε,就可以获得图 5-2(d)中的辐射场。这也是电磁场中常用的二元形式。图 5-2(b)中的开了一个口子的电平面与图 5-2(d)中的电导体是对偶的。这也常常被称为互补结构,因为当它们结合在一起后就形成一个没有重叠的完整的单一平面。

图 5-3 是巴比涅原理及其扩展的一个很好的说明。如果一个屏障以及它的互补结构浸入在本征阻抗为 η 的媒质中,其终端阻抗分别为 Z_s 和 Z_c。利用巴比涅原理及其扩展,并结合传输线模型进行等效,可以得到以下关于互补天线输入阻抗的重要关系式。

$$Z_s Z_c = \frac{\eta^2}{4} \tag{5-1}$$

在实际中,为了获得互补结构(偶极子)的阻抗 Z_c,必须引入一个间隙表示馈电点。另外,屏障所产生的远区场($E_{\theta s}, E_{\phi s}, H_{\theta s}, H_{\phi s}$)与互补结构产生的远场($E_{\theta c}, E_{\phi c}, H_{\theta c}, H_{\phi c}$)具有以下关系。

$$E_{\theta s}=H_{\theta c}, \quad E_{\phi s}=H_{\phi c}, \quad H_{\phi s}=-\frac{E_{\theta c}}{\eta_0^2}, \quad H_{\phi s}=-\frac{E_{\phi c}}{\eta_0^2} \tag{5-2}$$

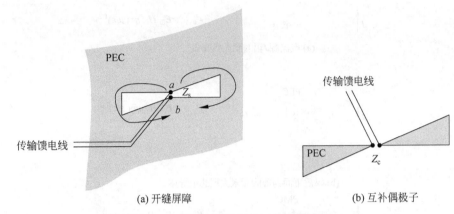

(a) 开缝屏障　　　　　　　　　　(b) 互补偶极子

图 5-3　开缝的屏障和其互补的偶极子

在实际中,并不存在薄的无限大扁平导体,但是可以无限趋近。如果在平面导体上开一个缝隙,当这个平面导体的尺寸大于波长和缝隙的尺寸,则很大程度上可以用巴比涅原理预测出它的辐射场。有限的平面对缝隙的阻抗影响不会像对辐射模式的影响那么大。图 5-3 中的缝隙会向屏幕的两边辐射。如果在缝隙的后面放置一块反射背板(盒子或腔体),就能够获得一个定向的辐射。这就是所谓的背腔缝隙,它的辐射特性(阻抗和辐射模式)由腔体的尺寸决定。

下面用一个例子来更好地解释巴比涅原理的应用。

例 5-1　在一个薄的无限大的平面理想电导体屏障上开有一个很薄的半波长的缝隙,如图 5-4(a)所示。计算在自由空间辐射下缝隙的输入阻抗。

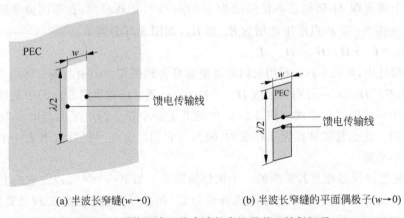

(a) 半波长窄缝($w \rightarrow 0$)　　　　　　(b) 半波长窄缝的平面偶极子($w \rightarrow 0$)

图 5-4　导体屏障上的半波长窄缝及其互补偶极子

解:根据巴比涅原理及其扩展,可以用一个窄的平面半波偶极子(见图 5-4(b))作为缝隙的互补结构。根据线天线的基本原理,偶极子的终端(输入)阻抗为 $Z_c = 73 + \mathrm{j}42.5$,因此,利用式(5-1)可以得到缝隙的终端(输入)阻抗为

$$Z_s = \frac{\eta_0^2}{4Z_c} \simeq \frac{(376.7)^2}{4(73 + \mathrm{j}42.5)} \simeq \frac{35475.72}{73 + \mathrm{j}42.5}$$

$$Z_s = 362.95 - \mathrm{j}211.31$$

　　由于合适尺寸的互补结构(偶极子)能够产生谐振,所以图 5-4(a)中缝隙同样可以产生谐振。缝隙辐射模式图和偶极子的辐射模式图是一样的,只是电场和磁场互换。

　　缝隙天线的谐振长度约为 $\lambda/2$,而宽度远小于长度和波长。缝隙天线由与其交叉的电流激励,并受到电流强度的控制,也受到缝隙与电流的交叉角度控制。当电流与缝隙天线垂直(磁场平行于缝隙天线)时,激励最大;当电流与缝隙天线平行(磁场垂直于缝隙天线),激励为 0。并且当缝隙的长度小于 $\lambda/2$,激励将变得很弱。

　　缝隙天线的极化(缝隙天线上电场的方向)沿宽度方向,电场的幅度沿长度呈正弦分布,而缝隙边缘为 0。E 平面的辐射方向图是均匀的,而 H 平面的辐射方向图是一个数字 8 型。

5.2　微带缝隙天线

　　微带缝隙天线是从带状线缝隙天线发展而来的,最初,人们在带状线的一个接地面上开一个缝隙产生辐射,后来随着微波集成电路工艺的发展,逐渐形成了现在的微带缝隙天线,如图 5-5 所示。

　　微带缝隙天线的优点是能够根据需要设计产生双向或单向的辐射方向图,且对制作的精度要求不高,还可以通过不同的缝隙形式和馈电方式形成不同极化方式的辐射,所以微带缝隙天线在现代的无线通信中被广泛应用。

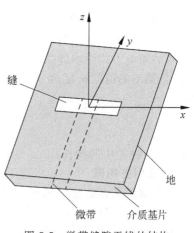

　　微带缝隙天线可分为窄缝天线(缝宽远小于波长)和宽缝天线(缝宽可与波长相比)两种。下面将从输入阻抗和辐射方向图等方面对这两种天线进行分析和讨论。

图 5-5　微带缝隙天线的结构

5.2.1　微带窄缝天线

　　微带窄缝天线是指缝隙宽度远小于波长的微带缝隙天线,其馈电方式有 3 种形式:侧馈、偏馈和中心馈。微带窄缝天线的输入阻抗主要取决于缝的尺寸、介质基片的相对介电常数和厚度,以及馈线与缝隙的相对位置。如图 5-6 所示,无论采用哪种馈电方式,相对于馈电线来说,缝隙都相当于传输线上的一个串联谐振回路。以缝隙的中心为参考面,则缝隙的等效电路如图 5-7 所示。输入阻抗由辐射电阻 R 和电抗 X 串联而成,谐振时 $X=0$。中心馈电的缝隙天线谐振长度一般大于偏心馈电的缝隙天线谐振长度。

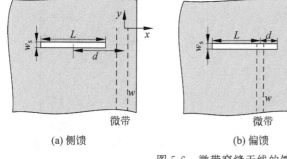

(a) 侧馈　　　　　　　　　　　　(b) 偏馈

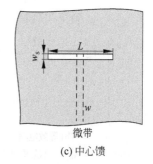

(c) 中心馈

图 5-6　微带窄缝天线的馈电方式

1. 辐射电阻

对于低介电常数的介质基片,偏馈的缝隙天线谐振长度一般在$(0.4\lambda_0, 0.5\lambda_0)$,具体的数值取决于介质材料、缝宽和馈电点的位置。而图 5-6(a)侧馈中的任意馈电点位置下,微带缝隙天线的辐射电阻计算式为

$$R = \frac{45\pi^2 \left\{ \int_{-\frac{L}{2}-d}^{\frac{L}{2}-d} \left[\frac{1}{2\pi} \int_{-\infty}^{\infty} g(p) \frac{e^{-jpx}}{e^{|ph|}} dp \right] \cos \frac{\pi}{L}(x+d) dx \right\}^2}{\left(\frac{L}{\lambda_0} \right)^2 \left[1 - 0.374 \left(\frac{L}{\lambda_0} \right)^2 + 0.13 \left(\frac{L}{\lambda_0} \right)^4 \right]} \tag{5-3}$$

$$g(p) = \frac{\sin(pw/2)}{pw/2} - \frac{1}{2} \frac{\sin^2(pw/4)}{(pw/4)^2} \tag{5-4}$$

假设微带缝隙天线的馈电是终端开路的微带线,且其电流分布为 $I(x) = |x|$;L 为缝隙的长度;$w_s(w_s \ll \lambda_s)$为缝隙的宽度;w 为馈电微带线的宽度;d 为缝中心到馈电微带线中心的距离,如图 5-6 所示。式(5-3)中,p 为傅里叶变换的变量,R 的值可在微带线上测得。辐射电阻的计算值与 d/L 的值有关,d/L 越大,则辐射电阻越小。

缝的馈电方式影响缝隙的谐振长度,中心馈电时的谐振长度比偏馈时长。当介电常数较小时,偏馈的谐振长度为 $0.4\lambda_0 \sim 0.5\lambda_0$。侧馈时,当 $d/L \geqslant 0.5$ 时,缝隙的谐振长度可写成

$$L = \frac{\lambda_s}{2} - 2\Delta l \tag{5-5}$$

其中,λ_s 为缝隙中的波长;$2\Delta l$ 为由缝隙端电路不为 0 而引起的等效缝长度增量。

2. 辐射方向图

微带缝隙天线的辐射场可以用等效电流源或磁流源计算。缝隙上等效面磁流为

$$M(x,y) = E(x,y) \times a_n = E_y a_x - E_x a_y = M_x a_x + M_y a_y \tag{5-6}$$

利用前面的知识可以得到如图 5-8 所示的缝的远区辐射场为

$$E_\theta = \frac{jk_0}{4\pi} \frac{e^{jk_0 r}}{r} \int_{-w_s/2}^{w_s/2} \int_{-L/2}^{L/2} [-M_x \sin\varphi + M_y \cos\varphi] e^{jk_0(x\sin\theta\cos\varphi + y\sin\theta\sin\varphi)} dx dy \tag{5-7}$$

$$E_\varphi = \frac{jk_0}{4\pi} \frac{e^{-jk_0 r}}{r} \cos\theta \int_{-w_s/2}^{w_s/2} \int_{-L/2}^{L/2} [M_x \cos\varphi + M_y \sin\varphi] e^{jk_0(x\sin\theta\cos\varphi + y\sin\theta\sin\varphi)} dx dy \tag{5-8}$$

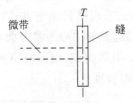

(a) 微带辐射缝

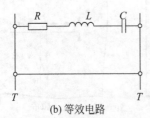

(b) 等效电路

图 5-7　微带辐射缝及其等效电路

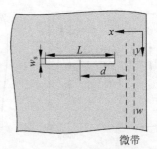

图 5-8　一般的微带缝隙天线

对于窄缝,E_y 可看成常数,$E_x = 0$,式(5-7)和式(5-8)的积分结果为

$$E_\theta = \frac{jk_0 E_y L w_s}{4\pi} \cdot \frac{e^{jk_0 r}}{r} \frac{\sin u}{u} \sin\varphi \tag{5-9}$$

$$E_\varphi = \frac{jk_0 E_y L w_s}{4\pi} \cdot \frac{e^{-jk_0 r}}{r} \frac{\sin u}{u} \cos\varphi \cos\theta \tag{5-10}$$

其中,$u = \frac{k_0 L}{2} \sin\theta \cos\varphi$。

微带窄缝天线可看成电振子的互补结构,当介质基片厚度远小于波长时,介质对远场方向图的影响可以忽略不计。对于 50Ω 馈电的微带线,由于其线宽远小于波长,因此馈电点附近的边界扰动较小,其对远场方向图的影响也可以忽略。微带缝隙天线的辐射方向图是双向的。如果要得到单向的辐射,可以在微带线的一边放一块平行于介质基板的反射器,理论和实验证明,缝隙与反射器之间的距离为四分之一自由空间波长时,可获得最佳匹配,这时辐射方向图的旁瓣最小,并且对 H 面的影响也最小。

5.2.2 微带宽缝天线

微带窄缝天线虽然在很多方面得到广泛应用,但其频率带宽窄且对加工精度要求较高。近年来,微带宽缝天线也得到了广泛研究,由于其缝宽可与波长相比,相对于窄缝天线,其带宽可以达到 10% 以上,且对加工精度的要求较低。图 5-9 所示为一般的微带宽缝天线结构。馈电微带线超过缝的距离为 d,终端开路。缝长 L 接近于 $\lambda_g/2$。选择适当的缝宽 w_s 和 d 可以达到良好匹配。

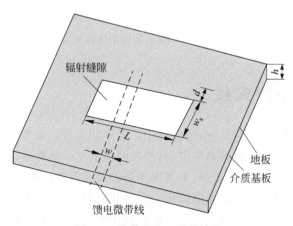

图 5-9　微带宽缝天线的结构

目前,微带宽缝天线的设计主要靠实验,没有确定的理论模型。

5.2.3 其他形式的微带缝隙天线

除上述两种微带缝隙天线外,还有一些其他形式的微带缝隙天线,如图 5-10 所示。图 5-10(a)为一种矩形环缝隙天线,它可以看成 4 个矩形分布的窄缝阵,优点在于馈线和辐射缝在同一平面上。图 5-10(b)为矩形宽缝隙天线,优点也是馈电方便、加工容易。图 5-10(c)和图 5-10(d)可以看成由窄缝组成的阵,前者为 4 个矩形分布的窄缝阵,后者为双缝线阵,这种

天线馈电在同一金属面上,并且两边接地。图 5-10(e)为终端开路的锥形缝隙天线,它由分布在介质基片另一面的微带线馈电,只有当缝具有一定宽度时,它才辐射。已经证明,当缝隙中波长 $\lambda_g > 0.4\lambda_0$。(λ_0 为自由空间波长)时,辐射显著。终端开路的锥形缝隙天线,只要尺寸适当,锥形缝隙上可形成行波状态,所以锥形缝隙天线实质上是一种行波天线,可以按照行波天线的分析方法对它进行分析。图 5-10(f)为圆环形缝隙天线,环形缝开在地板上,由介质基片另一面的微带线进行馈电,这种天线可用分布在缝上的等效磁流环来分析,它是一种窄带天线。

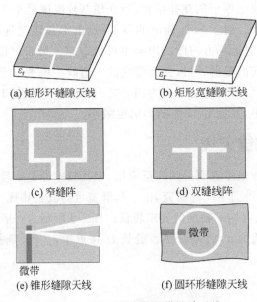

(a) 矩形环缝隙天线　　　　　　(b) 矩形宽缝隙天线

(c) 窄缝阵　　　　　　　　　　(d) 双缝线阵

(e) 锥形缝隙天线　　　　　　　(f) 圆环形缝隙天线

图 5-10　不同形式的微带缝隙天线

5.3　波导缝隙天线

波导缝隙天线是在波导上切一个辐射缝隙而形成的天线。本节将重点介绍矩形波导上的缝隙天线及其阵列。通常,波导是中空的,但有时也填充一些介质以减小导波波长。波导缝隙天线具有低损耗和高的功率容量,主要用于微波波段及更高频段的通信和雷达系统中。

通过运用数学运算的知识,波导缝隙天线的分析和设计理论得到了长期的发展,最近,电磁仿真辅助软件也得到了很好的发展,它们都被用于分析和设计波导缝隙天线及其阵列。

5.3.1　矩形波导

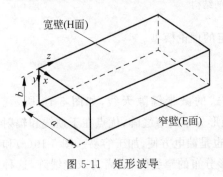

图 5-11　矩形波导

图 5-11 所示为一个典型的矩形波导的结构,其宽壁宽度 a 一般为半个波长到一个波长的范围,并且窄壁宽度 b 应小于半个波长,这样波导中仅传播 TE_{10} 模式。宽壁称为 H 面,因为 TE_{10} 模式的磁场平行于宽壁。类似地,窄壁被称为 E 面,因为 TE_{10} 模式的电场平行于窄壁。$+z$ 方向的 TE_{10} 模的场分

量为

$$
\begin{cases}
H_z = A \cos \dfrac{\pi x}{a} \mathrm{e}^{-\mathrm{j}\beta z} \\[2mm]
H_x = \dfrac{\mathrm{j}\beta}{k_c} A \sin \dfrac{\pi x}{a} \mathrm{e}^{-\mathrm{j}\beta z} \\[2mm]
E_y = -\mathrm{j} A Z_h \dfrac{\beta}{k_c} A \sin \dfrac{\pi x}{a} \mathrm{e}^{-\mathrm{j}\beta z} \\[2mm]
E_z = E_x = H_y = 0
\end{cases}
\tag{5-11}
$$

其中,k_c、β 和 Z_h 分别为截断的波数、传播常数和特征阻抗。由前面的知识可知

$$
\begin{cases}
k_c = \dfrac{\pi}{a} \\[2mm]
\beta = \sqrt{k_0^2 - \left(\dfrac{\pi}{a}\right)^2} \\[3mm]
Z_h = -\dfrac{E_y}{H_x} = \dfrac{k_0}{\beta} Z_0
\end{cases}
\tag{5-12}
$$

其中,k_0 和 Z_0 分别为波数和自由空间的波阻抗,它们的计算式如下。

$$
\begin{cases}
k_0 = \dfrac{2\pi}{\lambda_0} \\[2mm]
Z_0 = \sqrt{\dfrac{\mu_0}{\varepsilon_0}} = 120\pi
\end{cases}
\tag{5-13}
$$

其中,λ_0、ε_0 和 μ_0 分别为自由空间的波长、介电常数和磁导率。

宽壁上的电流的横向分量(磁场的纵向分量 H_z)是正弦曲线,其在边缘处最大并且在沿着宽壁宽度的中心处为零。宽壁上的电流的纵向分量(磁场的横向分量 H_x)是正弦曲线,其在中心处最大且在沿着宽壁宽度的边缘处为零。窄壁上的电流具有沿高度的分量(磁场仅具有纵向分量)。沿着窄壁,场和电流的分量是均匀的。

空心矩形波导的导波波长 λ_g 为

$$
\lambda_g = \frac{2\pi}{\beta} = \frac{\lambda_0}{\sqrt{1 - \left(\dfrac{\lambda_0}{2a}\right)^2}}
\tag{5-14}
$$

它比自由空间波长长。

5.3.2 矩形波导缝隙天线

波导缝隙天线阵的辐射单元是馈电系统(即波导本身)的一部分。因为不需要巴伦和匹配网络,所以波导缝隙天线结构简单。了解波导内的模式场是必要的,因为这样可以更有效地知道缝隙的位置,以便能产生适当的辐射模式。与波导壁电流平行的窄缝不会产生辐射,但是当缝隙横切在波导壁上并且割断原有的电流流向,迫使其绕缝隙流动时,能量从波导的模式场中通过缝隙耦合到自由空间。为了很好地控制线性缝隙阵列的激励,建议波导只工作在单一模式下,首选为最低的模式。当给如图 5-12 所示的波导一个 TE_{10} 模的激励,并在终端接上匹配阻抗时,则场可表示为

$$
\begin{cases}
H_x = \dfrac{-\beta_z}{\omega\mu}E_0 \sin(\beta_x x)\,\mathrm{e}^{-\mathrm{j}\beta_z z} \\[2mm]
E_y = E_0 \sin(\beta_x x)\,\mathrm{e}^{-\mathrm{j}\beta_z z} \\[2mm]
H_z = \dfrac{\mathrm{j}\beta_x}{\omega\mu}E_0 \cos(\beta_x x)\,\mathrm{e}^{-\mathrm{j}\beta_z z}
\end{cases}
\tag{5-15}
$$

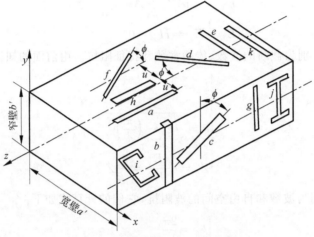

图 5-12 矩形波导壁上不同的缝隙

其中

$$
\begin{cases}
\beta_x = \pi/a \\[2mm]
\beta_z = \sqrt{k^2 - \beta_x^2} = \dfrac{2\pi}{\lambda_g} \\[2mm]
k = \dfrac{2\pi}{\lambda} = \dfrac{\omega}{c} \\[2mm]
\lambda_g = \dfrac{\lambda}{\sqrt{\lambda_c^2 - \lambda^2}} \\[2mm]
\lambda_c = 2a
\end{cases}
\tag{5-16}
$$

沿波导内壁表面的电流 $\boldsymbol{J}$ 与 $\boldsymbol{H}$ 成正比,即 $\boldsymbol{J} = \boldsymbol{a}_n \times \boldsymbol{H}$。

在图 5-12 中,不同的缝的辐射性能不一样,具体如下。

(1) 缝隙 g 不产生辐射,因为缝隙的方向与侧壁的电流方向一致。

(2) 缝隙 h 不产生辐射,因为其横向电流为 0。

(3) 缝隙 a、b、c、i、j 是分流缝隙,因为其截断了横向电流(J_x,J_y),可以用双端分流的导纳代替,其等效电路如图 5-13(a)所示。

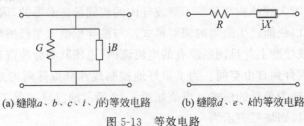

(a) 缝隙 a、b、c、i、j 的等效电路　　　(b) 缝隙 d、e、k 的等效电路

图 5-13 等效电路

（4）缝隙 d、e、k 截断了电流 J_z，能够用串联阻抗代替。缝隙 d 虽然也截断了电流 J_x，但是在波导中心线的两边激励的极性是相反的，因此阻止了当前电流的辐射，其等效电路如图 5-13（b）所示。

（5）电流 J_x 和 J_z 都能使缝隙 f 产生激励，可以用一个 π 型或 T 型阻抗网络代替。

沿波导顶壁和侧壁的电流如图 5-14 所示。在顶部内壁表面（$y=b'$），有

$$\begin{cases} J_x = -\mathrm{j}\dfrac{\beta_x}{\omega\mu}E_0\cos(\beta_x x)\mathrm{e}^{-\mathrm{j}\beta_z z} \\ J_z = -\dfrac{\beta_z}{\omega\mu}E_0\sin(\beta_x x)\mathrm{e}^{-\mathrm{j}\beta_z z} \end{cases} \tag{5-17}$$

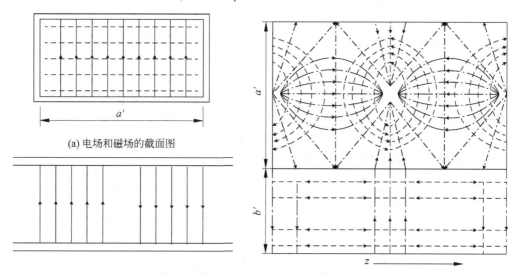

(a) 电场和磁场的截面图

(b) 沿波导的电场极性侧视图

(c) 顶部内壁表面和侧壁内表面的电流以及磁场分布

———— 电场线 ------ 磁场线 ——— 电流线

图 5-14 传播 TE_{10} 模的矩形波导表面电流分布

在底部内壁表面（$y=0$），有

$$\boldsymbol{J}^{\text{bottom}} = -\boldsymbol{J}^{\text{top}} \tag{5-18}$$

在侧壁内表面（$x=0$，$x=a'$）上，只存在相同相位的 y 方向电流。

$$J_y = -\mathrm{j}\frac{\beta_x}{\omega\mu}E_0\mathrm{e}^{-\mathrm{j}\beta_z z} \tag{5-19}$$

相对于峰值电流方向旋转缝隙能够控制耦合到缝隙的功率。例如，缝隙 e 有最大的耦合功率，而缝隙 d 和 c 的耦合功率与 $\sin^2\phi$ 成正比。另一种控制耦合功率的方法是通过采用相应的定位缝隙来利用波导内部的自然场强度。例如，J_x 在壁表面的中心处为 0，而在接近边缘时呈正弦变化。因此，添加诸如波导的中心的缝隙 a 这样的纵向缝隙，可以调节耦合到缝隙的功率。为了设计具有低旁瓣的阵列，控制线性波导中缝隙的激励很重要。此外，根据阵列的馈电方式，如果前面的阵元没有辐射所有功率，则波导至缝隙的耦合必须连续减小，以致剩余的阵元功率很小。根据缝隙的形状、在波导中的位置和组阵的方式可以给波导缝隙分类。缝隙长度一般为工作频段的中心频率下的半个波长。对于位于较宽波导表面（$a=\lambda_c/2$）上的缝隙，有足够的空间用于偏移和旋转缝隙。对于侧壁上的缝隙，旋转角 ϕ

不能太大且 $b<a/2$，通常没有足够的空间容纳 $\lambda/2$ 的缝隙。缝隙要么被延伸，要么被缠绕到相邻的表面中（如图 5-12 中的缝隙 b），要么在末端加载（如图 5-12 中的缝隙 c 和缝隙 i），其目的是产生谐振，缠绕的缝隙不合适开在共形的平面阵列结构中，因为阵元必须略微高于接地面，或者与波导直接存在一定的间隙或者间隔物。复杂的缝隙结构也会增加制造的成本。

为了分析方便，一般将缝隙设计成矩形。除非它们被蚀刻在金属化基板上，否则波导宽壁上的窄缝通常通过铣削工艺制造，其中圆形末端是该工艺的自然输出。宽缝可以制造成带有圆角的直线型末端。虽然圆形的末端对阻抗的影响很小，但还是会影响其谐振频率。

5.4　模型与仿真

为了更好地对上述天线进行说明，本节将介绍一个简单的微带缝隙天线实例。

5.4.1　天线模型

如图 5-15 所示的天线结构，在一个 $L \times w$ 的矩形微带贴片上，开有一个宽度为 w_s 的缝隙，其长度为 L_s，天线由一条长度为 L_m，宽度为 w_m 的微带线进行馈电。天线各参数如表 5-1 所示。使用 HFSS 对图 5-15 的模型进行仿真，介质基片采用厚度为 1.6mm 的 FR4板，其介电常数为 4.4，损耗角正切值为 0.02。

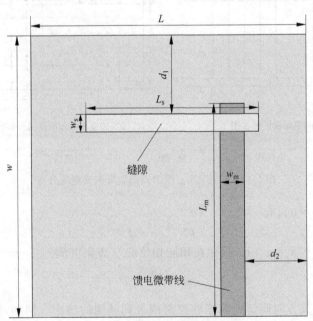

图 5-15　偏馈型微带缝隙天线

表 5-1　天线各参数值

参　　数	数值/mm	参　　数	数值/mm
w	45	L	45
w_s	1.5	L_s	30
w_m	3	L_m	37
d_1	9	d_2	15

5.4.2 天线的仿真结果

1. 回波损耗

由图 5-16 可知,天线的工作频率为 3GHz,其辐射水平面和垂直面的辐射方向图如图 5-17 所示。

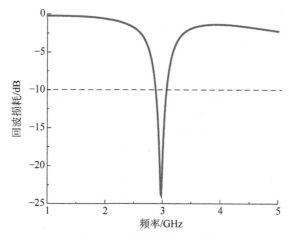

图 5-16 回波损耗仿真结果

2. 辐射方向图

由图 5-17 可知,微带缝隙天线水平方向图是一个数字 8 型,而垂直面方向图近似为均匀的,正如 5.1 节所述。

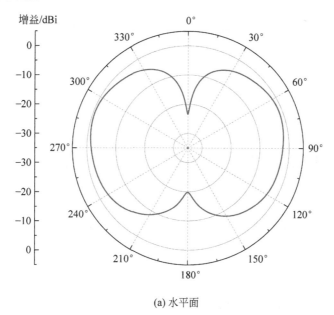

(a) 水平面

图 5-17 辐射方向图仿真结果

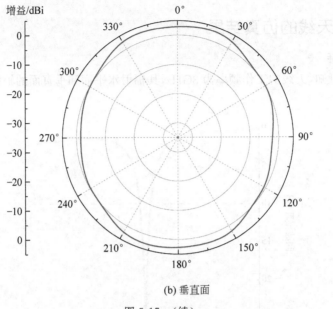

(b) 垂直面

图 5-17 （续）

第 6 章

宽 带 天 线

6.1 引言

具有宽频带特性的天线称为宽带天线。第 2 章分析了一些电流呈驻波分布的天线,如偶极子天线(又称为对称振子、对称天线、双极天线)。这类天线的阻抗具有谐振特性,这导致了它们的频带普遍较窄。本章主要介绍 3 种常见的宽带天线,包括行波天线、螺旋天线以及八木-宇田天线。结合前面章节所介绍的天线分析方法,对每一种天线进行理论分析,并对相关天线模型进行仿真。

6.2 行波天线

通过第 2 章分析可知,长度为 l 的中心馈电的线天线上的电流呈驻波分布,而且电流分布与天线的长度 l 存在一定关系,具体如下。

(1) 当 $l \leqslant \lambda/50$ 时,线天线上各点驻波电流的幅度为常数。

(2) 当 $\lambda/50 < l \leqslant \lambda/10$ 时,线天线上各点驻波电流的幅度呈线性分布。

(3) 当 $l > \lambda/10$ 时,线天线上各点驻波电流的幅度呈正弦分布。

以电流呈正弦分布的中心馈电线天线为例,电流之所以呈现驻波分布,是因为线天线末端开路,沿线上存在两组方向相反,幅度相同,相位相差 180° 的行波,这两组行波叠加在一起形成了电流的驻波分布并且在末端电流幅度为零。同时,线天线上的电压也呈驻波分布,电压幅值在线天线的末端取得最大值。不管是电压还是电流,最大值和零值都以半波长为周期在天线上重复出现,而且最大值和零值之间相距 $\lambda/4$。从以上分析不难看出,中心馈电的线天线上的电压电流分布与终端开路传输线上的电压电流分布相似,所以将这种电压电流分布呈驻波形式的天线称为驻波天线或谐振天线。

通过在天线上端接负载减弱反射波的产生,可以设计出电压电流呈行波分布的天线,这类天线称为行波天线或非谐振天线。天线上每点的电压或电流的相位都是向前变化的,最常见的行波天线就是水平放置于地面上的长导线天线,如图 6-1 所示。这种天线的输入端一端接地,一端接长导线,这种结构的天线也称为 Beverage 天线。特殊地,如图 6-1(a)所示,驻波天线可以被当作两组传播方向相反,电流分别为 I_f 和 I_b 的行波天线进行分析。

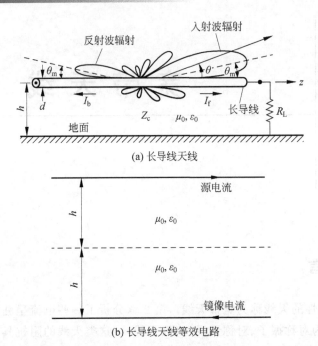

(a) 长导线天线

(b) 长导线天线等效电路

图 6-1　Beverage(长导线)天线

接下来分别对长导线天线、V 形天线和菱形天线这 3 种典型的行波天线进行具体分析。

6.2.1　长导线天线

如图 6-1(a)所示,一条长导线端接一个匹配电阻后与地面相连,可实现电压电流的行波分布。考虑地面的影响,可用图 6-1(b)对其进行等效,将其视作一个二元阵列对其进行分析。为了实现天线的定向辐射,必须在指定方向上使直射波和反射波同相,所以长导线距离地面的高度 h 的选择很重要。

为了研究长导线天线的辐射特性,必须先确定长导线上的电流分布情况。电磁波沿着长导线传播,在传播的过程中会产生介质损耗、长导线导体和地面的欧姆损耗,这些损耗可以用衰减常数 $\alpha(z)$ 表示,于是长导线上的电流分布可以表示为

$$\boldsymbol{I}_{\mathrm{f}}=\boldsymbol{a}_z I_0 \mathrm{e}^{-\gamma(z)z}=\boldsymbol{a}_z I_0 \mathrm{e}^{-[\alpha(z)+jk_z(z)]z} \tag{6-1}$$

其中,$\gamma(z)$ 为长导线上某一点处的传播常数,$\gamma(z)=\alpha(z)+jk_z(z)$;$\alpha(z)$ 为长导线上某一点处的衰减常数;$k_z(z)$ 为长导线上某一点处的相位常数。

以置于空气中的长导线天线为例,研究其辐射特性。由于长导线天线的传播介质是空气,空气的介质损耗很小,可忽略;同时,长导线导体和地面的欧姆损耗非常小,也可以忽略。于是,可将式(6-1)进一步化简为

$$\boldsymbol{I}_{\mathrm{f}}=\boldsymbol{a}_z I_0 \mathrm{e}^{-jk_z(z)z} \tag{6-2}$$

与第 2 章对称振子辐射场的求法相同,长导线天线远区场可由其上各电流元的远区场叠加得出。长导线天线的远区场为

$$E_\theta \simeq j\eta \frac{klI_0 \mathrm{e}^{-jkr}}{4\pi r}\mathrm{e}^{-j(kl/2)(K-\cos\theta)}\sin\theta\frac{\sin[(kl/2)(\cos\theta-K)]}{(kl/2)(\cos\theta-K)} \tag{6-3}$$

$$H_\phi \simeq \frac{E_\theta}{\eta} \tag{6-4}$$

其中,K 定义为长导线天线上的相位常数 k_z 与自由空间中相位常数 k 的比值,或自由空间中波长 λ 与长导线天线上波长 λ_g 的比值,如式(6-5)所示。

$$K = \frac{k_z}{k} = \frac{\lambda}{\lambda_\mathrm{g}} \tag{6-5}$$

假设长导线天线置于理想导体地面上,考虑地面对天线的影响,根据镜像原理,可使用图 6-1(b)对其进行等效,将其视作一个二元阵分析。那么图 6-1(a)的长导线天线最终的远区辐射场方程为式(6-3)和式(6-4)分别乘上二元阵因子 $\sin(kh\sin\theta)$。为了便于讨论,接下来的推导都建立在忽略地面影响的前提下。

当 $k_z = k$(即 $K = 1$)时,远区场指定方向上的能流密度为

$$
\begin{aligned}
\boldsymbol{W}_{\mathrm{av}} = \boldsymbol{W}_{\mathrm{rad}} &= \boldsymbol{a}_r \eta \, \frac{|I_0|^2}{8\pi^2 r^2} \frac{\sin^2\theta}{(\cos\theta - 1)^2} \sin^2\left[\frac{kl}{2}(\cos\theta - 1)\right] \\
&= \boldsymbol{a}_r \eta \, \frac{|I_0|^2}{8\pi^2 r^2} \cot^2\left(\frac{\theta}{2}\right) \sin^2\left[\frac{kl}{2}(\cos\theta - 1)\right]
\end{aligned} \tag{6-6}
$$

从式(6-6)可以明显看出,长度为 l 的长导线天线的辐射方向图是一个多瓣结构,而且瓣的数目与长导线的长度 l 有关。假设天线的长度 l 很大,不难看出,式(6-6)中正弦部分的变化远大于余弦部分,此时能流密度的峰值主要取决于正弦部分。

$$\sin^2\left[\frac{kl}{2}(\cos\theta - 1)\right]_{\theta = \theta_m} = 1 \tag{6-7}$$

或

$$\frac{kl}{2}(\cos\theta_m - 1) = \pm\left(\frac{2m+1}{2}\right)\pi, \quad m = 0,1,2,3,\cdots \tag{6-8}$$

从式(6-7)和式(6-8)可以看出,当 θ_m 满足一定条件时,能流密度在该方向上取得峰值。θ_m 取值如下。

$$\theta_m = \arccos\left[1 \pm \frac{\lambda}{2l}(2m+1)\right], \quad m = 0,1,2,3,\cdots \tag{6-9}$$

当 $m = 0$ 或 $2m+1 = 1$ 时,对应的角度为方向图主瓣的最大辐射方向。可见,当长导线天线的长度 l 远大于波长($l \gg \lambda$)时,主瓣的最大辐射方向越接近 z 轴(即 θ_m 趋近 $0°$),这一辐射效果类似于端射阵的效果。

上述结果是建立在忽略余弦函数变化对能流密度带来的影响这一前提下的。若考虑余弦函数变化带来的影响,式(6-9)中 $2m+1$ 的取值就不再是 $1,3,5,7,9,\cdots$ 了,而是

$$2m+1 = 0.742, 2.93, 4.96, 6.97, 8.99, 11, 13, \cdots \tag{6-10}$$

同理,当满足

$$\sin^2\left[\frac{kl}{2}(\cos\theta - 1)\right]_{\theta = \theta_n} = 0 \tag{6-11}$$

或

$$\frac{kl}{2}(\cos\theta_n - 1) = \pm n\pi, \quad n = 1,2,3,4,\cdots \tag{6-12}$$

可以求得方向图中零点所对应的方向为

$$\theta_n = \arccos\left(1 \pm n\frac{\lambda}{l}\right), \quad n = 1,2,3,4,\cdots \tag{6-13}$$

以坐标原点为球心,在半径为 r 的球面上对式(6-6)进行面积分,可求得辐射功率为

$$P_{\text{rad}} = \oiint\limits_{S} S(\theta, \varphi) \mathrm{d}s = \frac{\eta}{4\pi} |I_0|^2 \left[1.415 + \ln\left(\frac{kl}{\pi}\right) - C_i(2kl) + \frac{\sin(2kl)}{2kl} \right] \quad (6\text{-}14)$$

其中，$C_i(x)$为余弦积分。结合式(6-14)可求得长导线天线的辐射电阻为

$$R_r = \frac{2P_{\text{rad}}}{|I_0|^2} = \frac{\eta}{2\pi} \left[1.415 + \ln\left(\frac{kl}{\pi}\right) - C_i(2kl) + \frac{\sin(2kl)}{2kl} \right] \quad (6\text{-}15)$$

结合式(6-6)和式(6-14)可以求得长导线天线最大辐射方向上的方向性系数为

$$D = \frac{4\pi U_{\max}}{P_{\text{rad}}} = \frac{2\cot^2\left[\dfrac{1}{2}\arccos\left(1 - \dfrac{0.371\lambda}{l}\right)\right]}{1.415 + \ln\left(\dfrac{2l}{\lambda}\right) - C_i(2kl) + \dfrac{\sin(2kl)}{2kl}} \quad (6\text{-}16)$$

综上所述，可以得出端接匹配电阻的长导线天线($l=5\lambda$)的三维方向图，其形状是绕着 z 轴旋转对称的多锥波瓣，如图 6-2(a)所示。可以明显地看出，行波分布的长导线天线具有单向辐射、轴线上无辐射和最大辐射方向偏离轴线等特点。结合之前所提到的，可以将驻波分布的长导线天线等效为两根传播方向相反的行波分布长导线天线进行分析，可得出驻波分布的长导线天线的三维方向图是双向的，如图 6-2(b)所示。

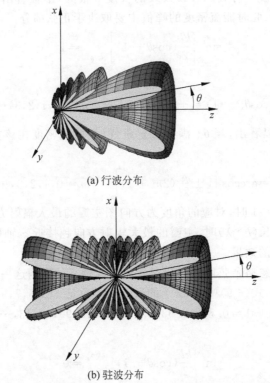

(a) 行波分布

(b) 驻波分布

图 6-2　行波和驻波分布时对应的长导线天线三维方向图($l=5\lambda$)

图 6-1(a)中的长导线天线通过端接匹配电阻 R_L 消除长导线上的反射波，从而实现长导线上电压电流的行波分布。结合传输线原理和镜像原理，要想消除长导线天线上的反射波，匹配电阻 R_L 的阻值近似为

$$R_L = 138\lg\left(4\,\frac{h}{d}\right) \quad (6\text{-}17)$$

6.2.2　V形天线

将单根长导线天线应用于某些实际应用中可行性并不高,主要是因为单根长导线天线的方向性系数很低,旁瓣辐射功率较高,主波束存在一定的倾斜角度并且这个倾斜角度与其长度密切相关。然而,经过大量的研究发现,通过组阵的方式可以克服上述问题。

V形天线就是最实用的长线天线阵列之一,它由两根分别与馈线相连的长导线组成,两根长导线的摆放呈"V"字形,如图 6-3(a)所示。在大多数应用中,两根长导线天线所构成的平面与地面平行。通过调节两根长导线天线之间的夹角 $2\theta_0$ 的大小可以抑制旁瓣的产生,从而增强辐射的方向性。

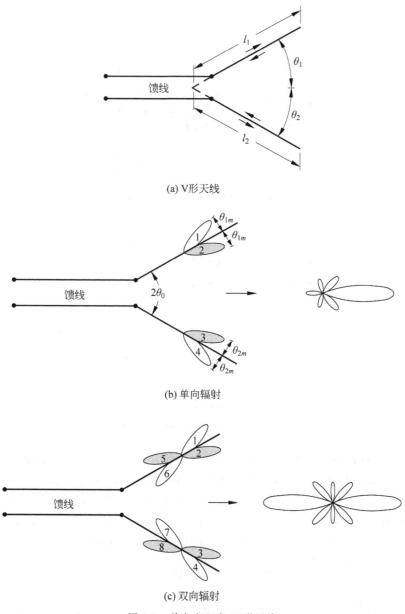

(a) V形天线

(b) 单向辐射

(c) 双向辐射

图 6-3　单向和双向 V 形天线

　　大多数 V 形天线的结构都是对称的(即 $\theta_1=\theta_2=\theta_0$ 和 $l_1=l_2=l$)。V 形天线也可以设计成单向辐射或双向辐射,如图 6-2(b)和图 6-2(c)所示。要想实现 V 形天线的单向辐射,必须抑制或消除天线上的反射波,让天线工作在行波状态下(即天线上的电压电流呈行波分布)。抑制和消除天线上反射波的方法有两种。第一种方法是在天线的末端接匹配电阻,这个匹配电阻的阻值等于 V 形传输线的特征阻抗,如图 6-4(a)所示。另外,端接匹配电阻的方式还可以是在每根长导线与地平面之间端接一个阻值为二分之一 V 形传输线特征阻抗的匹配电阻,如图 6-4(b)所示。第二种方法是使用长度较长的长导线(通常要求 V 形天线的臂长超过 5 个波长,即 $l>5\lambda$)。因为当 V 形天线的臂长足够长时,由于存在介质损耗和欧姆损耗,传输到天线末端的电磁能量很弱,无法产生有效的反射,从而达到抑制或消除的目的。

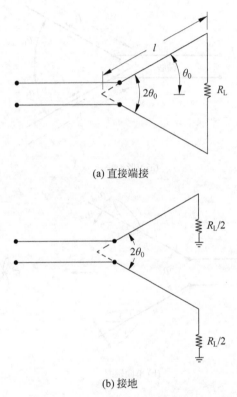

(a) 直接端接

(b) 接地

图 6-4　端接匹配电阻的两种方式

　　结合 6.1.1 节的分析可知,V 形天线的单臂辐射方向图形状是一个绕着 z 轴旋转对称的多锥波瓣,并且最大辐射方向与长导线轴向之间存在一个夹角 θ_{xm},这个夹角的大小取决于 V 形天线的臂长。对于对称结构的 V 形天线,可以通过调整双臂的臂长 l 和双臂之间的夹角 $2\theta_0$,在轴线上实现最大辐射。式(6-18)为对称 V 形天线的最佳夹角 $2\theta_0$ 的计算式。通过设定最佳夹角 $2\theta_0$,可使天线获得最大的方向性系数,其计算式如式(6-19)所示。

$$2\theta_0 = \begin{cases} -149.3\left(\dfrac{l}{\lambda}\right)^3 + 603.4\left(\dfrac{l}{\lambda}\right)^2 - 809.5\left(\dfrac{l}{\lambda}\right) + 443.6, & 0.5 \leqslant l/\lambda \leqslant 1.5 \\ 13.39\left(\dfrac{l}{\lambda}\right)^2 - 78.27\left(\dfrac{l}{\lambda}\right) + 169.77, & 1.5 < l/\lambda \leqslant 3 \end{cases} \tag{6-18}$$

$$D_0 = 2.94\left(\frac{l}{\lambda}\right) + 1.15, \quad 0.5 \leqslant l/\lambda \leqslant 3 \tag{6-19}$$

若 V 形天线上是行波分布,则辐射方向图是单向的,如图 6-3(b)所示;若是驻波分布,则辐射方向图是双向的,如图 6-3(c)所示。

6.2.3 菱形天线

如图 6-5(a)所示,菱形天线主要由 4 段导线组成,每段导线的辐射与单根长导线的辐射一样。通过调节每段导线的长度 l 和导线的摆放位置,可以使辐射能量集中在轴向的主瓣上。以图 6-5(a)中的菱形天线为例进行分析,要想能量集中在轴向的主瓣上,必须使波束 2、3、6 和 7 的最大辐射方向沿着轴向,这样合成后的方向图会在轴向上产生一个能量集中的主瓣,实现原理与 V 形天线类似。菱形天线还有另一种结构,如图 6-5(b)所示,这种结构利用理想导体地面的镜像原理,实现与图 6-5(a)结构一样的辐射效果。

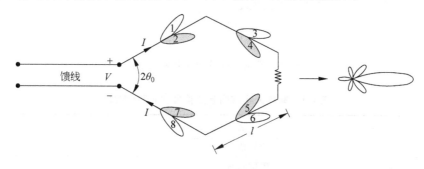

(a) 两个V形天线构成的菱形天线

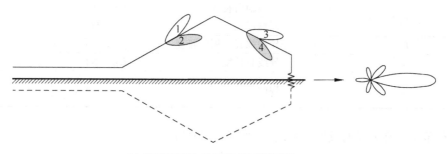

(b) 倒V形结构与地面构成的菱形天线

图 6-5　菱形天线结构

6.3　螺旋天线

如图 6-6 所示,螺旋天线主要由两部分组成。一部分是绕圆柱螺旋上升的导线,导线的一端与同轴线的内导体相连;另一部分是地平面,地平面与同轴线的外导体相连,其结构形式多种多样,最典型的结构就是图 6-6 中的圆形平面结构,通常来说圆形平面的直径至少为四分之三个波长(即 $3\lambda/4$)。螺旋天线的主要结构参数如表 6-1 所示。

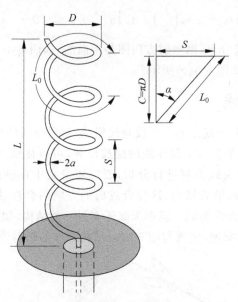

图 6-6　螺旋天线结构及其相关参数

表 6-1　螺旋天线结构参数符号和名称（定义）

符　号	名称（定义）	备　注
N	螺旋周数	—
D	螺旋直径	—
S	螺距	—
L	天线轴向长度	$L = NS$
C	螺旋周长	$C = \pi D$
L_0	导线螺旋一周的长度	$L_0 = \sqrt{S^2 + C^2}$
L_N	导线总长度	$L_N = NL_0$
α	螺距角	$\alpha = \arctan\left(\dfrac{S}{\pi D}\right) = \arctan\left(\dfrac{S}{C}\right)$

螺距角是螺旋天线的重要参数之一，如式（6-20）所示。

$$\alpha = \arctan\left(\frac{S}{\pi D}\right) = \arctan\left(\frac{S}{C}\right) \tag{6-20}$$

当 $\alpha = 0°$ 时，螺旋部分被压缩成一个环；当 $\alpha = 90°$ 时，螺旋部分被拉直成一根直导线。

通过改变螺旋天线某些结构参数的物理尺寸与波长的比值，可以实现不同的辐射特性。例如，螺旋天线的输入阻抗很大程度上是由螺距角和导体的尺寸决定的，特别是靠近馈电端的导体尺寸，所以可以通过控制这两个参数改变螺旋天线的输入阻抗。另外，同一螺旋天线可以在不同频率范围内实现不同的极化，包括椭圆极化、圆极化和线极化。

螺旋天线的工作模式可以有很多种，最常见的两种模式为边射模式和端射模式。螺旋天线工作在边射模式和端射模式下的三维方向图如图 6-7 所示。螺旋天线工作在边射模式时，其方向图与对称振子的方向图类似，在 xOy 平面上辐射功率最大，在 z 轴上辐射功率为零；工作在端射模式时，其方向图与端射阵的方向图类似，在 z 轴上辐射功率最大。一般来说,端射模式更加实用,因为在这个模式下,螺旋天线可以在较宽的频带内实现圆极化,而且天线的工作效率也更高。接下来将分别对工作在边射模式和端射模式下的螺旋天线进行具体分析。

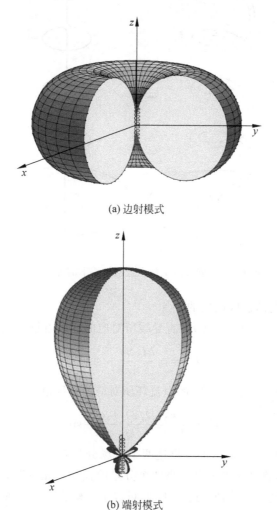

(a) 边射模式

(b) 端射模式

图 6-7 螺旋天线工作在边射模式和端射模式下的三维方向图

要想螺旋天线工作在边射模式,螺旋天线的尺寸必须远小于它的工作波长(如 $NL_0 \ll \lambda_0$)。由于螺旋天线的两个极端变形分别是直导线($\alpha = 90°$)和电流环($\alpha = 0°$),所以在分析螺旋天线远区场电场的时候可以将其视作直导线和电流环在远区场对应的电场分量的叠加,其中直导线对应的电场分量用 E_θ 表示,电流环对应的电场分量用 E_φ 表示。在边射模式下,螺旋天线可以等效成 N 个电流环和 N 根直导线串联的形式,如图 6-8 所示。等效模型中,电流环所在的平面与直导线垂直,电流环的对称轴和直导线所在位置都与螺旋天线的轴线重合,所以在远区场对各个辐射单元的辐射场进行积分即可求得螺旋天线远区辐射场。

由于工作在边射模式下的螺旋天线尺寸远小于其工作波长(即 $NL_0 \ll \lambda_0$),于是可以假设螺旋天线上的电流等幅同相,并且其辐射场不受电流环和直导线数量 N 的影响(即假设为一个电流环和一根直导线的组合)。所以其远区电场可以准确地表示为直径为 D 的电流

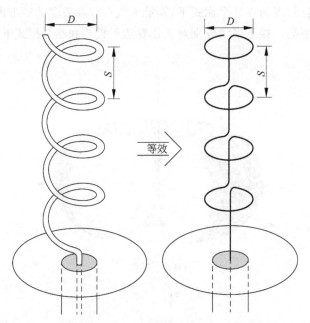

图 6-8　螺旋天线工作在边射模式下的等效模型

环和长度为 S 的直导线的远区电场的叠加。

长度为 S，流经电流为 I_0（常数）的直导线所对应的远区电场方程为

$$E_\theta = \mathrm{j}\eta \frac{kI_0 S \mathrm{e}^{+\mathrm{j}kr}}{4\pi r}\sin\theta \tag{6-21}$$

直径为 D，流经电流为 I_0（常数）的电流环所对应的远区电场方程为

$$E_\varphi = \eta \frac{k^2(D/2)^2 I_0 \mathrm{e}^{-\mathrm{j}kr}}{4r}\sin\theta \tag{6-22}$$

对比式(6-21)和式(6-22)，不难看出这两个电场分量存在天然的 $\pi/2$ 相位差。当这两个分量的幅值相等时，将产生圆极化；当两个分量的幅值不相等时，将产生椭圆极化，此时椭圆极化的长短轴与坐标轴共轴。进一步地，可以求出螺旋天线的轴比为

$$\mathrm{AR} = \frac{|E_\theta|}{|E_\varphi|} = \frac{4S}{\pi k D^2} = \frac{2\lambda S}{(\pi D)^2} \tag{6-23}$$

从式(6-23)可以看出，改变 D 和 S 的值可以使轴比在 $0\sim\infty$ 发生变化（即 $0 \leqslant \mathrm{AR} \leqslant \infty$）。当螺旋天线的轴比为 0 时，对应的 E_θ 分量为 0，螺旋天线的极化方式为水平方向的线极化；当螺旋天线的轴比为 ∞ 时，对应的 E_φ 分量为 0，螺旋天线的极化方式为垂直方向的线极化；当螺旋天线的轴比为 1 时，螺旋天线的极化方式为圆极化，由此可得螺旋天线要实现圆极化必须满足的条件如式(6-24)所示。

$$\frac{2\lambda S}{(\pi D)^2} = 1 \Leftrightarrow \pi D = \sqrt{2S\lambda_0} \Leftrightarrow \tan\alpha = \frac{S}{\pi D} = \frac{\pi D}{2\lambda_0} \tag{6-24}$$

当螺旋天线的尺寸参数满足式(6-24)时，除了在 z 轴方向上没有辐射，螺旋天线基本可实现全向圆极化。但是工作在边射模式的螺旋天线的尺寸远小于其工作波长，这导致了螺旋天线存在带宽窄、辐射效率很低等缺点，在实际应用当中这种模式很少被使用。

除了边射模式以外，螺旋天线还有另一常见工作模式——端射模式。这种模式与边射模式相比更加实用，它的辐射方向图只有一个主瓣，而且最大辐射方向是沿着螺旋天线的中心轴的；旁瓣偏离中心轴，与之形成一定的夹角，如图 6-7(b) 所示。此外，工作在这种模式下的螺旋天线的辐射电阻接近于纯电阻，频带较宽。

要想激励这种工作模式，螺旋天线的螺旋直径 D 和螺距 S 分别与工作波长 λ_0 的比值必须是一个较大的分数。此外，要想在主瓣上实现圆极化，螺旋周长必须满足 $\frac{3}{4} < C/\lambda_0 < \frac{4}{3}$（最佳的情况是 $C/\lambda_0 = 1$），螺距满足 $S \simeq \lambda_0/4$，螺距角的取值为 $12° \leqslant \alpha \leqslant 14°$。

端射模式下，螺旋天线的输入阻抗接近于纯电阻，通常为 $100 \sim 200\Omega$。适当地修改一下馈电端的结构，其输入阻抗最小可接近 50Ω。对于 $12° \leqslant \alpha \leqslant 14°$，$3/4 < C/\lambda_0 < 4/3$ 且 $N > 3$ 的端射模式螺旋天线，经过大量的测试总结出了下列经验表达式。其输入阻抗（纯阻抗）为

$$R \simeq 140\left(\frac{C}{\lambda_0}\right) \tag{6-25}$$

通过式(6-25)求得的输入阻抗会存在一定的误差，误差范围为 $\pm 20\%$；半功率波束宽度为

$$\mathrm{HPBW} \simeq \frac{52\lambda_0^{3/2}}{C\sqrt{NS}} \tag{6-26}$$

第一零点波束宽度为

$$\mathrm{FNBW} \simeq \frac{115\lambda_0^{3/2}}{C\sqrt{NS}} \tag{6-27}$$

沿轴向的方向性系数为

$$D_0 \simeq 15N\frac{C^2 S}{\lambda_0^3} \tag{6-28}$$

沿轴向的轴比为

$$\mathrm{AR} = \frac{2N+1}{2N} \tag{6-29}$$

归一化远区场场方程为

$$E = \sin\left(\frac{\pi}{2N}\right)\cos\theta\,\frac{\sin\left[(N/2)\psi\right]}{\sin(\psi/2)} \tag{6-30}$$

其中

$$\psi = k_0\left(S\cos\theta - \frac{L_0}{p}\right) \tag{6-31}$$

$$p = \begin{cases} \dfrac{L_0/\lambda_0}{S/\lambda_0 + 1}, & \text{普通端射} \\[4mm] \dfrac{L_0/\lambda_0}{S/\lambda_0 + \left(\dfrac{2N+1}{2N}\right)}, & \text{Hansen-Woodyard 端射} \end{cases} \tag{6-32}$$

6.4　八木-宇田天线

八木-宇田天线以日本的两位教授的名字命名,又称为八木天线或引向天线,这种天线被广泛应用于高频(3~30MHz)、甚高频(30~300MHz)和超高频(300~3000MHz)这 3 个频段,最典型的应用就是电视接收天线。八木-宇田天线主要由多个振子构成,包括一个有源振子和若干个无源振子。无源振子根据其对辐射方向图的影响,可将其划分为引向器或反射器,如图 6-9 所示。折合振子被广泛用于端射阵的设计当中,八木-宇田天线中有源振子的最常见形式就是折合振子。通过调节无源振子和有源振子之间的间距,可以实现端射。

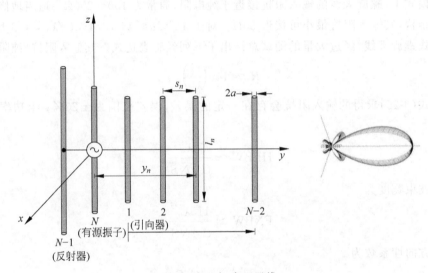

图 6-9　八木-宇田天线

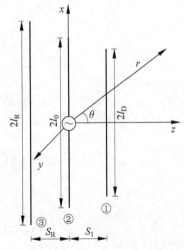

图 6-10　三元八木-宇田天线

接下来以 3 个阵元(或称为振子)的八木-宇田天线为例,对其辐射特性进行分析。如图 6-10 所示,①为引向振子(引向器),②为有源振子,③为反射振子(反射器),三者平行放置。分析八木-宇田天线最常用的方法就是感应电动势法。假设①、②、③振子的波腹电流分别为 I_1、I_2、I_3,结合等效阻抗方程,可得

$$\begin{cases} 0 = I_1 Z_{11} + I_2 Z_{12} + I_3 Z_{13} \\ U = I_1 Z_{21} + I_2 Z_{22} + I_3 Z_{23} \\ 0 = I_1 Z_{31} + I_2 Z_{32} + I_3 Z_{33} \end{cases} \tag{6-33}$$

其中,Z_{11}、Z_{22}、Z_{33} 为振子的自阻抗;Z_{12}、Z_{13}、Z_{21}、Z_{23}、Z_{31}、Z_{32} 为振子之间的互阻抗;自阻抗和互阻抗的值可以通过查表得出。当 $S_1 = S_R = 0.2\lambda$,$2l_0 = 0.475\lambda$,$2l_D = 0.45\lambda$,$2l_R = 0.5\lambda$ 时,解方程组(6-33)可得

$$\frac{I_1}{I_2} = 0.635\angle -143°, \qquad \frac{I_3}{I_2} = 0.389\angle 143° \tag{6-34}$$

结合查表得出的阻抗值和式(6-34),可以求得有源振子②的辐射阻抗为

$$Z_{r2} = Z_{22} + \frac{I_1}{I_2}Z_{21} + \frac{I_3}{I_2}Z_{23}$$

$$= 25.6\angle10°$$

$$= 25.1 + j4.4\,\Omega \tag{6-35}$$

从式(6-35)可以看出,只要对有源振子的长度进行微调,可使其输入阻抗为纯电阻。

每个振子各自的辐射方向图都很相似,可使用半波振子的方向图表示,则天线在远区场的电场方程为

$$E(\theta,\varphi) = j\frac{60I_2}{r}\frac{\cos\left(\frac{\pi}{2}\sin\theta\cos\varphi\right)}{\sqrt{1 - \sin^2\theta\cos^2\varphi}}\left(\frac{I_1}{I_2}e^{jkd_1\cos\theta} + 1 + \frac{I_3}{I_2}e^{jkd_r\cos\theta}\right)e^{-jkr} \tag{6-36}$$

故其方向性函数为

$$f(\theta,\varphi) = \frac{\cos\left(\frac{\pi}{2}\sin\theta\cos\varphi\right)}{\sqrt{1 - \sin^2\theta\cos^2\varphi}}\left(\frac{I_1}{I_2}e^{jkd_1\cos\theta} + 1 + \frac{I_3}{I_2}e^{-jkd_r\cos\theta}\right) \tag{6-37}$$

其 E 面($\varphi=0$)方向性函数为

$$f(\theta) = \frac{\cos\left(\frac{\pi}{2}\sin\theta\right)}{\cos\theta}\left[0.635e^{j(72°\cos\theta-143°)} + 1 + 0.389e^{-j(72°\cos\theta-143°)}\right]$$

$$= \frac{\cos\left(\frac{\pi}{2}\sin\theta\right)}{\cos\theta}\left[0.635e^{j(72°\cos\theta+37°)} + 1 + 0.389e^{-j(72°\cos\theta+37°)}\right]$$

$$= \frac{\cos\left(\frac{\pi}{2}\sin\theta\right)}{\cos\theta}\left[0.778\cos(72°\cos\theta + 37°) - 1 + 0.246e^{j(72°\cos\theta+37°)}\right] \tag{6-38}$$

令 $\alpha = 72°\cos\theta + 37°$,式(6-38)可以简化为

$$f(\theta) = \frac{\cos\left(\frac{\pi}{2}\sin\theta\right)}{\cos\theta}\sqrt{(0.778\cos\alpha - 1)^2 + 0.246^2 + 0.492(0.778\cos\alpha - 1)\cos\alpha}$$

$$= \frac{\cos\left(\frac{\pi}{2}\sin\theta\right)}{\cos\theta}\sqrt{0.998\cos^2\alpha - 2.048\cos\alpha + 1.0605} \tag{6-39}$$

当 $\theta=0°$ 时,$\alpha=109°$,方向性函数为

$$f(0°) = \frac{\cos\left(\frac{\pi}{2}\sin0°\right)}{\cos0°}\sqrt{0.998\cos^2109° - 2.048\cos109° + 1.0605} = 1.354 \tag{6-40}$$

当 $\theta=180°$,$\alpha=35°$,方向性函数为

$$f(180°) = \frac{\cos\left(\frac{\pi}{2}\sin180°\right)}{\cos180°}\sqrt{0.998\cos^235° - 2.048\cos35° + 1.0605} = 0.214 \tag{6-41}$$

结合式(1-19)和式(6-40)、式(6-41),可以求得该三阵元八木-宇田天线 E 面方向图的前后比为

$$F/B = \frac{1.354}{0.214} = 6.33 \simeq 16.0\text{dB} \tag{6-42}$$

可见,该天线的后瓣很小,方向性较强。

6.5 仿真实例

接下来以三阵元八木-宇田天线为例,使用 HFSS 软件对该天线进行电磁仿真。希望通过仿真,能够给读者带来更直观的认识。

天线仿真模型的相关参数如表 6-2 所示。

表 6-2   三元八木-宇田天线仿真模型参数

变 量 名 称	变 量 符 号	变量值/mm
工作波长	λ	100
引线器单臂长度	L1	0.442λ
有源振子单臂长度	L2	0.4λ
反射器单臂长度	L3	0.482λ
有源振子与引向器之间的距离	Space_21	0.2λ
有源振子与反射器之间的距离	Space_23	0.2λ
振子半径	D_radius	$0.0085\lambda/2$
馈电端口间隙	Feed_gap	0.24
辐射边界(长方体)——长	R_Length	$\lambda/2 + \text{Space\_21} + \text{Space\_23} + \text{D\_radius} \times 2$
辐射边界(长方体)——宽	R_Width	$\lambda/2 + \text{D\_radius} \times 2$
辐射边界(长方体)——高	R_Height	$\lambda/2 + \text{L3} \times 2$

根据以上参数绘制出的三阵元八木-宇田天线仿真模型,如图 6-11 所示。

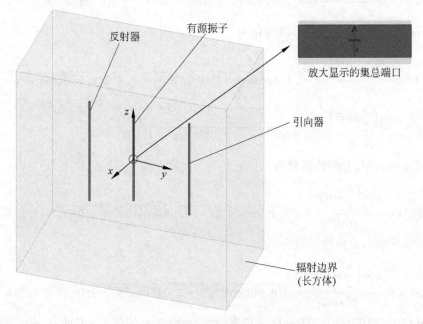

图 6-11   三元八木-宇田天线仿真模型

本次仿真设置的中心频率为 3GHz,最终仿真得出的二维增益方向图和三维增益方向图如图 6-12 所示。

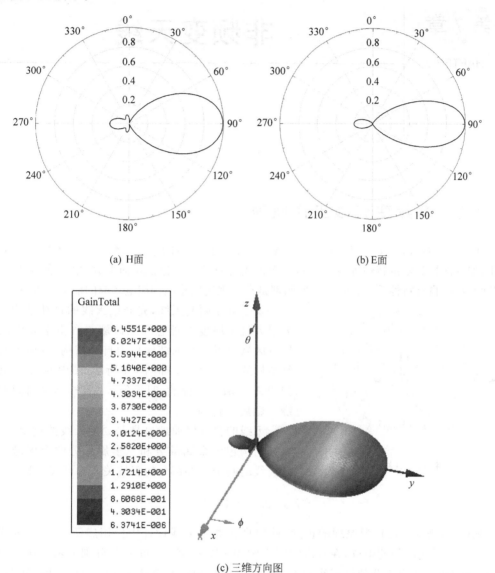

(a) H面

(b) E面

(c) 三维方向图

图 6-12 三阵元八木-宇田天线方向图

由图 6-12(a)和图 6-12(b)可以看出,该三阵元八木-宇田天线的前后比约为 6.99dB,若需要继续增强天线的方向性,可以通过增加引向器的个数实现。

第7章

非频变天线

7.1 非频变天线工作原理

非频变天线(Frequency-Independent Antenna)是指天线的某些参数基本上不随频率发生变化,如方向性和阻抗特性等参数。非频变天线的原则主要包括几何缩放、角度描述尺寸、电流截断效应、自补特性等,当然,这些原则都是在忽视用巴伦结构馈电影响的前提下进行的。

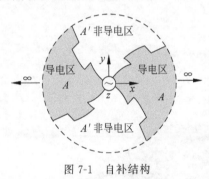

图 7-1 自补结构

要了解非频变天线,先介绍天线的自补结构。由无限大且无厚度的理想导电区域与自由空间中的非导电区域放置一起的结构称为自补结构,具体带有自补结构的天线示意图如图 7-1 所示,图中的 A 区域面积和 A′ 区域是一样的(四等分),这两个区域可以通过绕 z 轴旋转得到。

天线的自补偿原理也是非频变天线的重要内容,自补结构包含金属部分和非金属部分两个区域。这时天线的两个互补部分的阻抗关系式可表示为

$$Z_{\text{Metal}} Z_{\text{Slot}} = \left(\frac{\eta}{2}\right)^2 \tag{7-1}$$

式(7-1)是基于巴比涅原理的扩展,此原理在宽带天线设计中应用广泛。其中,η 代表均匀介质中平面波的波阻抗,在自由空间中约为 377Ω;Z_{Metal} 和 Z_{Slot} 分别表示金属部分天线、自补结构非金属部分的槽天线的输入阻抗。下面列举几个这类天线的示意图,如图 7-2 所示,从左到右分别为双臂平面螺旋天线、四臂弯曲天线和四臂对数周期天线。

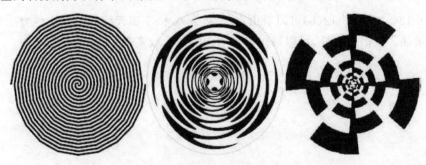

图 7-2 自补偿平面天线结构

由于天线的尺寸按照一定的比例进行缩放之后,仍然具有相似的参数,而非频变天线中的不同尺寸平面螺旋天线,极易出现尺寸存在比例的情况,为了避免缩放问题带来的影响,出现了使用角度这一参数描述非频变天线的方法,后面的内容会具体介绍角度描述公式。

非频变天线的尺寸是按照特定的尺寸因子决定的,假设介质是非色散的,非频变天线的电流分布是包含频率的函数,只有在天线的尺寸和工作波长按照一定的比例变化时,这个电流分布函数才会维持不变,这是天线的缩尺原理。反过来,如果所有尺寸都与波长成反比来扩展,这个方法可以比较容易地扩展由金属和电介质组成的非均匀结构。例如,中心频率设置为 f,在 $f \sim nf$ 频率之间的范围内,一般天线的辐射特性会发生改变,但若 $f \sim nf$ 相差较小,那么非频变天线的辐射特性并不会有大的改变,这也是构造宽频带天线的方法,生活中也具有较多应用。

为了了解缩放后天线的结构与性能,如果还用尺寸描述,则显得不唯一化,所以另一类非频变天线是采用角度这一变量描述天线的结构与性能,如平面等角螺旋天线等。对于只有角度这一变量的相关表达式,将在稍后给出并进行讨论。理想情况下,一个纯粹由角度表示的无限带宽非频变天线,对应的是无限大的边界和无限小的中心频率与工作频率之差,但是这一情况在实际模型中不可能存在,毕竟允许放置电尺寸空间是有限的,这也使理论上的无限带宽会相应减少,为了能够保持或尽量靠近原有的理想化天线的性能,就需要用到截断原理。

电流截断效应表明:在一定的频率下,天线上只有部分对应的区域具有辐射功能,而其他的区域电流迅速衰减到零,可以认为在该频率下,无电流的区域是多余的,即使将这一区域去除,对天线的整体辐射性能和影响也不会很明显,如阻抗带宽、方向图等。反而这些残存的电流可能会在到达天线的末端时又反射回到馈源处,进而影响带宽。而方向图的畸变则可能是由于尺寸的不同,使高阶区域的辐射臂反射残余的电流导致。这些影响都会随着残存电流的消失(减小)而消失(减小)。为了减轻残存电流的影响,可以将天线做成合适的尺寸,这样可以使有限长度的非频变天线具有近似理论天线的特性,同时兼顾残存电流的大小。

非频变天线的数学分析方法可以使用简化的三维结构模型来解决。首先,假设在一个三维的球面极坐标轴中,使用 r, θ, ϕ 这 3 个参数表达三维坐标点的位置,且一个终端无限靠近坐标原点,天线被均匀的介质包裹(可以是在自由空间中),那么天线的表面或边缘到原点的距离为

$$r = F(\theta, \phi) \tag{7-2}$$

如果天线的工作频率降低到原来的 $1/n$,那么为了保持天线的电尺寸不变,就必须使天线的物理表面扩大至原来的 n 倍,所以新的长度表达式为

$$r' = nF(\theta, \phi) \tag{7-3}$$

这样得到的两个天线表面是一样的,不仅仅只有它们的形状相似,它们的性能和参数也基本相同。因为它们的结构都具有相同的 ϕ 参数,而参数 θ 不受影响,整个结构是关于 $\theta = 0$ 对称的。为了使缩放后的天线与原来的天线尽量具有一样的特性,可将新得到的天线旋转一定的角度 C,则有

$$nF(\theta, \phi) = F(\theta, \phi + C) \tag{7-4}$$

这个旋转的角度取决于缩放的倍数,而与参数 θ 和 ϕ 无关。物理尺寸的形式一致会使天线具有相同的辐射特性,但是辐射图会发生 C 角度的旋转。由于缩放的倍数取值范围为 $0\sim\infty$,方向图将会在 ϕ 平面以 C 角度旋转,但是辐射图的基本形状不会发生改变。为了获得 $F(\theta,\phi)$ 的函数表达式,对 C 和 ϕ 同时进行如下变换。

$$\frac{\mathrm{d}}{\mathrm{d}C}[nF(\theta,\phi)]=\frac{\mathrm{d}n}{\mathrm{d}C}F(\theta,\phi)=\frac{\partial}{\partial C}[F(\theta,\phi+C)]=\frac{\partial}{\partial(\phi+C)}[F(\theta,\phi+C)] \tag{7-5}$$

$$\frac{\partial}{\partial\phi}[nF(\theta,\phi)]=n\frac{\partial F(\theta,\phi)}{\partial\phi}=\frac{\partial}{\partial\phi}[F(\theta,\phi+C)]=\frac{\partial}{\partial(\phi+C)}[F(\theta,\phi+C)] \tag{7-6}$$

令这两个等式相等,则有

$$\frac{\mathrm{d}n}{\mathrm{d}C}F(\theta,\phi)=n\frac{\partial F(\theta,\phi)}{\partial\phi} \tag{7-7}$$

根据 $r=F(\theta,\phi)$,将 $F(\theta,\phi)$ 代入式(7-7)得

$$\frac{1}{n}\frac{\mathrm{d}n}{\mathrm{d}C}=\frac{1}{r}\frac{\partial r}{\partial\phi} \tag{7-8}$$

式(7-8)的左边是与 θ 和 ϕ 有关的独立式子,得到 r 的通解表达式为

$$r=F(\theta,\phi)=\mathrm{e}^{a\phi}f(\theta) \tag{7-9}$$

其中,$a=\frac{1}{n}\frac{\mathrm{d}n}{\mathrm{d}C}$;而 $f(\theta)$ 是一个任意函数。对于任何具有频率不变特性的天线,只要确定了这个任意函数或它的导数,那么它的结构都可以用式(7-9)表达。

在现实情况下,并不存在理想化的天线,可以完全满足达到非频变的情况,所以真正的非频变天线是在一个比较宽的带宽内,其方向图和阻抗特性无太大变化。现在已经有超过了带宽比为 $100:1$ 的非频变天线制作成功,性能十分优良,往往限制住这个带宽比的物理设备不是天线本身。由于此天线本身具有的特别性能,已经成为了包括军事系统在内的诸多领域的常用天线,本节概述了非频变天线的工作原理及其结构。接下来将介绍具体的对数周期天线和平面螺旋天线,希望在具体的天线中可以继续加深对非频变天线原理的理解。

7.2 对数周期天线

对数周期天线(Logarithm Periodic Antenna,LPA)早在 20 世纪 50 年代被提出,并且有相对完整的理论分析公式,通过建立数学模型,完全可以使用数学方法描述它的辐射特性,并且这些数学方法和实际测量基本符合。当时这种天线是第一个单馈平面天线,同时还具有多倍频带宽(频带很宽),很快就应用到微波波段的许多领域。

对数周期天线是指天线的电特性(包括方向图、阻抗等)随着频率的对数呈周期性变化规律,它也属于非频变天线的一种。对于初学者,最常见的对数周期天线就是图 7-3 中的形式,由许多

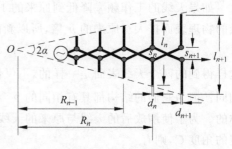

图 7-3 对数周期天线

组不同长度的偶极子排布在一起的阵列,但是这些长度都是符合严格规律的。这样的排列可以使天线具有极高的增益(方向性),同时还具有较宽带宽。同时,它的外形和八木天线十分相似,都具有较高的方向性。但是它们也有许多不同之处。八木天线组成结构的尺寸不遵循特定的规律,无论是各阵元长度还是相邻阵元之间的间隔;但是对于对数周期天线,却完全不同,设 τ 为比例因子,它满足以下关系。

$$\frac{1}{\tau}=\frac{l_2}{l_1}=\frac{l_{n+1}}{l_n}=\frac{R_2}{R_1}=\frac{R_{n+1}}{R_n}=\frac{d_2}{d_1}=\frac{d_{n+1}}{d_n}=\frac{s_2}{s_1}=\frac{s_{n+1}}{s_n} \tag{7-10}$$

其中,l_n 表示偶极子的长度;d_n 表示偶极子的直径;R_n 表示偶极子到延长线虚交点的距离;s_n 表示偶极子中心的缝隙间距。上述天线尺寸参数在 n 处与 $n+1$ 处之间按对数递增,且在 $n+1$ 处与 n 处之间的比值都为常数 $1/\tau$。中间的交叉线表示馈电(交叉馈电),馈电后的偶极子电流流向如图 7-4 所示。

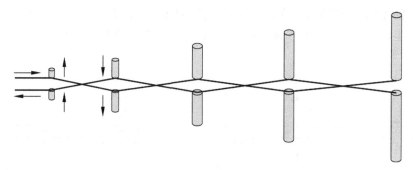

图 7-4　对数周期天线的电流方向

此处还定义了一个参数间隔因子 σ,其表达式为

$$\sigma=\frac{R_{n+1}-R_n}{2l_{n+1}} \tag{7-11}$$

将上下两排所有的偶极子终端连接起来,其延长线的交点形成的顶角角度为 2α,则有如下间隔因子和顶角的关系。

$$\sigma=\frac{d_{n+1}-d_n}{2\tan\alpha \cdot l_{n+1}} \tag{7-12}$$

在一般情况下,很难得到尺寸不同(成相应比例)的导线,于是常常采用较小的间隔 D,使它们大致上还是成一个比例,这对整体的天线性能不会造成较大的影响。通过对相邻的偶极子之间使用交叉馈电的方法,会使偶极子末端处产生 π 相位差,使两端的相位正好近似相反。由于馈源在较短的一端,到达后面的长偶极子一端时,电磁波相对很弱了,满足终端弱效应,此时能量非常小,通常可以忽略不计。但是,若尺寸继续不断增加,这些结构之间产生的相位就会反转,使能量聚集在较短的振子上辐射。所以,最合适的馈线排列是能使方向图指向阵列终点发生谐振。若像传输线那样进行馈电,那将会十分方便。但是更加实用的情况是使用同轴线进行馈电,为了能够使相邻之间的结构产生 π 相位差,可以使用如图 7-5 所示的内置宽带巴伦结构使系统平衡。

这种结构往往由金属管道制成,细小的同轴线会穿过空心管道进行馈电,同轴线的内芯经过扩展连接到一根金属管道上,而外导体会直接连接到另外一根金属管道,最后每对偶极子分别放置在两根金属管道上,实现交叉馈电。

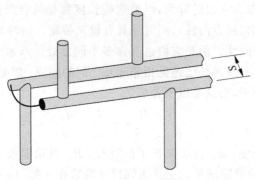

图 7-5　交叉馈电结构

　　还有一种馈电结构是非交叉馈电(平行馈电)，如图 7-6 所示。这种馈电形式使振子终端具有相同的相位,在相邻振子靠得较近时,电流的相位是向右前进的。这样天线在传播方向末端上产生的端射波束会有干涉效应。所以,这类对数周期天线一般都是交叉馈电。

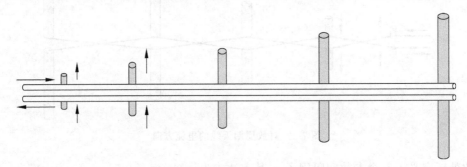

图 7-6　平行馈电的电流方向

　　综上所述,对数周期天线结构具有严格的规律,理想化的这类天线是可以无限延伸的,只要符合比例即可,但是实际情况中不可能有无限长的宽带天线,必须在有限长度的前提下进行制作。根据天线中的最长阵元和最短阵元,可以确定天线(有限长度)的频率范围,较低的截止频率对应的最长阵元长度约为 $\lambda_{max}/2$ 时;但是对于较高的截止频率,不仅要求最短阵元长度约为 $\lambda_{min}/2$,同时要求有源区域的间隔较小(阵元间隔)。对数周期天线也有时会当作反射天线的馈源(增益高),但是天线起辐射作用的有源区域是会随着相位中心的改变而变换,这是我们不想看到的情况。因此,用此类天线作反射天线馈源的应用并不多。

　　阐述了天线的结构和馈电系统,下面将描述具体设计过程。毕竟最终的目标是得到较好性能的天线。最能完整描述一种天线的方法就是详述设计步骤。为了更好地完成设计,这里会介绍一些曲线图,这些曲线图描述了与对数周期天线相关的各种设计参数。其中 α 有关的式子为

$$\alpha = \arctan\left(\frac{1-\tau}{4\sigma}\right) \tag{7-13}$$

只要 α、σ 和 τ 这 3 个参数中的两个确定,那么就可以通过这个式子得到另外一个参数。天线的方向性(增益)与 σ 和 τ 两者的关系曲线如图 7-7 所示。图中的虚线表示相应曲线上的最大方向性,可见方向性的大小与 σ 和 τ 这两个参数有着密切关系。

　　上述列举了方向性的曲线图,但是并没有给出具体设计该天线的方法。由于该天线的

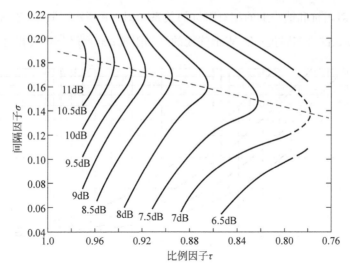

图 7-7　对数周期天线的方向性与 σ 和 τ 的关系

带宽是由振子的最大长度和最小长度决定的,那么有源区域的带宽也是需要设计的,科学家卡雷尔给出的有源区域带宽 B_w 计算式为

$$B_w = 7.7(1 - \tau^2)\cot\alpha + 1.1 \tag{7-14}$$

在实际操作时,往往设计带宽 B_s 要比实际需要的带宽 B 更大,因为可能会存在各种原因导致带宽稍微减少,如制作误差、外界环境等。总之,设计的带宽 B_s 表达式为

$$B_s = BB_w = B[7.7(1 - \tau^2)\cot\alpha + 1.1] \tag{7-15}$$

其中,B_s、B 和 B_w 分别为设计带宽、需要的带宽和有源区域带宽。

设天线的总长度为 L,最长阵元和最短阵元的长度分别为 l_{max} 和 l_{min},对应的最大波长和最短波长分别为

$$\lambda_{max} = 2l_{max} = \frac{c}{f_{min}}, \quad \lambda_{min} = 2l_{min} = \frac{c}{f_{max}} \tag{7-16}$$

天线的总长度为

$$L = \frac{\lambda_{max}}{4}\left(1 - \frac{1}{B_s}\right)\cot\alpha \tag{7-17}$$

阵元总个数的计算式为

$$N = \frac{\ln(B_s)}{\ln(1/\tau)} + 1 \tag{7-18}$$

偶极子中间的缝隙间距 s(平行馈线的间距)可以通过输入阻抗和偶极子的尺寸确定,为了确定这一参数,先定义阵元的平均特征阻抗为

$$\bar{Z} = 120\left[\ln\left(\frac{l_n}{d_n}\right) - 2.25\right] \tag{7-19}$$

其中,l_n/d_n 为第 n 组偶极子阵元的长度和直径之比。在理想情况下,所有偶极子阵元都应该是这个比值。这些偶极子之中尽管有相同的直径 d_n,有些却有不同的长度 l_n,这会导致比值存在一定的差异,尤其在偶极子的数目较多时,这个差异更加明显,这一点在前面已经提到过,解决的办法是确定比较适合的偶极子数目 N,以缩小这个比例差距,另外调整最优的偶极子直径,使误差可以接受。

偶极子的相对阻抗和馈线上的相对阻抗的关系如图 7-8 所示。其中,Z_0 表示馈线的特征阻抗;R_{in} 代表输入的真实阻抗;Z_a 表示阵元的平均阻抗;$\sigma'=\sigma/\sqrt{\tau}$ 代表相对平均间隔因子。

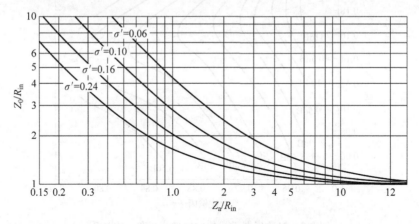

图 7-8　偶极子相对阻抗与馈线相对阻抗

除了上述结构的对数周期天线之外,还有很多其他结构形式且性能优良的对数周期天线,如平面齿形对数周期天线、非平面齿形对数周期天线以及平面多臂对数周期天线等。但是无论哪一种类型,都符合上述提到的结构具有严格的规律性,即几何结构的比例仍为 τ,几种不常见的对数周期天线如图 7-9 所示。

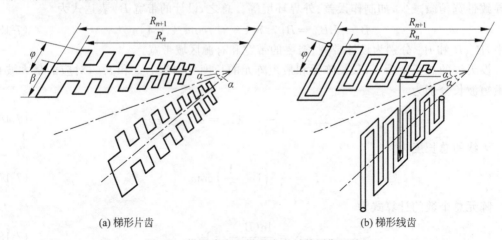

(a) 梯形片齿　　　　　　　　　　　(b) 梯形线齿

图 7-9　梯形片齿和梯形线齿对数周期天线

其实无论是梯形,三角形还是线形结构,原理都是相同的。图 7-10 中的振子形结构可以看作片齿形的变形。下面将选择三角形线齿形天线的两种结构进行具体分析。三角形线齿形对数周期天线的分析示意图如图 7-11 所示,其实质是将金属片做成曲折的三角状,两端边缘部分的连线交点形成的角度为 α,但是由于结构比较复杂(曲折较多),很难在分析过程中确定点的位置,可以使用球形极坐标 (r,θ,φ) 表达具体的位置点。

还可以将此结构扩展做成多臂结构(共面的),如图 7-12 所示,双臂结构得到的极化还是属于线极化。尽管这个结构的天线方向图并不是完全与频率无关,但是改变的程度相当小,仍可归为一种非频变天线。

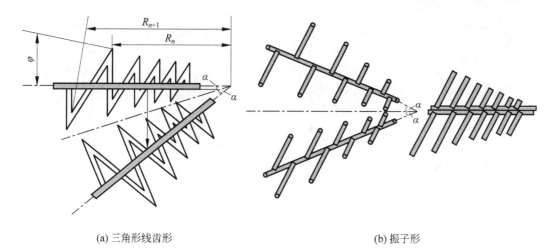

(a) 三角形线齿形　　　　　　　　　　　　(b) 振子形

图 7-10　三角形线齿形和振子形结构对数周期天线

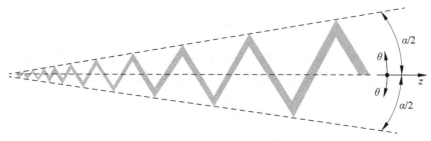

图 7-11　三角形线齿形对数周期天线

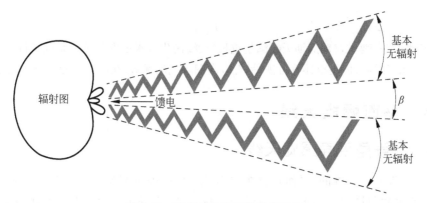

图 7-12　双臂三角形对数周期天线

　　线形对数周期天线是由杜哈梅引入的,天线的示意图如图 7-13 所示,在研究该天线的表面电流分布情况时,他发现随着距离的增加,场强迅速减小,这意味着大部分电流分布在导体的末端,于是便尝试了将内部部分剪除,留下外框部分,形成图 7-13 中的线形结构,得到天线的特性应该是不受影响的。于是,由导线围成此形状的外框构成的天线被用来验证这个想法,验证的结果和原来的猜想基本上是一致的,辐射特性基本上没有太大变化,但是天线的制作成本和重量都大大降低了。

　　如图 7-13(a)和图 7-13(b)所示,面形和线形外框做成了齿状弧形,而图 7-13(c)和图 7-13(d)

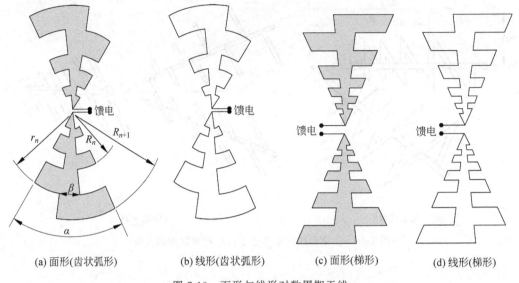

(a) 面形(齿状弧形)   (b) 线形(齿状弧形)   (c) 面形(梯形)   (d) 线形(梯形)

图 7-13   面形与线形对数周期天线

中,面形和线形外框做成了梯形。其实还有许多外形奇特的对数周期天线,也同样具有较好的性能,此处不过多列举。对于图 7-13(a),定义它的比例因子 τ 为

$$\tau = \frac{f_1}{f_2} = \frac{R_n}{R_{n+1}}, \quad f_2 > f_1 \tag{7-20}$$

其中,τ 的大小由 f_2 和 f_1(频率相隔一个周期)确定。

天线齿槽的宽度比 ζ 为

$$\zeta = \frac{r_n}{R_{n+1}} \tag{7-21}$$

在商用背景下,要求对数周期天线满足重量轻、线极化且水平安装等一系列条件。而对于增益,虽不及八木天线高,但是也还算可观,另有方向图较宽的优势,在商用中的价值凸显无疑。

7.3   平面螺旋天线

7.3.1   等角平面螺旋天线

等角平面螺旋是二维的(平面),早在 1958 年,平面等角螺旋天线和圆锥螺旋天线就一同被提出,它的辐射图是双向的。这里讨论一种将双向波束转换成单向波束的方法,该天线的形状使用几何公式表达,前面已经提到它的表达式如下。

$$r = F(\theta, \phi) = \mathrm{e}^{a\phi} f(\theta) \tag{7-22}$$

其中,$f(\theta)$ 是一个任意函数。对于任何具有频率不变特性的天线,只要确定了这个任意函数或它的导数,那么它的结构都可以用式(7-22)表达。我们不妨假设这个任意函数关于 θ 的导数为

$$\frac{\mathrm{d}f(\theta)}{\mathrm{d}\theta} = r_0 \mathrm{e}^{-a\phi_0} \delta\left(\theta - \frac{\pi}{2}\right) \tag{7-23}$$

确定任意函数之后,那么 r 的表达式可写成

$$\begin{cases} r = r_0 e^{a(\phi-\phi_0)}, & \theta = \pi/2 \\ r = 0, & \theta \neq \pi/2 \end{cases} \tag{7-24}$$

其中，r_0 和 ϕ_0 为任意常数。有了上述式子，就能够得到螺旋线，如图 7-14 所示。

图 7-14 中的 Ψ 为矢径和螺旋线切线组成的夹角（常数，与螺旋率 a 有关），其大小可表示为

$$\Psi = \arctan(1/a) \tag{7-25}$$

螺旋线的矢径会一直增大，直达无穷大，但是一直是蜿蜒增大，不停地穿过坐标横抽。这是只有一条曲线的螺旋

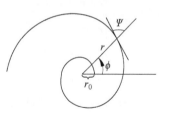

图 7-14 等角螺旋线

线，还有包含两条甚至多条螺旋线的情况，双臂和四臂螺旋线的示意图如图 7-15 所示。

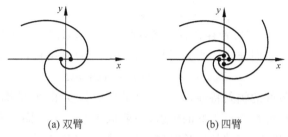

(a) 双臂　　　　　　　(b) 四臂

图 7-15 多臂螺旋线

要想得到多臂结构，以双臂和四臂为例，只需要令 ϕ_0 的值分别为 0 和 π，即可得到双臂结构；令 ϕ_0 的值分别为 0、$\pi/2$、π 和 $3\pi/2$，即可得到四臂结构。其他的多臂结构使用不同的 ϕ_0 值亦可得到，实质上每个单臂形状是一样的，只是位置不同。经过旋转后（绕原点）都是可以重合的，此处其他多臂的形式不再进行过多列举。要使此结构是非频变的，理论上须保证角度是无限大的，即 $-\infty < \phi < \infty$，所以矢径也是会无限延伸的，但是实际情况是弧线臂长不可能是无限长的。

介绍了多臂螺旋线结构之后，双臂等角螺旋槽的结构就不难理解了，实质就是 4 根螺旋线分成了两组，且去掉这两组的相交区域（槽），如图 7-16 所示。为了清楚地讲述，图 7-16(b) 是放大之后的示意图，其中 r_1、r_2、r_3、r_4 仍是螺旋线。

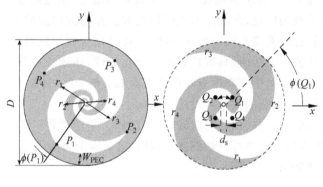

(a) 双臂等角螺旋槽　　　　　(b) 放大示意图

图 7-16 双臂等角螺旋槽结构

图 7-16 中,阴影部分是金属,非阴影部分是非金属部分。假设整个结构在一个直径为 D 的理想电导体上,依螺旋线的公式形式可以得到螺旋槽的公式为

$$\begin{cases} r_1 = r_0 e^{a\phi_1}, & \phi(Q_1) \leqslant \phi_1 \leqslant \phi(P_1) \\ r_2 = r_0 e^{a(\phi_2-\delta)}, & \phi(Q_2) = \phi(Q_1) + \delta \leqslant \phi_2 \leqslant \phi(P_2) \\ r_3 = r_0 e^{a(\phi_3-\pi)}, & \phi(Q_3) = \phi(Q_1) + \pi \leqslant \phi_3 \leqslant \phi(P_3) = \phi(P_1) + \pi \\ r_4 = r_0 e^{a(\phi_4-\pi-\delta)}, & \phi(Q_4) = \phi(Q_2) + \pi \leqslant \phi_4 \leqslant \phi(P_4) = \phi(P_2) + \pi \end{cases} \tag{7-26}$$

有限圆面直径 D 的长度由最低波长确定;同理,d_s 的间隔则由最高频率确定,一般都是取频率对应的 $\lambda/2$。式(7-26)中的 $\phi(Q_i)$ 是指在极坐标系中 Q_i 点对应的角度,$\phi(P_i)$ 的含义也是如此。为了形成自补结构,此处 δ 的取值为 $\pi/2$,这样一来,各个点的位置都能准确表达,如在点 P_1 处,其表达式为

$$r(P_1) = r_0 e^{a\phi(P_1)} \tag{7-27}$$

从式(7-25)可以看出,螺旋臂存在着关联,即第二条和第四条臂可以由第一条臂和第三条臂绕原点旋转得到。它们连成的非金属和金属区域是自补结构,那么它们的阻抗满足

$$Z_{非金} = Z_{金} = 60\pi \approx 188.5\Omega \tag{7-28}$$

螺旋槽天线具有较好的辐射特性,为了满足最佳设计要求,它的圈数可以达到 3 圈,但是并不是所有的金属部分都会有很好的辐射,一般取 $1.25 \sim 1.5$ 圈。此结构可以有两种极化方式,即线极化和圆极化,当波长较长时(相对于臂长)采用线极化;但是当臂长等于或略大于波长时会有较好的圆极化效果,一般情况下使用的都是圆极化。若固定一个面观察其方向图,会发现方向图波束宽度随频率变化发生改变,这是由于频率改变时,方向图指向会改变(转动),加宽臂线,或者使臂线间隔更加紧凑(减小螺旋率),可以得到随频率变化,波束宽度变化较小的方向图。为了保持阻抗匹配,天线的馈电系统不能是同轴线,无论是 50Ω 还是 75Ω 的同轴线,都不能与天线的阻抗匹配,此时需要用到阻抗平衡转换器,使两者阻抗匹配。具体实施的一种做法是把销锥过的同轴线嵌入焊接到其中一条臂的初始端上,同时外导体与臂连接,实现阻抗匹配。为了增强对称美观,另外一条臂也同样连接同轴线,但是这仅仅是为了对称美观,不起实际的作用。同时还可以使用巴伦实现电流不平衡的问题,但这也会限制住系统的带宽。

螺旋结构的辐射波极化是可以控制的。在频率较低时,对应的波长较长,若这个长度远大于天线臂的总长度,那么会辐射线极化波;随着频率增加,相应的波长在不断减小,对应的线极化波慢慢变成椭圆极化,并最终形成圆极化波。此时方向图的形状随频率的变化不大。利用极化由线极化慢慢变成圆极化这一特性,可以用来甄别低截止频率的可用带宽范围。一般认为轴比的值小于 2 时,具有较好的圆极化特性,在波长约与螺旋臂长相等时,会出现较好的圆极化效果。对于在自由空间中的平面螺旋槽天线,臂长为这个长度时,若在没有背部空腔衬底的情况下,它的效率可以达到 98%。

如前所述,螺旋结构的方向图是双向的,若要应用于单向通信,需要将此双波束转换成单波束,而在背部加入衬底腔体可以达到这一目的,这是本节将要讨论的主要话题。背腔平面等角螺旋的示意图如图 7-17 所示。

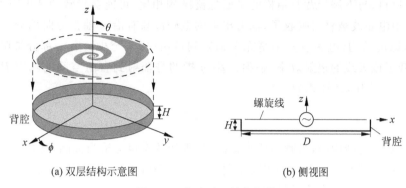

(a) 双层结构示意图　　　　　　　(b) 侧视图

图 7-17　背腔平面等角螺旋

　　背腔平面螺旋结构可以分上下两层,其中上层的结构与图 7-16 中的结构一样,只是此处的金属螺旋部分充斥到了整个边缘,即 $W_{\rm PEC}=0$;而下层是一个直径为 D,高度为 H(约 $\lambda/4$)的金属腔体。天线在工作时,沿 $-z$ 方向的辐射波遇到金属背腔之后,会反射到螺旋臂上,又辐射到自由空间。这样辐射到自由空间的辐射波,是螺旋臂本身辐射波和背腔反射辐射波的总和,使辐射变成单向的。虽然此结构使方向图变成了单向的,但是同时也改变了原来的恒定阻抗和天线的轴比特性,使这两个参数变差的原因是腔体内的电场和磁场影响了螺旋臂上的电流分布。背腔的形状除了圆柱形之外,还可以做成圆台形以及内置圆台等许多其他形状,此处不一一列举,同时还可以在背腔内部加入一些吸收材料,来减少谐振影响。

　　为了保持辐射的轴比特性和输入阻抗不变,可以在背腔中加入吸收带(Absorbing Strip,ABS),ABS 可以安装在背腔臂上,用来改善天线系统的辐射特性,如图 7-18 所示。

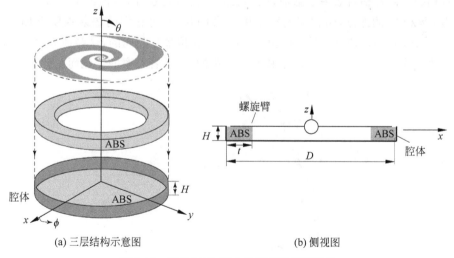

(a) 三层结构示意图　　　　　　　(b) 侧视图

图 7-18　腔体加载 ABS 的平面螺旋槽天线

　　与图 7-17 相比,此结构在腔体中加入了 ABS,其余结构完全相同。ABS 的厚度为 H,宽度为 t,寻找有合适介电常数的介质,完全可以实现轴比和阻抗特性和无背腔式结构的特性一致。添加的 ABS 结构是一个环形结构,腔体中还剩余许多空余部分,若在这些空余部分填充吸收材料,与不添加背腔结构的平面螺旋结构相比,可能会导致约 3dB 的增益损失,因为在腔体中电磁波被材料吸收了,辐射出去的电磁波只有沿 z 轴正方向部分。加了 ABS 结构的腔体螺旋结构,电磁波并不是完全辐射到自由空间,至少会有一部分被吸收环吸收了,这就降低了该天线的辐射效率,辐射效率 η 指的是辐射到自由空间的功率 P_{out} 和输入天线的功率 P_{in} 之比,计算式为

$$\eta = \frac{P_{\text{out}}}{P_{\text{in}}} \tag{7-29}$$

在包含 ABS 的结构中,当频率适当提高时,天线效率也会适当提高,这是因为频率增大对应更小的波长,螺旋臂上对应的主要辐射区域会向馈源处靠近,这就避免了底部的吸收环对电磁波的吸收,使效率会略微增加。

7.3.2 阿基米德螺旋天线

阿基米德螺旋天线也是一种非频变天线,同时具有自补偿结构(臂间距可调)。其辐射图、极化和阻抗都是保持不变的,同时还具有宽频带圆极化特性,如图 7-19 所示。它由两个弯曲的金属臂组成,不同于等角螺旋天线的臂长随角度指数增大,阿基米德螺旋天线从起点开始,臂长随角度均匀增大,可表示为

$$\begin{cases} r = a\phi, & \phi_{\text{st}} \leqslant \phi \leqslant \phi_{\text{end}} \\ r = a(\phi - \pi), & \phi_{\text{st}} + \pi \leqslant \phi \leqslant \phi_{\text{end}} + \pi \end{cases} \tag{7-30}$$

其中,a 为螺旋常数;ϕ 为矢径和极坐标的夹角。由式(7-30)可知,将一条臂进行旋转后可得到另一条臂。理论上这两条臂是无限延伸的,因为角度的范围可以无穷大。令阿基米德螺旋天线的两条臂在中心点处的馈电相位相差 π,那么其电流流向示意图如图 7-19 所示,表面上看相邻的两臂辐射效果会抵消,但其实并不完全是这样,当馈源的电流经过臂后,在矢径约为 $r \approx \lambda/2\pi$ 的地方,两相邻的臂上电流会同相,此时它们的辐射强度叠加增强。其实在 $r \approx n\lambda/2\pi(n = 3, 5, 7, \cdots)$ 处,相邻的臂上电流相位都是相同的,这些地方对天线辐射有着至关重要的作用。主要辐射区域是和波长有关的,会随着频率的变化而变化。

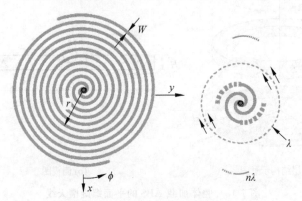

图 7-19　阿基米德螺旋馈电电流

电流在进入金属臂流向末端的过程中会逐渐减小,所以在第一个主辐射区 $r \approx \lambda/2\pi(n = 1)$ 有最强的同向电流,这也意味着第一个主辐射区有最强的辐射,在最终的辐射中贡献的辐射

量也最大。第一个主辐射区的臂长大约为一个波长,可产生沿 z 轴辐射的圆极化波。

当频率减小时,波长增大,主辐射区域也会逐渐偏离中心馈电区,若阿基米德螺旋天线的臂长是有限的,那么此时天线的辐射性能就和臂长相关,在较低频率,波长较长的情况下,若臂长比一个波长还短,可能会出现极差的辐射性能,即不存在第一个主辐射区。和螺旋槽天线类似,阿基米德螺旋天线的辐射图是双向的,同样也可以通过添加腔体的方式进行改善。

加入腔体和吸收带的结构和螺旋槽天线的原理是一致的,如图 7-20 所示。

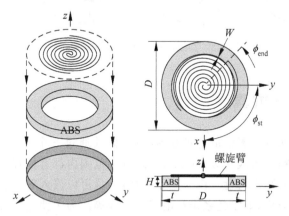

图 7-20　加腔体和 ABS 的阿基米德螺旋天线

由于前面已经描述了只加腔体的结构,并进行了分析,此处加背腔的形式是一样的,故直接给出加了 ABS 和背腔的结构。其中,W 为线宽度,为实现自补偿结构,此处可选择线宽和相邻臂间距都为 W。将只加腔体和同时加入 ABS 和腔体的结构进行比较,其结果和螺旋槽天线加入背腔和 ABS 结果相差不大,在腔体中加入 ABS 使输入阻抗变化较小,但是在低频区域,若没有 ABS 加入,其输入阻抗的变化较大,变化阻抗如图 7-21 所示。还有其他的参数特性,如增益和辐射图,变化也是相当小的。而对于轴比特性,在高频区,两种结构的差异不大;但在低频区,腔体中加入了 ABS 的情况会拓宽低频的轴比。

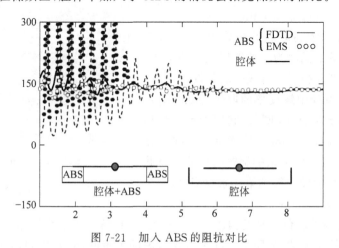

图 7-21　加入 ABS 的阻抗对比

阿基米德螺旋天线可产生圆极化波。从起点开始,若螺旋臂逆时针旋转(见图 7-19),则生成右旋圆极化波;反之会生成左旋圆极化波。除了上述的双臂组成的阿基米德螺旋天线之外,还与其他一些变形结构,如图 7-22 所示。它们对应的螺旋率都较小(即 a 较小),所以臂长有较大的弧度,通常称为卷曲天线,其最大径向点到中心点的距离要设置成小于 λ/π,这种单臂结构的天线有独特的优势,使用同轴线馈电时不需要加巴伦转换器,但是双臂的阿基米德螺旋天线馈电需要添加巴伦转换器,结构上更加简单。

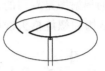

图 7-22　其他形式的阿基米德螺旋天线

7.4　模型与仿真

为了更好地了解非频变天线的各种辐射特性,此处通过一个天线的仿真实例进行具体讲解。选择阿基米德螺旋天线在 3~6.5GHz 的频率范围内都有较好的辐射参数,可以充分说明上述理论部分的非频变特性。由于其宽频特性,且可以嵌入表面安装等优点,此天线可以用于 S 波段的诸多应用,如雷达系统和电子战系统等。为了使宽频特性更加明显,就要使螺旋天线上的主辐射区域尽可能多,故此次设计中的双臂圈数达到 13 圈,保证了足够长的主辐射空间,通过 HFSS 软件进行建模并仿真,得到了带宽、回波损耗、增益、方向图和轴比等许多其他的参数。

首先使用 HFSS 软件进行建模,模型如图 7-23 所示。和以往的建模依靠输入坐标点不同,阿基米德螺旋天线的建模需要依靠公式输入法实现曲线的构造。实现其中一条曲线的臂构造公式为

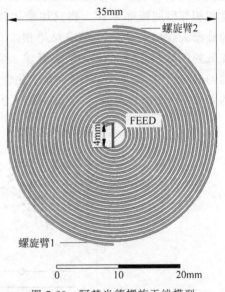

$$\begin{cases} r_1 = (r_m + at)\cos(t) \\ r_2 = (r_n + at)\sin(t) \end{cases} \quad (7\text{-}31)$$

其中,r_m 和 r_n 分别为离原点的初始距离,二者差值即为臂线宽度 W;同时为了能够形成自补结构,设计中将臂线宽度和相邻的臂线间隔都设置为 W;a 为螺旋率,此次设计中螺旋率的取值为 0.19;将角度设置成为 26π(共计 13 圈)。利用参数方程构造这两条臂线后,使用 connect 功能将两条线连接成为整体,至此即可完成一条螺旋臂的构造。将此臂绕 z 轴旋转 π 角度即可得到第二条螺旋臂,整个天线的直径长度 D 为 35mm。

图 7-23　阿基米德螺旋天线模型

图 7-23 中的两种颜色分别是构造的两个螺旋臂,设置成为理想导体。由于非频变天线的阻抗是基本保持不变的,故阻抗匹配是需要考虑的关键问题,若用同轴线馈电,想达到匹配状态十分困难。为了简便操作,仿真中直接使用集总端口画积分线的方法进行仿真,避免了繁杂的匹配过程,同时还能获得不错的辐射特性。

该天线的尺寸参数如表 7-1 所示。

表 7-1 阿基米德螺旋天线参数

尺 寸 参 数	数 值
W	0.3mm
D	35mm
L（馈电间距）	4mm
a（螺旋率）	0.19
r_m（螺旋臂外弧线）	2mm
r_n（螺旋臂内弧线）	1.7mm

以下是对此天线仿真进行的分析。

此天线的阻抗特性和电压驻波比（VSWR）如图 7-24 所示。一个较大范围内（3.5～6.5GHz）阻抗基本上是保持不变的，阻抗值约为 175Ω 左右。同样，VSWR 在这个频率范围内大部分都在 3 以下，较平缓的部分约为 1.13，说明匹配良好，在这个宽频范围内都有较好的辐射特性。6.5GHz 以上的频率还有较好的特性，此处没有给出。

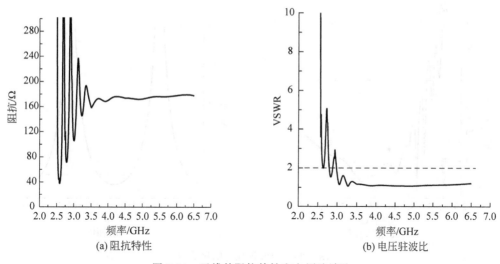

图 7-24 天线的阻抗特性和电压驻波比

首先由图 7-25 可知，阿基米德螺旋天线的辐射方向图是上下两个方向的，与前述的理论是一致的。此次设计的天线最大增益可以达到 4.5dB 以上，最大辐射的两个方向分别沿 z 轴正向和负向，方向图的形状高度对称，此时的三维图对应的频率为 4.5GHz。

图 7-26 是回波损耗和轴比特性曲线，在 3GHz 之后的回波损耗基本上都在 −10dB 以下，最低甚至可以达到 −30dB，说明信号传输效果较好。阿基米德螺旋天线除了上述参数之外，还具有圆极化特性，属于圆极化天线，轴比是衡量圆极化天线的重要参数，一般认为 3dB 以下的轴比值对应较好的圆极化。从图 7-26(b) 中可以看出，3dB 以下的轴比（AR）范围达到 65°，由于上下两个辐射方向是对称的，故另一个角度可看成同一个值。

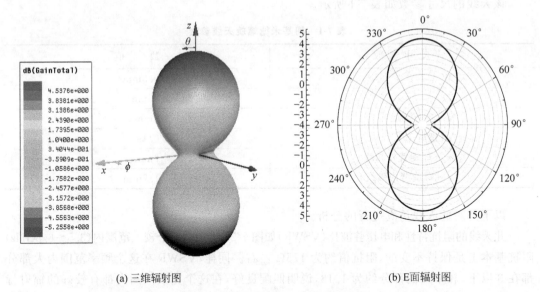

(a) 三维辐射图   (b) E面辐射图

图 7-25   三维辐射图与 E 面辐射图

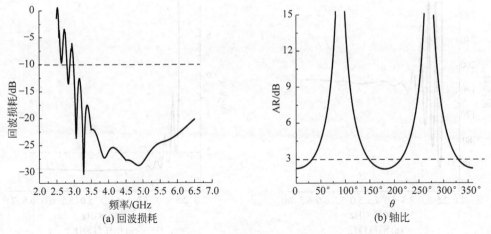

(a) 回波损耗   (b) 轴比

图 7-26   回波损耗与轴比曲线

第 8 章

阵列天线基础

8.1 二阵元阵列

单个阵元的方向图波束宽度通常较宽,增益较低,方向性不好,在许多实际应用中,需要高增益天线以满足长距离通信需求。因此,一种新的天线形式诞生,通过将两个或多个阵元组阵,形成阵列天线,阵列天线的场由各个阵元的场进行矢量加法得到。通常,阵列天线的方向图由 5 个因素控制,分别为

(1) 阵列的几何结构(线性、圆形、矩形等);

(2) 阵元间距;

(3) 每个阵元激励的幅度;

(4) 每个阵元激励的相位;

(5) 单个阵元的方向图。

两个沿 z 轴放置的水平偶极子如图 8-1(a)所示,假设两个阵元间没有耦合,则辐射的总场等于两者之和。

$$\boldsymbol{E}_{\text{total}} = \boldsymbol{E}_1 + \boldsymbol{E}_2 = \boldsymbol{a}_\theta \mathrm{j}\eta \frac{kI_0 l}{4\pi} \left\{ \frac{\mathrm{e}^{-\mathrm{j}[kr_1-(\beta/2)]}}{r_1}\cos\theta_1 + \frac{\mathrm{e}^{-\mathrm{j}[kr_2-(\beta/2)]}}{r_2}\cos\theta_2 \right\} \tag{8-1}$$

其中,β 为两个阵元间的同相激励相位差。两个阵元辐射体的激励幅度相同,假设参考图 8-1(b)进行远场观察,对相位和幅度变化,有

$$\begin{cases} \theta_1 \simeq \theta_2 \simeq \theta \\ r_1 \simeq r - \dfrac{d}{2}\cos\theta \\ r_2 \simeq r + \dfrac{d}{2}\cos\theta \\ r_1 \simeq r_2 \simeq r \end{cases} \tag{8-2}$$

式(8-1)可以改写为

$$\begin{aligned} \boldsymbol{E}_{\mathrm{t}} &= \boldsymbol{a}_\theta \mathrm{j}\eta \frac{kI_0 l \mathrm{e}^{-\mathrm{j}kr}}{4\pi r}\cos\theta \left[\mathrm{e}^{\mathrm{j}(kd\cos\theta+\beta)/2} + \mathrm{e}^{-\mathrm{j}(kd\cos\theta+\beta)/2} \right] \\ &= \boldsymbol{a}_\theta \mathrm{j}\eta \frac{kI_0 l \mathrm{e}^{-\mathrm{j}kr}}{4\pi r}\cos\theta \left\{ 2\cos\left[\frac{1}{2}(kd\cos\theta+\beta)\right] \right\} \end{aligned} \tag{8-3}$$

由式(8-3)可见,阵列的总场等于位于原点的单个阵元的场乘以阵因子,因此,对于恒定

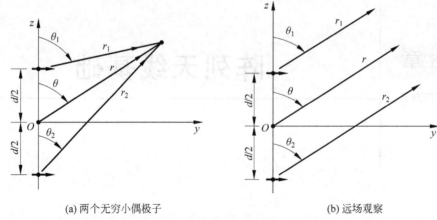

(a) 两个无穷小偶极子　　　　　　　　(b) 远场观察

图 8-1　沿 z 轴放置的两个阵元的阵列

幅度的二阵元阵列,其阵因子为

$$\mathrm{AF} = 2\cos\left[\frac{1}{2}(kd\cos\theta + \beta)\right] \tag{8-4}$$

标准化形式为

$$\mathrm{AF}_n = 2\cos\left[\frac{1}{2}(kd\cos\theta + \beta)\right] \tag{8-5}$$

阵因子是阵列几何形状和激励相位的函数,通过改变阵元间的间距 d 或相位 β,可控制阵因子的特性及阵列的总场。

两个相同阵元组成的阵列的远场等于一个阵元在选定参考点的场(通常为原点)与阵因子的乘积,即

$$\boldsymbol{E}_{\mathrm{total}} = [\boldsymbol{E}(参考点的单个阵元)] \times [阵因子] \tag{8-6}$$

式(8-6)称为方向图乘积定理。尽管仅对两个相同幅度阵元组成的阵列进行了解释,但也适用于任何数量的相同阵元构成的阵列,虽然阵元的幅度、相位、间距不一定相同。

每个阵列都有自己的阵因子,通常阵因子是阵元数量、阵列排布、相对幅度、相对相位和阵元间距的函数,如果每个阵元的幅度、相位和间距相同,阵列因子的表达式很简洁,由于阵因子与阵元本身的方向性无关,因此可以用各向同性源等效替换阵元,通过点源阵列推导出阵因子,用式(8-5)就可以得到阵列的总场,假设每个点源具有它替换的相应阵元的幅度、相位和位置。

为了合成所需的阵列方向图,不仅需要选择合适的阵元,还需要考虑阵元的位置和激励,为了说明这些原则,下面举一些例子。

给定如图 8-1(a)和图 8-1(b)所示的阵列,当 $d = \lambda/4$ 时,求 β 分别为 0、$+\pi/2$、$-\pi/2$ 时场的零点。

1) $\beta = 0$

归一化的总场表达式为

$$E_{\mathrm{tn}} = \cos\theta\cos\left(\frac{\pi}{4}\cos\theta\right)$$

令其等于零求解如下。

$$E_{\mathrm{tn}} = \cos\theta\cos\left(\frac{\pi}{4}\cos\theta\right)\bigg|_{\theta=\theta_n} = 0$$
$$\Rightarrow \cos\theta_n = 0 \Rightarrow \theta_n = 90°$$

或

$$\cos\left(\frac{\pi}{4}\cos\theta_n\right) = 0 \Rightarrow \frac{\pi}{4}\cos\theta_n = \frac{\pi}{2}, -\frac{\pi}{2} \Rightarrow 无解$$

由此可见,唯一的零点在 $\theta = 90°$,由单个阵元函数产生,阵因子没有出现零点,这是由于阵元间的间距不足以产生 180°相位差。

2) $\beta = +\frac{\pi}{2}$

归一化的总场表达式为

$$E_{tn} = \cos\theta\cos\left[\frac{\pi}{4}(\cos\theta + 1)\right]$$

令其等于零求解如下。

$$E_{tn} = \cos\theta\cos\left[\frac{\pi}{4}(\cos\theta + 1)\right]\bigg|_{\theta=\theta_n} = 0$$

$$\Rightarrow \cos\theta_n = 0 \Rightarrow \theta_n = 90°$$

或

$$\cos\left[\frac{\pi}{4}(\cos\theta_n + 1)\right] = 0 \Rightarrow \frac{\pi}{4}(\cos\theta_n + 1) = \frac{\pi}{2} \Rightarrow \theta_n = 0°$$

$$\frac{\pi}{4}(\cos\theta_n + 1) = -\frac{\pi}{2} \Rightarrow 无解$$

场的零点出现在 $\theta = 90°$ 和 $0°$,$0°$处的零点由阵因子求解得到,通过物理推理可以理解其零点出现的原因,由于阵元的初始相位差为 90°,且当其中一个阵元的波到达另一个阵元时,又经历了 90°相位延迟,因此两个阵元的波之间存在 180°相位差。

3) $\beta = -\frac{\pi}{2}$

归一化的总场表达式为

$$E_{tn} = \cos\theta\cos\left[\frac{\pi}{4}(\cos\theta - 1)\right]$$

令其等于零并求解如下。

$$E_{tn} = \cos\theta\cos\left[\frac{\pi}{4}(\cos\theta - 1)\right]\bigg|_{\theta=\theta_n} = 0$$

$$\Rightarrow \cos\theta_n = 0 \Rightarrow \theta_n = 90°$$

或

$$\cos\left[\frac{\pi}{4}(\cos\theta_n - 1)\right] = 0 \Rightarrow \frac{\pi}{4}(\cos\theta_n - 1) = \frac{\pi}{2} \Rightarrow 无解$$

$$\frac{\pi}{4}(\cos\theta_n + 1) = -\frac{\pi}{2} \Rightarrow \theta_n = 180°$$

场的零点在 $\theta = 90°$ 和 $180°$,其原因与 $\beta = +\frac{\pi}{2}$ 类似。

为了更好地解释方向图乘积定理,上述例子中每种情况下单个阵元、阵因子、总场的归一化方向图如图 8-2~图 8-4 所示,图中阵列的总场是单个阵元的场与阵因子的乘积,并且用最大值做归一化处理。由于图 8-2 的阵因子几乎是全向的(在 3dB 内),因此总场的方向图几乎与阵元的方向图相同,两者之间的最大幅度差约为 3dB,其出现在两个阵元相位正交的方向上(90°异相)。对于图 8-2,在 $\theta = 0°$方向上;对于图 8-3 和图 8-4,在 $\theta = 90°$方向上,这是由于图 8-3 的阵因子是心形,因此,阵元的方向图和总场方向图有很大不同,其总场方向图中 90°的零点归因于阵元,而 0°归因于阵因子。图 8-4 的原因类似。

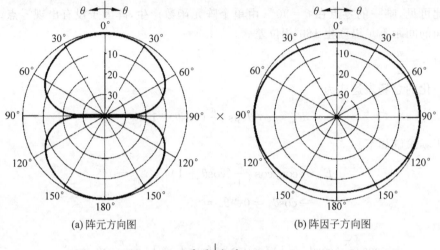

(a) 阵元方向图　　　×　　　(b) 阵因子方向图

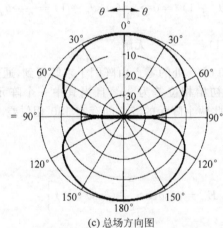

(c) 总场方向图

图 8-2　阵元、阵因子和总场方向图($\beta=0°,d=\lambda/4$)

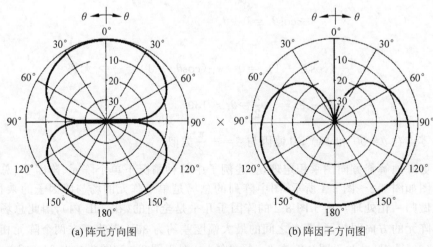

(a) 阵元方向图　　　×　　　(b) 阵因子方向图

图 8-3　阵元、阵因子和总场方向图($\beta=+\dfrac{\pi}{2},d=\lambda/4$)

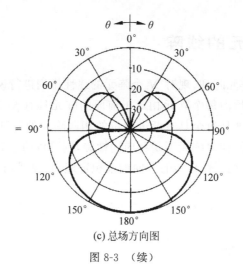

(c) 总场方向图

图 8-3 （续）

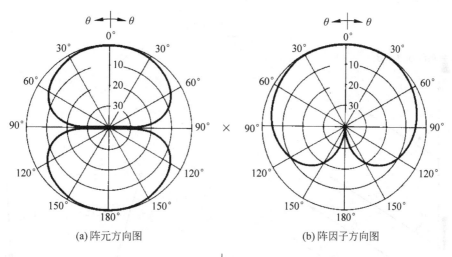

(a) 阵元方向图   ×   (b) 阵因子方向图

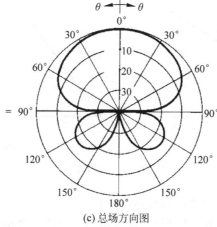

(c) 总场方向图

图 8-4 阵元、阵因子和总场方向图$(\beta=-\dfrac{\pi}{2},d=\lambda/4)$

8.2 N 个阵元的线阵

前面已经介绍了二阵元阵列,现对 N 个阵元的线性排列进行说明,如图 8-5(a)所示,假设每个阵元等幅激励,且后面每个阵元相对于前面的阵元具有 β(每个阵元的激励相位)的渐进相位差,具有相同幅度且每个具有渐进相位的相同阵元的阵列称为均匀阵列。将每个阵元视为点源得到阵因子,如果阵元不是各向同性源,则可以通过各向同性源的阵因子乘以单个阵元的场得到总场,这是式(8-6)的方向图乘积定理,它仅适用于相同阵元的阵列,阵因子为

$$AF = 1 + e^{j(kd\cos\theta+\beta)} + e^{j2(kd\cos\theta+\beta)} + \cdots + e^{j(N-1)(kd\cos\theta+\beta)}$$

$$AF = \sum_{n=1}^{N} e^{j(n-1)(kd\cos\theta+\beta)} \tag{8-7}$$

式(8-7)可简化为

$$AF = \sum_{n=1}^{N} e^{j(n-1)\psi} \tag{8-8}$$

其中,$\psi = kd\cos\theta + \beta$。

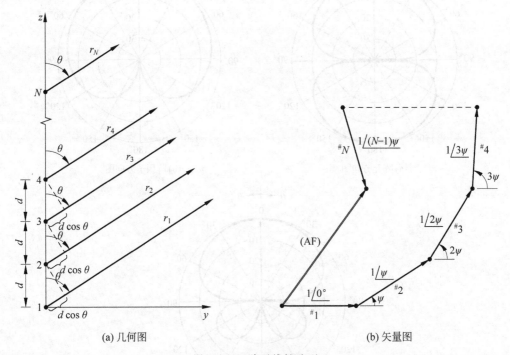

(a) 几何图　　　　　　　　　　　(b) 矢量图

图 8-5　N 阵元线性阵列

由于均匀阵列的阵因子是指数的综合,因此可以用 N 个矢量的矢量和表示,每个阵元幅度相等,渐进相位为 ψ,如图 8-4(b)所示,通过适当选择阵元间的相对相位 ψ 可以控制均匀阵列中 AF 的幅度和相位,在非均匀阵列中,幅度和相位也可用于控制阵因子的形成和分布。

式(8-8)通过简单的变化可以使其更易理解,如式(8-9)所示,在两边乘以 $e^{j\psi}$。

$$AF \cdot e^{j\psi} = e^{j\psi} + e^{j2\psi} + e^{j3\psi} + \cdots + e^{j(N-1)\psi} + e^{jN\psi} \tag{8-9}$$

将式(8-9)减去式(8-8)得到

$$AF \cdot (e^{j\psi} - 1) = e^{jN\psi} - 1 \tag{8-10}$$

$$AF = \left(\frac{e^{jN\psi} - 1}{e^{j\psi} - 1}\right) = e^{j[(N-1)/2]\psi} \left[\frac{e^{j(N/2)\psi} - e^{-j(N/2)\psi}}{e^{j(1/2)\psi} - e^{-j(N/2)\psi}}\right]$$

$$= e^{j[(N-1)/2]\psi} \left[\frac{\sin\left(\frac{N}{2}\psi\right)}{\sin\left(\frac{1}{2}\psi\right)}\right] \tag{8-11}$$

如果参考点是阵列的物理中心,则式(8-11)的阵因子可简化为

$$AF = \left[\frac{\sin\left(\frac{N}{2}\psi\right)}{\sin\left(\frac{1}{2}\psi\right)}\right] \tag{8-12}$$

当 ψ 很小时,式(8-12)可近似为

$$AF \cong \left[\frac{\sin\left(\frac{N}{2}\psi\right)}{\frac{\psi}{2}}\right] \tag{8-13}$$

可知式(8-12)和式(8-13)的最大值为 N,将其归一化,分别为

$$AF_n = \frac{1}{N}\left[\frac{\sin\left(\frac{N}{2}\psi\right)}{\sin\left(\frac{1}{2}\psi\right)}\right] \tag{8-14}$$

$$AF_n \cong \left[\frac{\sin\left(\frac{N}{2}\psi\right)}{\frac{N\psi}{2}}\right] \tag{8-15}$$

为了求解阵列的零点,将式(8-14)或式(8-15)设为零,即

$$\sin\left(\frac{N}{2}\psi\right) = 0 \Rightarrow \frac{N}{2}\psi \mid_{\theta=\theta_n} = \pm n\pi \Rightarrow \theta_n = \arccos\left[\frac{\lambda}{2\pi d}\left(-\beta \pm \frac{2n}{N}\pi\right)\right],$$

$$n = 1, 2, \cdots \text{ 且 } n \neq N, 2N, \cdots \tag{8-16}$$

当 $n = N, 2N, \cdots$ 时,由于式(8-14)简化为 $\sin(0)/0$ 的形式,所以式(8-14)达到最大值。n 的值决定了零值的顺序(第一零点、第二零点等)。如果零值存在,则反余弦的参数不能大于1。因此,零点的数量是阵元间距 d 和激励相位差 β 的函数。

式(8-14)的最大值出现在下面的条件下。

$$\frac{\psi}{2} = \frac{1}{2}(kd\cos\theta + \beta) \mid_{\theta=\theta_m} = \pm m\pi \Rightarrow \theta_m = \arccos\left[\frac{\lambda}{2\pi d}(-\beta \pm 2m\pi)\right], \quad m = 0, 1, 2, \cdots \tag{8-17}$$

式(8-15)的阵因子仅在式(8-17)的 $m = 0$ 时取最大值,也就是

$$\theta_m = \arccos\left(\frac{\lambda\beta}{2\pi d}\right) \tag{8-18}$$

这是使 $\psi=0$ 的角度。

式(8-15)的阵因子的 3dB 点出现在

$$\frac{N}{2}\psi = \frac{N}{2}(kd\cos\theta+\beta)\mid_{\theta=\theta_h} = \pm 1.391$$

$$\Rightarrow \theta_h = \arccos\left[\frac{\lambda}{2\pi d}\left(-\beta\pm\frac{2.782}{N}\right)\right] \tag{8-19}$$

也可写为

$$\theta_h = \frac{\pi}{2} - \arcsin\left[\frac{\lambda}{2\pi d}\left(-\beta\pm\frac{2.782}{N}\right)\right] \tag{8-20}$$

对于 $d\gg\lambda$ 的情况,可以简写为

$$\theta_h \cong \left[\frac{\pi}{2} - \frac{\lambda}{2\pi d}\left(-\beta\pm\frac{2.782}{N}\right)\right] \tag{8-21}$$

半功率波束宽度 Θ_h 由峰值点 θ_m 和半功率点 θ_h 决定,对于对称的方向图,有

$$\Theta_h = 2\mid\theta_m-\theta_h\mid \tag{8-22}$$

对于式(8-15)的阵因子,在其分子达到最大值时,可以求出其副瓣的最大值为

$$\sin\left(\frac{N}{2}\psi\right) = \sin\left[\frac{N}{2}(kd\cos\theta+\beta)\right]\Big|_{\theta=\theta_s} \cong \pm 1$$

$$\Rightarrow \frac{N}{2}(kd\cos\theta+\beta)\mid_{\theta=\theta_s} \cong \pm\left(\frac{2s+1}{2}\right)\pi$$

$$\Rightarrow \theta_s \cong \arccos\left\{\frac{\lambda}{2\pi d}\left[-\beta\pm\left(\frac{2s+1}{N}\right)\right]\pi\right\}, \quad s=1,2,\cdots \tag{8-23}$$

同理,也可以写为

$$\theta_s = \frac{\pi}{2} - \arcsin\left[\frac{\lambda}{2\pi d}\left(-\beta\pm\frac{2s+1}{N}\right)\pi\right], \quad s=1,2,\cdots \tag{8-24}$$

对于 $d\gg\lambda$ 这种情况,可以简写为

$$\theta_s = \frac{\pi}{2} - \frac{\lambda}{2\pi d}\left[\left(-\beta\pm\frac{2s+1}{N}\right)\pi\right], \quad s=1,2,\cdots \tag{8-25}$$

式(8-14)阵因子第一副瓣的最大值出现在

$$\frac{N}{2}\psi = \frac{N}{2}(kd\cos\theta+\beta)\mid_{\theta=\theta_s} \cong \pm\left(\frac{3\pi}{2}\right) \tag{8-26}$$

或

$$\theta_s = \arccos\left\{\frac{\lambda}{2\pi d}\left[-\beta\pm\frac{3\pi}{N}\right]\right\} \tag{8-27}$$

此时,式(8-15)的幅度简化为

$$\mathrm{AF}_n \cong \left[\frac{\sin\left(\frac{N}{2}\psi\right)}{\frac{N\psi}{2}}\right]\Big|_{\theta=\theta_s,s=1} = \frac{2}{3\pi} = 0.212 \tag{8-28}$$

以分贝(dB)为单位,计算结果为

$$\mathrm{AF}_n = 20\lg\left(\frac{2}{3\pi}\right) = -13.46\mathrm{dB} \tag{8-29}$$

因此,式(8-15)的第一副瓣的最大值比主瓣的最大值低 13.46dB。

8.2.1 边射阵

在许多应用中,希望阵列的最大辐射方向垂直于阵列的轴线[见图 8-5(a)中的 $\theta=90°$],为优化设计,单个阵元因子和阵因子的最大值都应指向 $\theta=90°$,通过选择合适的辐射器满足阵元要求,并通过适当的阵元间距和各个辐射器激励满足阵列要求。

参考式(8-14)或式(8-15),阵因子的第一个最大值出现时,有

$$\psi = kd\cos\theta + \beta = 0 \tag{8-30}$$

由于希望其第一个最大值在 $\theta=90°$ 方向上,所以

$$\psi = kd\cos\theta + \beta \mid_{\theta=90°} = \beta = 0 \tag{8-31}$$

为了使均匀线阵的最大值指向阵列轴的边射方向,所有阵元的激励须等幅且同相,阵元间的间距可以是任意值,但为了确保在其他方向上没有栅瓣,当 $\beta=0$ 时,阵元间距不能等于波长的倍数($d \neq n\lambda , n=1,2,\cdots$)。如果阵元间距为波长的倍数且 $\beta=0$,则

$$\psi = kd\cos\theta + \beta \mid_{d=n\lambda,\beta=0,n=1,2,\cdots} = 2\pi n\cos\theta \mid_{\theta=0°,180°} = \pm 2n\pi \tag{8-32}$$

将上述 ψ 值代入式(8-14),其值使阵因子为最大值。因此,对于 $\beta=0$ 和 $d=n\lambda$ 的均匀阵列,除了在 $\theta=90°$ 的方向上是最大辐射之外,在 $\theta=0°$ 和 180°的方向也是最大辐射(端射辐射)。

天线阵的设计要点之一就是要避免栅瓣的出现,因此,通常阵元间的最大间距应小于一个波长($d_{\max}<\lambda$),为了解释说明,图 8-6(a)给出了 10 阵元的均匀阵列的阵因子方向图,为了更好地查看方向图的平面分布,移除其 90°的扇区,最大辐射方向在 $\theta=90°$。对于图 8-6(b)的方向图,除了在 $\theta=90°$方向上是最大辐射,在 $\theta=0°$和 180°也是最大辐射,相对应的二维平面方向图如图 8-7 所示。

如果阵元间的间距 $\lambda<d<2\lambda$,图 8-6(b)中 $\theta=0°$方向的最大值会移向 $0°<\theta<90°$,而 $\theta=180°$方向上的最大值移向 $90°<\theta<180°$;当 $d=2\lambda$ 时,最大辐射方向指向 0°,60°,90°,120°,180°。

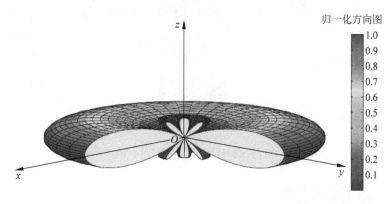

(a) 边射(β=0, $d=\lambda/4$)

图 8-6 10 阵元均匀阵列的三维方向图

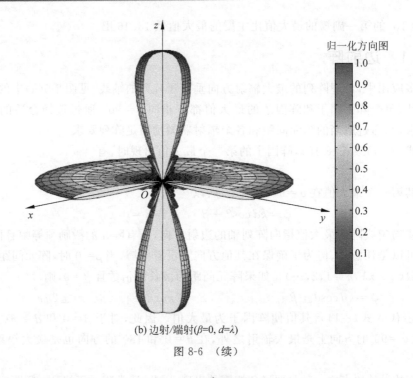

(b) 边射/端射($\beta=0$, $d=\lambda$)

图 8-6 （续）

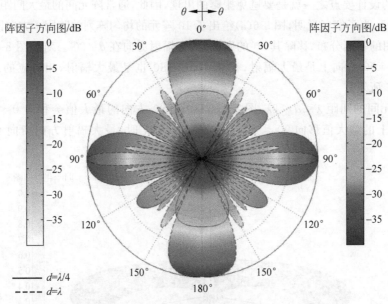

图 8-7 10 阵元的阵因子方向图（$N=10$, $\beta=0$）

8.2.2 普通端射阵

实际应用中,存在并不需要沿着垂直于阵列的方向辐射,而是沿着阵列的方向辐射(端射),但可能只需要向一个方向辐射[见图 8-5(a)中的 $\theta=0°$ 或 $180°$]。

将最大辐射方向指向 $\theta=0°$,有

$$\psi=kd\cos\theta+\beta\mid_{\theta=0°}=kd+\beta=0\Rightarrow\beta=-kd \tag{8-33}$$

如果希望指向 $\theta=180°$,则

$$\psi=kd\cos\theta+\beta\mid_{\theta=180°}=-kd+\beta=0\Rightarrow\beta=kd \qquad (8\text{-}34)$$

因此,当 $\beta=-kd(\theta=0°)$ 或 $\beta=kd(\theta=180°)$ 时可实现端射。

如果阵元间距为 $d=\lambda/2$,端射辐射同时存在于 $\theta=0°$ 和 $\theta=180°$ 方向上;如果阵元间距是波长的倍数($d=n\lambda$, $n=1,2,\cdots$),除了在端射方向辐射,在边射方向上也存在辐射,因此,当阵元间距为波长的倍数时,存在 4 个最大辐射方向,两个沿着阵列的轴线,两个垂直于阵列的轴线,为了仅有一个端射方向且避免栅瓣,阵元间的最大间距 $d_{max}<\lambda/2$。

图 8-8 给出了 $d=\lambda/4$, $\beta=+kd$ 的 10 阵元阵列的三维方向图。当 $\beta=-kd$ 时,最大辐

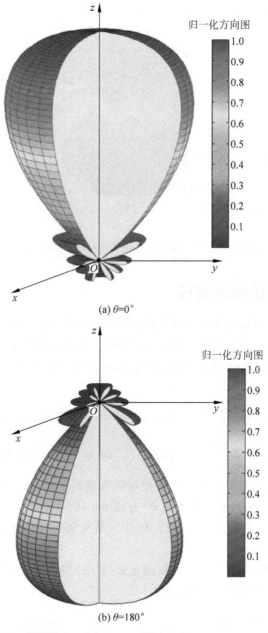

(a) $\theta=0°$

(b) $\theta=180°$

图 8-8　端射阵 $\theta=0°$ 和 $\theta=180°$ 的方向图($N=10$, $d=\lambda/4$)

射方向沿着 $\theta=0°$，三维方向图如图 8-8（a）所示；当 $\beta=+kd$ 时，最大辐射方向沿着 $\theta=$ 180°，三维方向图如图 8-8（b）所示。二维平面方向图如图 8-9 所示。为了对比，计算 10 阵元的阵因子方向图，其中 $d=\lambda$，$\beta=-kd$，其方向图与边射阵（$N=10,d=\lambda$）的阵因子方向图一样，如图 8-7 所示，有 4 个最大辐射方向，两个沿着阵列轴线，两个垂直阵列轴线。

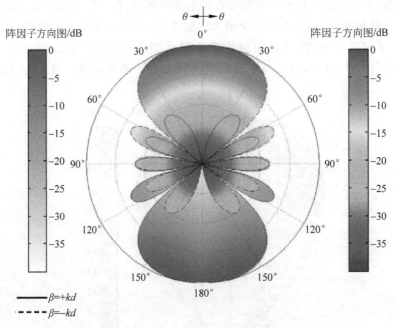

图 8-9　10 阵元阵因子的方向图（$N=10,d=\lambda/4$）

8.2.3　汉森-伍德端射阵

8.2.2 节讨论了普通端射阵的条件，均匀阵列阵元间的渐进相移 $\beta=-kd$ 时，最大辐射方向为 $\theta=0°$；$\beta=kd$ 时，最大辐射方向为 $\theta=180°$。为了在不降低其他辐射特性的情况下增强端射阵的方向性，汉森-伍德在 1983 年提出，在非常长的阵列中，紧密间隔的阵元间所需的相移为

$$\beta=-\left(kd+\frac{2.92}{N}\right)\simeq-\left(kd+\frac{\pi}{N}\right)\Rightarrow 最大辐射方向在 \theta=0° \qquad (8\text{-}35)$$

$$\beta=+\left(kd+\frac{2.92}{N}\right)\simeq+\left(kd+\frac{\pi}{N}\right)\Rightarrow 最大辐射方向在 \theta=180° \qquad (8\text{-}36)$$

此即汉森-伍德条件，其阵列的方向性比普通端射阵更好。然而，这些条件不一定能产生最大的方向性，而且其最大方向也可能不在 $\theta=0°$ 或 $\theta=180°$，与式（8-14）或式（8-15）求得的值可能也不一致，旁瓣电平可能也不是 -13.46dB。最大辐射方向和旁瓣电平都取决于阵元数，如下所示。

为了实现汉森-伍德端射阵，除了需要满足式（8-35）和式（8-36）的条件，$|\psi|$ 值也须满足下列条件，当最大辐射方向在 $\theta=0°$ 时，有

$$|\psi|=|kd\cos\theta+\beta|_{\theta=0°}=\frac{\pi}{N} \quad 且 \quad |\psi|=|kd\cos\theta+\beta|_{\theta=180°}\simeq\pi \qquad (8\text{-}37)$$

当最大辐射方向在 $\theta = 180°$ 时,有

$$|\psi| = |kd\cos\theta + \beta|_{\theta=180°} = \frac{\pi}{N} \quad \text{且} \quad |\psi| = |kd\cos\theta + \beta|_{\theta=0°} \simeq \pi \quad (8-38)$$

式(8-35)和式(8-36)分别满足了式(8-37)和式(8-38)中 $|\psi| = \pi/N$ 的条件。因此,每个阵列还须满足 $|\psi| \simeq \pi$ 的条件。对于阵元数为 N 的阵列,当最大辐射方向在 $\theta = 0°$ 时,式(8-35)满足了 $|\psi| \simeq \pi$ 的条件,而当最大辐射方向在 $\theta = 180°$ 时,式(8-36)满足了 $|\psi| \simeq \pi$ 的条件,且阵元间的间距应为

$$d = \left(\frac{N-1}{N}\right)\frac{\lambda}{4} \quad (8-39)$$

如果阵元数量足够多,式(8-39)可近似为

$$d \simeq \frac{\lambda}{4} \quad (8-40)$$

因此,对于阵元非常多的均匀阵列,只要阵元间的间距约为 $\lambda/4$,就满足汉森-伍德条件,阵列的方向性就会增强。

图 8-10 给出了 $N=10, d=\lambda/4$ 的普通端射阵和汉森-伍德端射阵的三维方向图,非常明显的是普通端射阵的主瓣(HPBW=74°)比汉森-伍德阵(HPBW=37°)的主瓣宽,因此说明汉森-伍德端射阵的方向性更好,然而,普通端射阵的旁瓣(-13.5dB)比汉森-伍德阵(-8.9dB)低,但这并不能忽视其窄波束宽度带来的高方向性。

为了使对比更具有实际意义,用数值积分分别计算图 8-10 中普通端射阵和汉森-伍德端射阵的方向性,其值分别为 11 和 19,此条件下汉森-伍德阵将方向性提高了约 73%,其方向性约为普通端射阵的 1.805 倍(2.56dB),但方向性的增加是以旁瓣电平增加约 4dB 为代价,因此,在阵列设计中,在方向性(半功率波束宽度)和旁瓣电平之间需要折中考虑。

为了表明式(8-35)和式(8-36)如果不满足式(8-37)和式(8-38)的条件,则不会导致方向性提高,在图 8-11 中给出了阵元间距不同的阵列的方向图,间距分别为 $d=\lambda/4(\beta=-3\pi/5)$ 和 $d=\lambda/2(\beta=-11\pi/10)$,虽然当 $d=\lambda/2$ 时,在 $\theta=0°$ 方向上有非常窄的波瓣,但是其后瓣大于主瓣,因为在 $d=\lambda/2$ 时不满足式(8-37)中 $|\psi|_{\theta=180°} \simeq \pi$ 的必要条件,有

$$|\psi| = (kd\cos\theta + \beta)\Big|_{\substack{\theta=180° \\ \beta=-\left(kd+\frac{\pi}{N}\right)}} = -\left(2kd + \frac{\pi}{N}\right)\Big|_{\substack{d=\lambda/2 \\ N=10}} = 2.1\pi \quad (8-41)$$

对于式(8-39)或式(8-40)所规定的以外的阵元间距,也会出现类似的情况。

为了更好地解释汉森-伍德条件,对式(8-35)进行简洁推导,阵元数为 N 的阵列阵因子由式(8-42)给出。

$$\mathrm{AF}_n = \frac{1}{N}\left\{\frac{\sin\left[\dfrac{N}{2}(kd\cos\theta + \beta)\right]}{\sin\left[\dfrac{1}{2}(kd\cos\theta + \beta)\right]}\right\} \quad (8-42)$$

当 $\psi(\psi = kd\cos\theta + \beta)$ 非常小时,可近似为

$$\mathrm{AF}_n \simeq \frac{\sin\left[\dfrac{N}{2}(kd\cos\theta + \beta)\right]}{\dfrac{N}{2}(kd\cos\theta + \beta)} \quad (8-43)$$

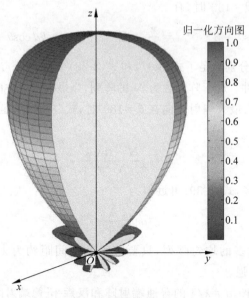

(a) 普通端射阵

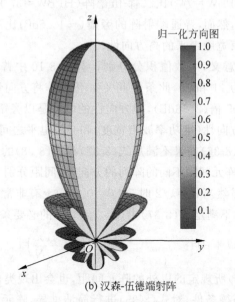

(b) 汉森-伍德端射阵

图 8-10　普通端射阵和汉森-伍德端射阵三维方向图（$N=10, d=\lambda/4$）

假设阵元间的渐进相移为

$$\beta = -pd \tag{8-44}$$

其中, p 为常数。式(8-43)则可以写成

$$AF_n = \left\{ \frac{\sin[q(k\cos\theta - p)]}{q(k\cos\theta - p)} \right\} = \frac{\sin(Z)}{Z} \tag{8-45}$$

其中

$$q = \frac{Nd}{2} \tag{8-46}$$

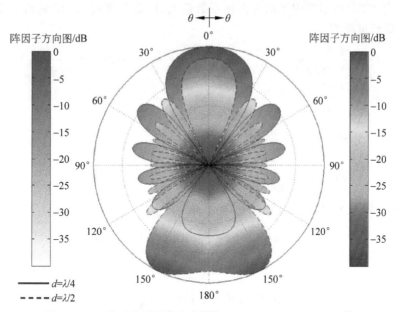

图 8-11 10 阵元阵因子的方向图 $[N=10, \beta = -(kd + \pi/N)]$

$$Z = q(k\cos\theta - p) \tag{8-47}$$

那么辐射强度为

$$U(\theta) = (\mathrm{AF}_n)^2 = \left[\frac{\sin(Z)}{Z}\right]^2 \tag{8-48}$$

当 $\theta = 0°$ 时，其值为

$$U(\theta)\big|_{\theta=0°} = \left\{\frac{\sin[q(k\cos\theta - p)]}{q(k\cos\theta - p)}\right\}^2 \bigg|_{\theta=0°} = \left\{\frac{\sin[q(k-p)]}{q(k-p)}\right\}^2 \tag{8-49}$$

将式(8-48)除以式(8-49)，归一化 $\theta = 0°$ 时的阵因子为

$$U(\theta)_n = \left\{\frac{q(k-p)}{\sin[q(k-p)]} \frac{\sin[q(k\cos\theta - p)]}{[q(k\cos\theta - p)]}\right\}^2 = \left[\frac{v}{\sin(v)} \frac{\sin(Z)}{Z}\right]^2 \tag{8-50}$$

其中

$$v = q(k-p) \tag{8-51}$$

$$Z = q(k\cos\theta - p) \tag{8-52}$$

阵因子的方向性系数为

$$D_0 = \frac{4\pi U_{\max}}{P_{\mathrm{rad}}} = \frac{U_{\max}}{U_0} \tag{8-53}$$

其中，U_0 为平均辐射强度，其值为

$$\begin{aligned}
U_0 &= \frac{P_{\mathrm{rad}}}{4\pi} = \frac{1}{4\pi}\int_0^{2\pi}\int_0^{\pi} U(\theta)\sin\theta\,\mathrm{d}\theta\,\mathrm{d}\phi \\
&= \frac{1}{2}\left[\frac{v}{\sin(v)}\right]^2 \int_0^{\pi}\left[\frac{\sin(Z)}{Z}\right]^2 \sin\theta\,\mathrm{d}\theta
\end{aligned} \tag{8-54}$$

结合式(8-46)和式(8-47)，式(8-54)变为

$$U_0 = \frac{1}{2}\left\{\frac{q(k-p)}{\sin[q(k-p)]}\right\}^2 \int_0^{\pi}\left\{\frac{\sin[q(k\cos\theta - p)]}{q(k\cos\theta - p)}\right\}^2 \sin\theta\,\mathrm{d}\theta \tag{8-55}$$

为了使式(8-53)所示阵因子的方向性系数最大,则必须使式(8-55)的值最小,式(8-55)执行积分运算后可化简为

$$U_0 = \frac{1}{2}\left[\frac{v}{\sin(v)}\right]^2\left\{\frac{\pi}{2}+\frac{[\cos(2v)-1]}{2v}+\mathrm{Si}(2v)\right\} = \frac{1}{2kq}g(v) \qquad (8\text{-}56)$$

其中

$$v = q(k-p) \qquad (8\text{-}57)$$

$$\mathrm{Si}(z) = \int_0^z \frac{\sin t}{t}\mathrm{d}t \qquad (8\text{-}58)$$

$$g(v) = \left[\frac{v}{\sin(v)}\right]^2\left\{\frac{\pi}{2}+\frac{[\cos(2v)-1]}{2v}+\mathrm{Si}(2v)\right\} \qquad (8\text{-}59)$$

函数 $g(v)$ 如图 8-12 所示,其最小值出现在

$$v = q(k-p) = \frac{Nd}{2}(k-p) = 1.46 \qquad (8\text{-}60)$$

因此有

$$\beta = -pd = -\left(kd + \frac{2.92}{N}\right) \qquad (8\text{-}61)$$

这便是在最大辐射方向为 $\theta=0°$ 时的端射辐射条件,即汉森-伍德条件与式(8-35)给出的一致,式(8-36)的推导过程类似。

通常,式(8-61)近似为

$$\beta = -\left(kd + \frac{2.92}{N}\right) \simeq -\left(kd + \frac{\pi}{N}\right) \qquad (8\text{-}62)$$

近似求得的 β 最小值为 -1.57,由于图 8-12 中最小值点附近的曲线非常平滑,与 -1.46 相差不大。

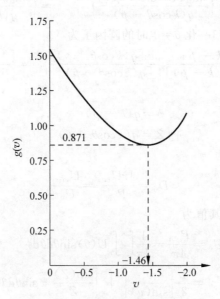

图 8-12　$g(v)$ 函数曲线图

8.3 面阵

除了沿线放置阵元形成线阵外,各阵元还可以沿矩形网格放置形成面阵,面阵有额外的变量控制阵列方向图的形状且具有更低的旁瓣和更对称的方向图。此外,天线的主波束可扫描空间中的任意点,所以广泛应用于雷达、遥感和通信。

8.3.1 阵因子

为推导面阵的阵因子,参考图 8-13。如图 8-13(a)所示,M 个阵元最初沿 x 轴放置,则阵因子为

$$\mathrm{AF} = \sum_{m=1}^{M} I_{m1} \mathrm{e}^{\mathrm{j}(m-1)(kd_x \sin\theta\cos\phi + \beta_x)} \tag{8-63}$$

其中,I_{m1} 为阵元的激励幅度;d_x 和 β_x 分别为阵元间距和渐进相位。假如 N 个线阵在 y 方向上彼此相邻放置,阵列间距离为 d_y 且渐进相位为 β_y,形成如图 8-13(b)所示的阵列,则上述面阵的阵因子为

$$\mathrm{AF} = \sum_{n=1}^{N} I_{n1} \left[\sum_{m=1}^{M} I_{m1} \mathrm{e}^{\mathrm{j}(m-1)(kd_x \sin\theta\cos\phi + \beta_x)} \right] \mathrm{e}^{\mathrm{j}(n-1)(kd_y \sin\theta\sin\phi + \beta_y)} \tag{8-64}$$

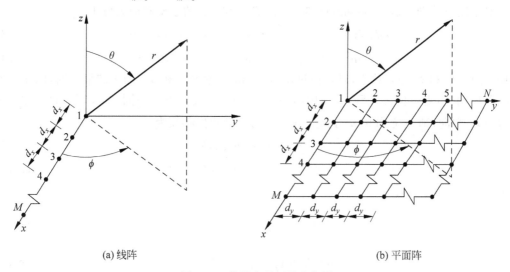

(a) 线阵   (b) 平面阵

图 8-13　线阵和平面阵几何图

可简化为

$$\mathrm{AF} = S_{xm} S_{yn} \tag{8-65}$$

$$S_{xm} = \sum_{m=1}^{M} I_{m1} \mathrm{e}^{\mathrm{j}(m-1)(kd_x \sin\theta\cos\phi + \beta_x)} \tag{8-66}$$

$$S_{yn} = \sum_{n=1}^{N} I_{1n} \mathrm{e}^{\mathrm{j}(n-1)(kd_y \sin\theta\cos\phi + \beta_y)} \tag{8-67}$$

上述公式说明了矩形阵列的方向图是 x 方向和 y 方向上阵列的阵因子的乘积。

假如 y 方向上各阵元的激励幅度与 x 方向上的成比例,则第 (m,n) 个阵元的激励幅

度为

$$I_{mn} = I_{m1}I_{1n} \tag{8-68}$$

如果整个阵列的激励幅度均匀($I_{mn}=I_0$),则式(8-64)可写为

$$\mathrm{AF} = I_0 \sum_{m=1}^{M} \mathrm{e}^{\mathrm{j}(m-1)(kd_x\sin\theta\cos\phi+\beta_x)} \sum_{n=1}^{N} \mathrm{e}^{\mathrm{j}(n-1)(kd_y\sin\theta\sin\phi+\beta_y)} \tag{8-69}$$

式(8-69)的归一化形式为

$$\mathrm{AF}_n(\theta,\phi) = \left[\frac{1}{M} \frac{\sin\left(\frac{M}{2}\psi_x\right)}{\sin\left(\frac{\psi_x}{2}\right)} \right] \left[\frac{1}{N} \frac{\sin\left(\frac{N}{2}\psi_y\right)}{\sin\left(\frac{\psi_y}{2}\right)} \right] \tag{8-70}$$

其中

$$\psi_x = kd_x\sin\theta\cos\phi + \beta_x \tag{8-71}$$

$$\psi_y = kd_y\sin\theta\sin\phi + \beta_y \tag{8-72}$$

当阵元间的间距大于或等于 $\lambda/2$ 时,出现多个相等幅度的最大值,主辐射方向的波瓣称为主瓣,其余的称为栅瓣,其定义为主瓣以外的波瓣,其实质为阵元间距足够大的阵列天线在多个方向上产生的同相辐射场,为了避免矩形阵列中出现栅瓣,必须满足和线性阵列相同的条件,在 x 方向和 y 方向上阵元间的间距必须小于 $\lambda/2$($d_x<\lambda/2$ 且 $d_y<\lambda/2$)。

对于矩形阵列,式(8-66)和式(8-67)中的 S_{xm} 和 S_{yn} 的主瓣和栅瓣位于

$$kd_x\sin\theta\cos\phi + \beta_x = \pm 2m\pi, \quad m = 0,1,2,\cdots \tag{8-73}$$

$$kd_y\sin\theta\sin\phi + \beta_y = \pm 2n\pi, \quad n = 0,1,2,\cdots \tag{8-74}$$

其中,相位 β_x 和 β_y 相互独立,且可通过调节 β_x 和 β_y 使 S_{xm} 和 S_{yn} 的主波束不同,但在大多数实际应用中,需要使 S_{xm} 和 S_{yn} 的锥形主波束相交且辐射方向相同,如要求主波束沿 $\theta = \theta_0$、$\phi = \phi_0$ 方向,则 x 方向和 y 方向上阵元间的渐进相位必须为

$$\beta_x = -kd_x\sin\theta_0\cos\phi_0 \tag{8-75}$$

$$\beta_y = -kd_y\sin\theta_0\cos\phi_0 \tag{8-76}$$

同时求解,将其变换为

$$\tan\phi_0 = \frac{\beta_y d_x}{\beta_x d_y} \tag{8-77}$$

$$\sin^2\theta_0 = \left(\frac{\beta_x}{kd_x}\right)^2 + \left(\frac{\beta_y}{kd_y}\right)^2 \tag{8-78}$$

主瓣($m=0$,$n=0$)和栅瓣则位于

$$kd_x(\sin\theta\cos\phi - \sin\theta_0\cos\phi_0) = \pm 2m\pi, \quad m = 0,1,2,\cdots \tag{8-79}$$

$$kd_y(\sin\theta\sin\phi - \sin\theta_0\sin\phi_0) = \pm 2n\pi, \quad n = 0,1,2\cdots \tag{8-80}$$

或

$$\sin\theta\cos\phi - \sin\theta_0\cos\phi_0 = \pm\frac{m\lambda}{d_x}, \quad m = 0,1,2,\cdots \tag{8-81}$$

$$\sin\theta\sin\phi - \sin\theta_0\sin\phi_0 = \pm\frac{n\lambda}{d_y}, \quad n = 0,1,2,\cdots \tag{8-82}$$

同时求解,可得

$$\phi = \arctan \frac{\sin\theta_0 \sin\phi_0 \pm n\lambda/d_y}{\sin\theta_0 \cos\phi_0 \pm m\lambda/d_x} \tag{8-83}$$

$$\theta = \arcsin\left(\frac{\sin\theta_0 \cos\phi_0 \pm m\lambda/d_x}{\cos\phi}\right) = \arcsin\left(\frac{\sin\theta_0 \sin\phi_0 \pm n\lambda/d_y}{\sin\phi}\right) \tag{8-84}$$

因此,为产生栅瓣,需要同时满足式(8-84)中的两种形式(即导致相同的 θ 值)。

假设每个阵元是各向同性源,则可以推导出面阵的阵因子,如果是相同阵元的阵列,则可以通过与线性阵列类似的方向图乘积定理得到阵列的总场。

8.3.2　波束宽度

假设阵列的锥形主波束指向如图 8-14 所示的 θ_0、ϕ_0,要定义波束宽度,必须选择两个平面,其中一个为 $\phi = \phi_0$ 定义的高度平面,另一个为与其垂直的平面,相应平面的半功率波束宽度分别由 Θ_h 和 Ψ_h 表示。例如,如果阵列的波束方向指向 $\theta_0 = \pi/2, \phi_0 = \pi/2$,则 Θ_h 表示 yOz 平面的波束宽度,Ψ_h 表示 xOy 平面的波束宽度。

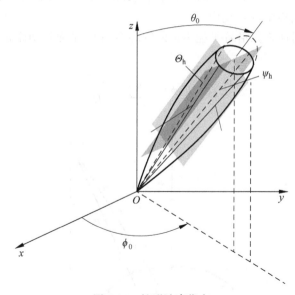

图 8-14　锥形波束指向

对于辐射方向近似为边射的大阵列,仰角平面的半功率波束宽度 Θ_h 近似为

$$\Theta_h = \sqrt{\frac{1}{\cos^2\theta_0 (\Theta_{x0}^{-2} \cos^2\phi_0 + \Theta_{y0}^{-2} \sin^2\phi_0)}} \tag{8-85}$$

其中,Θ_{x0} 表示 M 个阵元的边射线性阵列的半功率波束宽度;同理,Θ_{y0} 表示 N 个阵元的边射线性阵列的半功率波束宽度。

对于正方形阵列($M = N, \Theta_{x0} = \Theta_{y0}$),式(8-85)简化为

$$\Theta_h = \Theta_{x0} \sec\theta_0 = \Theta_{y0} \sec\theta_0 \tag{8-86}$$

式(8-86)表明,$\theta_0 > 0$ 对于波束宽度随 $\sec\theta_0$ 成比例增加,而 $\sec\theta_0$ 随着 θ_0 的增加而增加,与阵列在波束方向上投影面积的减小相一致。

与 $\phi = \phi_0$ 相垂直的平面的半功率波束宽度为

$$\Psi_{\mathrm{h}} = \sqrt{\frac{1}{\sqrt{\Theta_{x0}^{-2}\sin^2\phi_0 + \Theta_{y0}^{-2}\cos^2\phi_0}}} \tag{8-87}$$

其与 θ_0 无关,对于正方形阵列,式(8-87)可简化为

$$\Psi_{\mathrm{h}} = \Theta_{x0} = \Theta_{y0} \tag{8-88}$$

对于面阵,波束立体角定义为

$$\Omega_A = \Theta_{\mathrm{h}}\Psi_{\mathrm{h}} \tag{8-89}$$

结合式(8-85)和式(8-87),式(8-89)可写为

$$\Omega_A = \frac{\Theta_{x0}\Theta_{y0}\sec\theta_0}{\sqrt{\sin^2\phi_0 + \dfrac{\Theta_{y0}^2}{\Theta_{x0}^2}\cos^2\phi_0}\sqrt{\sin^2\phi_0 + \dfrac{\Theta_{x0}^2}{\Theta_{y0}^2}\cos^2\phi_0}} \tag{8-90}$$

8.4　圆阵

圆形阵列(圆阵)是一种非常实用的阵列结构,多年来广泛应用于无线电侦测、航空航天导航、地下传播、雷达、声呐等系统中。

假设 N 个各向同性阵元沿着半径为 a 的圆环在 xOy 平面等间距排列,如图 8-15 所示,其归一化场为

$$E_{\mathrm{n}}(r,\theta,\phi) = \sum_{n=1}^{N} a_n \frac{\mathrm{e}^{-\mathrm{j}kR_n}}{R_n} \tag{8-91}$$

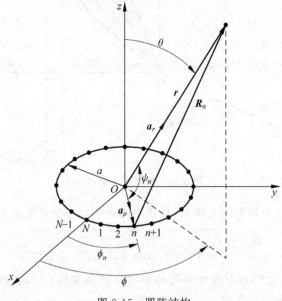

图 8-15　圆阵结构

其中,R_n 为第 n 个阵元到原点的距离,计算式为

$$R_n = \sqrt{(r^2 + a^2 - 2ar\cos\psi)} \tag{8-92}$$

若 $r \gg a$,则式(8-92)简化为

$$R_n \simeq r - a\cos\psi_n = r - a(\boldsymbol{a}_\rho \cdot \boldsymbol{a}_r) = r - a\sin\theta\cos(\phi - \phi_n) \tag{8-93}$$

假设 $R_n \simeq r$，则式(8-91)简化为

$$E_n(r,\theta,\phi) = \frac{\mathrm{e}^{-\mathrm{j}kr}}{r} \sum_{n=1}^{N} a_n \mathrm{e}^{\mathrm{j}ka\sin\theta\cos(\phi-\phi_n)} \tag{8-94}$$

其中，a_n 为第 n 个阵元的激励系数(幅度和相位)；$\phi_n = 2\pi(n/N)$，为第 n 个阵元在 xOy 平面中的角度。通常，第 n 个阵元的激励系数可写为

$$a_n = I_n \mathrm{e}^{\mathrm{j}\alpha_n} \tag{8-95}$$

其中，I_n 为第 n 个阵元的激励幅度；α_n 为第 n 个阵元的激励相位(相对于阵列中心)。结合式(8-95)，式(8-94)可以写为

$$E_n(r,\theta,\phi) = \frac{\mathrm{e}^{-\mathrm{j}kr}}{r}[\mathrm{AF}(\theta,\phi)] \tag{8-96}$$

其中

$$\mathrm{AF}(\theta,\phi) = \sum_{n=1}^{N} I_n \mathrm{e}^{\mathrm{j}[ka\sin\theta\cos(\phi-\phi_n)+\alpha_n]} \tag{8-97}$$

式(8-97)为 N 个等间距阵元的圆形阵列的阵列因子，为将主波束指向 (θ_0,ϕ_0) 方向，第 n 个阵元的激励相位应为

$$\alpha_n = -ka\sin\theta_0\cos(\phi_0-\phi_n) \tag{8-98}$$

因此，式(8-97)的阵因子为

$$\begin{aligned}
\mathrm{AF}(\theta,\phi) &= \sum_{n=1}^{N} I_n \mathrm{e}^{\mathrm{j}ka[\sin\theta\cos(\phi-\phi_n)-\sin\theta_0\cos(\phi_0-\phi_n)]} \\
&= \sum_{n=1}^{N} I_n \mathrm{e}^{\mathrm{j}ka[\cos\psi-\cos\psi_0]}
\end{aligned} \tag{8-99}$$

为了使式(8-99)更简洁，定义 ρ_0 为

$$\rho_0 = a\sqrt{(\sin\theta\cos\phi - \sin\theta_0\cos\phi_0)^2 + (\sin\theta\sin\phi - \sin\theta_0\sin\phi_0)^2} \tag{8-100}$$

因此，式(8-99)中的指数形式为

$$ka(\cos\psi - \cos\psi_0) = \frac{k\rho_0[\sin\theta\cos(\phi-\phi_n) - \sin\theta_0\cos(\phi_0-\phi_n)]}{\sqrt{(\sin\theta\cos\phi - \sin\theta_0\cos\phi_0)^2 + (\sin\theta\sin\phi - \sin\theta_0\sin\phi_0)^2}} \tag{8-101}$$

展开化简可得

$$\begin{aligned}
&ka(\cos\psi - \cos\psi_0) \\
&= k\rho_0 \left[\frac{\cos\phi_n(\sin\theta\cos\phi - \sin\theta_0\cos\phi_0) + \sin\phi_n(\sin\theta\sin\phi - \sin\theta_0\sin\phi_0)}{\sqrt{(\sin\theta\cos\phi - \sin\theta_0\cos\phi_0)^2 + (\sin\theta\sin\phi - \sin\theta_0\sin\phi_0)^2}} \right]
\end{aligned} \tag{8-102}$$

定义

$$\cos\xi = \frac{\sin\theta\cos\phi - \sin\theta_0\cos\phi_0}{\sqrt{(\sin\theta\cos\phi - \sin\theta_0\cos\phi_0)^2 + (\sin\theta\sin\phi - \sin\theta_0\sin\phi_0)^2}} \tag{8-103}$$

则

$$\sin\xi = \sqrt{1-\cos^2\xi} = \frac{\sin\theta\sin\phi - \sin\theta_0\sin\phi_0}{\sqrt{(\sin\theta\cos\phi - \sin\theta_0\cos\phi_0)^2 + (\sin\theta\sin\phi - \sin\theta_0\sin\phi_0)^2}} \tag{8-104}$$

于是，式(8-102)和式(8-99)分别为

$$ka(\cos\psi - \cos\psi_0) = k\rho_0(\cos\phi_n\cos\xi + \sin\phi_n\sin\xi) = k\rho_0\cos(\phi_n-\xi) \tag{8-105}$$

$$\mathrm{AF}(\theta,\phi) = \sum_{n=1}^{N} I_n \mathrm{e}^{jka[\cos\psi - \cos\psi_0]} = \sum_{n=1}^{N} I_n \mathrm{e}^{jk\rho_0 \cos(\phi_n - \xi)} \tag{8-106}$$

其中

$$\xi = \arctan\left(\frac{\sin\theta\sin\phi - \sin\theta_0\sin\phi_0}{\sin\theta\cos\phi - \sin\theta_0\cos\phi_0}\right) \tag{8-107}$$

对于每个阵元等幅激励($I_n = I_0$)的圆阵,式(8-106)可写为

$$\mathrm{AF}(\theta,\phi) = N I_0 \sum_{m=-\infty}^{+\infty} J_{mN}(k\rho_0) \mathrm{e}^{jmN(\pi/2 - \xi)} \tag{8-108}$$

其中,$J_p(x)$为第一类贝塞尔函数,与零阶贝塞尔函数$J_0(k\rho_0)$相关联的阵因子的部分称为主项,其余称为次项。对于阵元数非常多的圆阵,$J_0(k\rho_0)$项可以近似为二维平面的方向图,式(8-108)中的其余项可忽略不计,因为较大阶的贝塞尔函数非常小。

8.5 相控阵基本原理

通常要求天线主光束方向随时间变化,称为扫描。扫描分为机械扫描和电扫描,通过旋转整个天线实现机械扫描,天线可以是任何类型的天线,但通常是反射面天线或固定相控阵。然而,机械扫描需要大且昂贵的定位系统,并且机械扫描速度通常太慢。另一种是电扫描,方法是使用相控阵,阵列中每个阵元的相位(或时延)被控制,以控制空间中的方向图,相控阵具有电子速度、无惯性扫描的优势,并且能够同时跟踪多个目标(用户),通常,阵元的幅度和相位用于控制低旁瓣或主光束赋形。相控阵列可用于雷达、传感和通信,在雷达中,可以跟踪目标以获得用于监视的角坐标;在通信中,阵列方向图可以随移动用户位置的改变而改变。

天线的场相位呈线性变化时,其波束指向将发生偏移,以沿z轴的直线阵为例,为了让阵因子表达式通用化,考虑线性相位α_n和非线性相位δ_n,同时阵元处于空间中的任意位置,其阵因子表达式为

$$\mathrm{AF} = \sum_{n=0}^{N-1} I_n \mathrm{e}^{j\xi_n} = \sum_{0}^{N-1} A_n \mathrm{e}^{j(\alpha_n + \delta_n)} \mathrm{e}^{j\xi_n} \tag{8-109}$$

放置在z轴z_n处的第n个阵元的空间相位为

$$\xi_n = \beta z_n \cos\theta \tag{8-110}$$

第n个阵元的幅度和相位分别为A_n和$\alpha_n + \delta_n$,相位α_n随阵列的位置线性变化,并确定主波束的方向。

$$\alpha_n = -\beta z_n \cos\theta_0 \tag{8-111}$$

对于等间距阵列,$z_n = nd$ 且 $\alpha_n = n\alpha$,$\alpha = -\beta\cos\theta_0$。

当阵列的方向图扫描到边射方向时,主波束变宽,称为波束展宽。用 5 个阵元间距为0.4λ 的各向同性元解释上述现象,图 8-16 给出了增加偏离边射扫描的方向图,随着扫描角度偏离边射方向,主波束的宽度明显增加,意味着逐渐减弱。在设计相控阵时须考虑阵元间距的影响,阵元间距过大时,栅瓣的出现会限制相控阵的性能。因此,最大阵元间距$d_{\max}$为

$$\psi = kd(\cos\theta + \beta) = kd(\cos\theta + |\cos\theta_0|)\big|_{\theta=0, d=d_{\max}} < 2\pi$$

$$\Rightarrow d_{\max} < \frac{\lambda}{(1 + |\cos\theta_0|)}$$

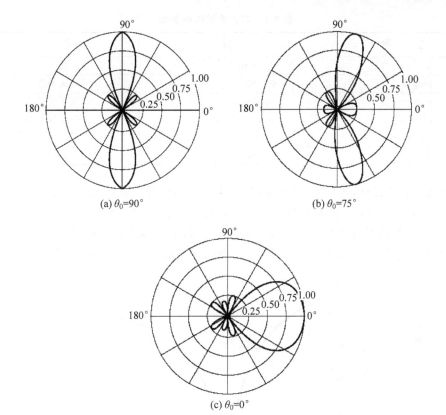

(a) $\theta_0=90°$　　(b) $\theta_0=75°$

(c) $\theta_0=0°$

图 8-16　主波束扫描方向图

8.6　仿真实例

为了深入了解阵列天线的性能,用二元线阵做简单说明。选择偶极子天线作为阵元,对其辐射特性进行分析,基于 HFSS 13.0 建立如图 8-17 所示的模型,阵元沿 y 轴垂直放置,选择合适的阵元间距以获得良好的方向图特性,详细的参数如表 8-1 所示。

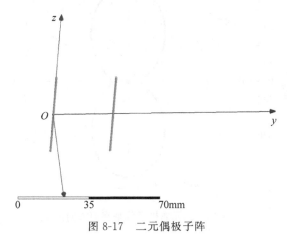

图 8-17　二元偶极子阵

表 8-1　二元天线详细参数

参　数	值	描　述
λ	100mm	波长
length	0.48λ	天线长度
gap	0.24mm	振子臂间距
dip_length	length/2－gap/2	振子臂长度
dip_radius	$\lambda/200$	振子臂半径
M	30mm	阵元间距

　　为了便于仿真设计，两个振子都采取等幅同相馈电，因此需要在 Edit Sources 选项中把两个端口的 Scaling Factor 都设为 1，然后对仿真结果进行分析。偶极子阵的回波损耗如图 8-18 所示。－10dB 阻抗带宽约为 240MHz(2.68～2.92GHz)，垂直面方向图如图 8-19 所示，与单个偶极子的增益 2.15dB 相比，可以明显发现阵列的增益提高，方向性增强。

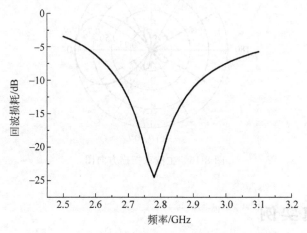

图 8-18　二元偶极子阵回波损耗

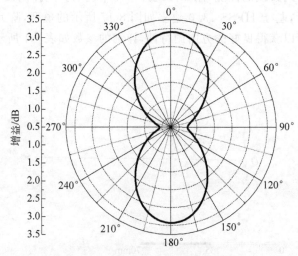

图 8-19　二元偶极子阵垂直面方向图

第 9 章

几种实用天线

9.1 手机天线

近年来,随着移动通信技术的迅猛发展以及无线电设备的广泛应用,天线作为一种定向发射和接收电磁波的能量转换器,已经成为无线通信系统中必不可少的组成部分。如今,移动通信系统正快速朝着 5G(或未来 6G)时代迈进,全球数十亿人使用的移动终端——手机,在移动互联网系统中具有举足轻重的地位,因此工业界研发出具有小型化、宽频段、多频带特性的手机天线显得越发迫切。

9.1.1 手机天线有源参数

1. 比吸收率

比吸收率(Specific Absorption Rate,SAR)是移动电话设计中的一个重要参数,需要遵循国家和国际法规,是手机等移动终端产品的电磁波能量吸收比值。外电磁场的作用导致人体内部产生感应电磁场,而人体内的各个组织器官均是有耗介质,这样会使人体内的电磁场产生电流,引起吸收和消散电磁能量,所以 SAR 值表示单位质量的人体组织吸收或耗散的电磁功率,单位是 W/kg,表示为

$$\mathrm{SAR} = \frac{\mathrm{d}P}{\mathrm{d}m} = \frac{\mathrm{d}P}{\rho_{\mathrm{D}}\mathrm{d}V} \tag{9-1}$$

其中,$\mathrm{d}P$ 为微小体积内的吸收功率;$\mathrm{d}m$ 为质量微分;$\mathrm{d}V$ 为体积微分;ρ_{D} 为人体组织质量密度(单位为 $\mathrm{kg/m^3}$)。

SAR 用电场则可表示为

$$\mathrm{SAR} = \frac{\sigma \mid \boldsymbol{E}(\boldsymbol{r}) \mid^2}{\rho_{\mathrm{D}}} \tag{9-2}$$

其中,σ 为人体组织的电导率(在不同的生物组织内有所不同,单位为 S/m);$\boldsymbol{E}(\boldsymbol{r})$ 为人体组织内观察点 $\boldsymbol{r}$ 处的均方根电场强度(单位为 V/m)。目前,国内外对手机辐射 SAR 的衡量使用 1g 和 10g 的两种平均计量单位,一种是美国采用的 FCC 标准 1.6W/kg(1g),另一种是欧洲采用的标准 2.0W/kg(10g)。美国标准较为严格,手机 SAR 值不超过 FCC 标准才可获得批准进行售卖。外置天线通常具有出色的带宽和效率性能,但具有较高的 SAR 值,当手机移动到用户头部附近时,SAR 值经常超过 FCC 的 1.6W/kg 的限制,因此内置天线

更适合设计低 SAR 值的要求。

2. 总全向辐射功率和总全向接收灵敏度

有效全向辐射功率（Effective Isotropic Radiated Power，EIRP）和有效全向灵敏度（Effective Isotropic Sensitivity，EIS）都是描述某一方向上手机辐射或接收性能的强弱，EIRP 与手机射频功率（Sensitivity）、天线增益（Gain）之间存在如下关系。

$$\mathrm{EIRP_{peak}(dBm)} = \mathrm{Sensitivity(dBm)} + \mathrm{Gain(dBi)} \tag{9-3}$$

EIS 与手机射频功率、天线增益之间的关系可表示为

$$\mathrm{EIS_{peak}(dBm)} = \mathrm{Sensitivity(dBm)} - \mathrm{Gain(dBi)} \tag{9-4}$$

由式（9-3）可知，EIRP 越大，手机天线的辐射性能越好。由式（9-4）可知，EIS 越小，天线的灵敏度越高，意味着手机能接收到更弱的信号。

假定天线的辐射方向图用辐射强度 $R(\theta,\phi)$ 表示，其中 θ 和 ϕ 是球坐标中的标准变量，辐射强度 R 的国际单位为 W/Sr，总全向辐射功率（Total Radiated Power，TRP）是对辐射方向图 R 的球积分，即

$$\mathrm{TRP} = \int_{\theta=0}^{2\pi}\int_{\phi=0}^{\pi} R(\theta,\phi)\sin\theta \mathrm{d}\theta \mathrm{d}\phi \tag{9-5}$$

其中，TRP 的单位是 W。在暗室中测量总辐射功率时，实际测量的是每个角的有效全向辐射功率（EIRP）的球面平均值，它反映了整个手机的发射功率，与手机在传导情况下的发射功率和天线辐射性能相关。这是衡量手机射频传输性能的指标，单位为 dBm，由 EIRP 求 TRP 的表达式为

$$\mathrm{TRP} = \frac{1}{4\pi}\int_{\theta=0}^{2\pi}\int_{\phi=0}^{\pi} \mathrm{EIRP}(\theta,\phi)\sin\theta \mathrm{d}\theta \mathrm{d}\phi \tag{9-6}$$

为了准确地捕捉辐射功率，需要测量垂直或水平（ϕ 或 θ 分量）极化功率，则式（9-6）可按线极化功率拆为两项，表示为

$$\mathrm{TRP} = \frac{1}{4\pi}\int_{\theta=0}^{2\pi}\int_{\phi=0}^{\pi} \left[\mathrm{EIRP}_\theta(\theta,\phi) + \mathrm{EIRP}_\phi(\theta,\phi)\right]\sin\theta \mathrm{d}\theta \mathrm{d}\phi \tag{9-7}$$

其中，EIRP_θ 和 EIRP_ϕ 分别为 EIRP 的 θ 分量和 ϕ 分量值。

如果用 EIRP 的采样值计算 TRP，则式（9-5）可用近似和的形式表示为

$$\mathrm{TRP} \approx \frac{\pi}{2NM}\sum_{n=0}^{N-1}\sum_{m=0}^{M-1}\left[\mathrm{EIRP}_\theta(\theta_n,\phi_m) + \mathrm{EIRP}_\phi(\theta_n,\phi_m)\right]\sin\theta_n \tag{9-8}$$

其中，沿 θ 轴在 n 个位置采样 EIRP，沿 ϕ 轴在 m 个位置采样 EIRP（共测量 $N \times M$ 个点）。

总全向接收灵敏度（Total Isotropic Sensitivity，TIS）是指手机在整个辐射球面上的接收灵敏度的平均值，相对于传导接收灵敏度概念而言。TIS 不但考虑了天线的匹配因素，还考虑了三维空间中接收机的接收性能，所以可以更全面地衡量手机接收机的接收能力，TIS 越小越好。TIS 的计算式为

$$\mathrm{TIS} = \frac{4\pi}{\displaystyle\int_{\theta=0}^{2\pi}\int_{\phi=0}^{\pi}\left[\frac{1}{\mathrm{EIS}_\theta(\theta,\phi)} + \frac{1}{\mathrm{EIS}_\phi(\theta,\phi)}\right]\sin\theta \mathrm{d}\theta \mathrm{d}\phi} \tag{9-9}$$

其中，EIS_θ 和 EIS_ϕ 分别代表有效全向灵敏度的 θ 分量和 ϕ 分量值。

9.1.2 手机天线的相关技术

下面列举几种手机天线的相关技术。

1. 天线的小型化技术

近年来,随着集成电路技术的高速发展,手机电路中出现了更多、更复杂的集成模块。天线作为手机中最重要的通信器件,如何适应小型化发展的趋势,更进一步缩小自身体积,是近年来一直在研究探讨的课题。目前,对天线的小型化技术研究结果表明主要有以下几种方式:(1)通过改变天线电流流向,使天线的有效长度大于实际长度,从而实现小型化,如通过基板开槽改变电流流向和长度、通过可重构技术改变天线工作模式等;(2)通过加载负载改变电流分布,调谐阻抗匹配实现小型化,如集总元件加载、分布元件加载以及某种介质材料加载等。另外,选择不同介质的基底材料加载匹配网络也能够缩小天线的体积。

2. 天线宽带化技术

一般情况下,输入阻抗对频率的变化最敏感,只要输入阻抗能够满足设计需求,其他指标也能满足要求。因此,通常以电压驻波系数值小于某一给定值所对应的频率范围作为天线的阻抗带宽。天线的带宽一般分为窄带、宽带和超宽带 3 类。国内外展宽天线带宽的方法主要从以下几个方面实现:(1)增加基板的厚度,选择介质损耗较大的基板或使用相对介电常数较小的基板都能增加天线的带宽;(2)采用开槽技术生成天线的渐变结构,进行阻抗的变换,提高天线的带宽;(3)在天线附近增加寄生耦合贴片及层叠微带贴片,也能非常好地扩展天线的带宽。

目前,在移动终端的设计过程中,一般以拓展其工作带宽为主。众所周知,天线的工作性能和天线的尺寸总是一对相互矛盾的物理要求,为了使尺寸较小的天线具有更宽的工作频率范围,在天线的工程设计过程中,常采用天线的基本原型加上多枝节法、耦合寄生法以及集总加载法等辅助手段。

多枝节法是手机天线多频技术中最常用的一种方法,当手机上有足够的空间用来设计天线时,通过在平面倒 F 天线上衍生出多个枝节,可以使天线覆盖多个频段。耦合寄生法也常被应用于天线设计过程中,方法是通过在主天线附近添加寄生耦合单元,使其通过短路金属带与地直接连接,并且与天线的主要辐射部分没有直接的空间接触,而是通过电磁耦合的方式相互作用。一般使用寄生耦合单元的方法能够使天线高频工作频带实现较大的带宽,但同时也会导致主天线产生性能损失。另外,在天线设计过程中出现空间不够用的情况,且在带宽内天线的工作性能不够理想时,常采用加载集总元件电感或电容的方法提高天线微带的有效电长度,从而改善天线特性阻抗与系统阻抗的匹配度。

3. 多输入多输出天线

对于无线通信领域,在高速通信网络环境下,人们一直在寻求能够达到更广泛的覆盖范围、更高速的传输速率的可靠解决方案,而多输入多输出(Multiple-Input Multiple-Output,MIMO)天线追求的是高速率、低延时,不需要增大发射功率,也不需要使用更大的频谱。因此,MIMO 天线无疑是最适合提供这种创新性方案的解决途径。手机内留给 MIMO 天线的施展空间十分有限,这给 MIMO 天线的设计带来了极大的挑战。目前,亟待解决的就是解耦问题。国内外对减小天线间互耦的研究有不少见解,但仍然存在下列问题:(1)通过解耦网络可以减小互耦,但是需要配置匹配网络,这样会增加成本,也不利于展宽带宽;(2)添加寄生单元需要额外占用系统空间,不利于天线的小型化;(3)加载地板缝隙或中和线只适用于窄带;(4)利用垂直极化可以减小互耦,但不适应低频带宽等。

MIMO 天线实际就是利用信道的空间分集和空间复用技术形成的天线,即利用多个独立的天线产生多个并行的子信道,从而提高信道容量。因此,MIMO 天线的核心就是多天线技术,相比于传统的单发单收天线,MIMO 技术的优点在于系统的发射端和接收端都采用了多个天线,即在原有的基础上增加了空间复用,空间复用就是多个收发天线接收和发送不同的信号,从而获得或发送多个数据流。在发送端口,这些数据流被分成从 M_T 个数据流并被 N_T 根天线发射出去,这些信号在传播过程中产生多径效应,再由 N_R 根接收天线进行接收,从而获得空间分集特性。图 9-1 所示为 MIMO 系统原理框图。

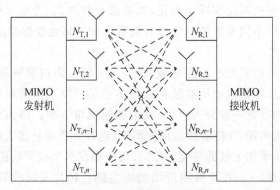

图 9-1 MIMO 系统原理框图

在 t 时刻,N_T 根发射天线和 N_R 根接收天线构成了一个 $N_T \times N_R$ 信道矩阵,理想情况下若不考虑干扰,接收信号端信号的时域表示为

$$Y(t) = H(t) \otimes S(t) \tag{9-10}$$

$$Y(t) = \{y_1(t), y_2(t), \cdots, y_{N_T}(t)\} \tag{9-11}$$

$$S(t) = \{s_1(t), s_2(t), \cdots, s_{N_R}(t)\} \tag{9-12}$$

$$H(t) = \begin{bmatrix} h_{11} & \cdots & h_{1N_{R1}} \\ \vdots & \ddots & \vdots \\ h_{N_{T1}} & \cdots & h_{N_T N_R} \end{bmatrix} \tag{9-13}$$

其中,h_{ij} 为信道衰落系数,即第 i 根发射天线到第 j 根接收天线的复传输系数。

根据系统模型,在 MIMO 的相关系数小于 0.5 时,天线阵元之间相关性的影响对信道容量的影响是可以接受的。对信道矩阵 H 的 MIMO 通信系统的信道容量计算式为

$$C = \mathrm{lb}\left[\det\left(I_{\min(N_T, N_R)} + \frac{\rho}{N_T} HH^H\right)\right] \tag{9-14}$$

其中,ρ 为信噪比;上标 H 表示矩阵 H 转置后的共轭复数。式(9-14)是在信道系数幅度不变的情况下得到的,但在实际情况下,信道的系数是不定的,因此取平均值为

$$\bar{C} = E\left\{C = \mathrm{lb}\left[\det\left(I_{\min(N_T, N_R)} + \frac{\rho}{N_T} HH^H\right)\right]\right\} \tag{9-15}$$

当天线的数量较多时,有

$$C = \min[(N_T, N_R)\log_2(1 + \rho)] \tag{9-16}$$

由式(9-14)可知,信道容量和天线数量存在直接关系,发射天线数和接收天线数中较少的一方决定天线的信道容量。因此,对比单发单收天线,可以得出结论：MIMO天线不需要增加带宽,就可以成倍地提高通信系统的信道容量。

9.1.3　手机天线结构及5G频谱

手机天线主要有外置型与内置型两种,如图9-2所示。在早期手机天线的设计方案中,因为手机外置型天线具备成本低廉、制作工艺简单、频带带宽相对较宽等优势,所以受到诸多手机厂商的青睐。常用的外置型手机天线有鞭状天线,但鞭状天线也有明显的缺点。因为天线长期暴露于外界,容易受到损伤而影响信号,因此,内置型天线被广泛应用于手机中。

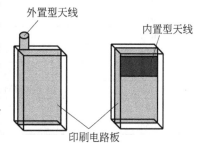

图 9-2　手机天线的形式

5G频谱分为FR1和FR2两个区域,FR就是Frequency Range的意思,即频率范围。FR1的频率范围为450MHz～6GHz,也称为Sub6G(低于6GHz)。FR2的频率范围为24～52GHz,这段频谱的电磁波波长大部分都是毫米级的,因此也称为毫米波(mmWave)(严格来说,大于30GHz才叫毫米波)。

针对5G频段范围定义在3GPP TS 38.104标准中,该标准确定了5G NR(New Radio)基站的最低射频特性和最低性能要求(也可以从TS 38.101-1和TS 38.101-2获得5G频段信息)。频分双工(Frequency Division Duplexing,FDD)和时分双工(Time Division Duplexing,TDD)是移动通信系统中的两大双工制式。在4G中,针对FDD与TDD分别划分了不同的频段,在5G NR中也同样为FDD与TDD划分了不同的频段,同时还引入了新的补充下行(Supplement Downlink,SDL)与补充上行(Supplement Uplink,SUL)频段。5G NR的频段号以"n"开头,与LTE的频段号以"B"开头不同。目前,3GPP指定的5G NR频段如表9-1和表9-2所示。

表 9-1　5G 的 Sub 6GHz 频段

NR 频段号	上行频段手机发射/基站接收	下行频段手机接收/基站发射	双 工 模 式
n1	1920～1980MHz	2110～2170MHz	FDD
n2	1850～1910MHz	1930～1990MHz	FDD
n3	1710～1785MHz	1805～1880MHz	FDD
n5	824～849MHz	869～894MHz	FDD
n7	2500～2570MHz	2620～2690MHz	FDD
n8	880～915MHz	925～960MHz	FDD
n20	832～862MHz	791～821MHz	FDD
n28	703～748MHz	758～803MHz	FDD
n38	2570～2620MHz		TDD
n41	2496～2690MHz		TDD
n50	1432～1517MHz		TDD
n51	1427～1432MHz		TDD
n66	1710～1780MHz	2110～2200MHz	FDD
n70	1695～1710MHz	1995～2020MHz	FDD

续表

NR 频段号	上行频段手机发射/基站接收	下行频段手机接收/基站发射	双工模式
n71	663~698MHz	617~652MHz	FDD
n74	1427~1470MHz	1475~1518MHz	FDD
n75	N/A	1432~1517MHz	SDL
n76	N/A	1427~1432MHz	SDL
n77	3300~4200MHz		TDD
n78	3300~3800MHz		TDD
n79	4400~5000MHz		TDD
n80	1710~1785MHz	N/A	SUL
n81	880~915MHz	N/A	SUL
n82	832~862MHz	N/A	SUL
n83	703~748MHz	N/A	SUL
n84	1920~1980MHz	N/A	SUL

表 9-2　5G 的毫米波频段

NR 频段号	上行/下行频段	双工模式
n257	26500~29500MHz	TDD
n258	24250~27500MHz	TDD
n260	37000~40000MHz	TDD

FR1 的优点是频率低、绕射能力强、覆盖效果好,是当前 5G 的主用频谱。FR1 主要作为基础覆盖频段,最大支持 100Mb/s 的带宽。其中低于 3GHz 的部分,包括了现网在用的 2G、3G 和 4G 的频谱,在建网初期可以利用旧站址的部分资源实现 5G 网络的快速部署。

FR2 的优点是超大带宽、频谱干净、干扰较小,作为 5G 后续的扩展频率。FR2 主要作为容量补充频段,最大支持 400Mb/s 的带宽,未来很多高速应用都会基于此段频谱实现, 5G 高达 20Gb/s 的峰值速率也是基于 FR2 的超大带宽。

5G NR 包含了部分 LTE 频段,也新增了一些频段(n50、n51、n70 及以上)。目前,全球最有可能部署的 5G 频段为 n77、n78、n79、n257、n258 和 n260,就是 3.3~4.2GHz、4.4~ 5.0GHz 和毫米波频段 26/40/47/70GHz,如图 9-3 所示。

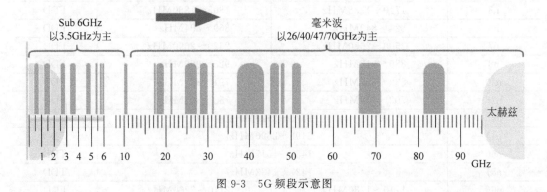

图 9-3　5G 频段示意图

9.1.4 PIFA 与单极子天线

早期最基本的两种内置型天线就是平面倒 F 天线(Planar Inverted-F Antenna,PIFA)与单极子(Monopole)天线。PIFA 由于其体积小、重量轻、辐射性能好等特性,已经被广泛应用于手机等移动终端,并且国内外对 PIFA 进行了大量的研究。PIFA 的结构如图 9-4 所示,主要包括辐射贴片、接地平面、同轴馈线与短路金属片,通常辐射贴片是铜箔。PIFA 是从线性倒 F 天线(Inverted-F Antenna,IFA)改进而来,将 IFA 的细导线改为具有一定宽度的金属贴片,可以减小分布电感值,增大分布电容值,从而提高天线的 Q 值,使 PIFA 的带宽相对 IFA 有所提高。另外,PIFA 相对外置型天线能够减少辐射方向为用户头部的电磁波能量,使正向辐射性能得到提高。因为这些优势,很多不同的 PIFA 被设计出来,包括双频 GSM/PCS 天线、GSM/DCS/PCS 三频天线,甚至通过改变辐射贴片的形状得到应用于 GSM/PCS/WLAN 三频的手机天线。虽然 PIFA 有成本与性能的优势,但其也存在较明显的带宽偏窄的问题,为了解决带宽偏窄问题,很多文献提供了解决方法,包括使用堆叠贴片、改变接地板尺寸等。

图 9-4 中的 PIFA 的谐振频率由贴片长度 L、贴片宽度 W、短路金属片宽度 W_s 和基板厚度 h 决定。基板厚度 h 通常较小,可忽略,此时起主要作用的是短路金属片宽度与贴片边缘长度,通常为 $\lambda/4$。如果短路金属片延伸到整个贴片宽度,则贴片长度 $L=\lambda/4$。如果短路金属片用一根针代替,则有 $L+W\approx\lambda/4$。通常的尺寸关系为

$$L + W - W_{\mathrm{s}} = \frac{\lambda}{4} + h \Rightarrow L = -W + W_{\mathrm{s}} + \frac{\lambda}{4} + h \tag{9-17}$$

图 9-4 PIFA 的结构

其中,λ 为介质中的波长。对上述两种特殊情形,式(9-17)可简化为

$$L = \begin{cases} \dfrac{\lambda}{4} + h, & W_{\mathrm{s}} = W \\[2mm] -W + \dfrac{\lambda}{4} + h, & W_{\mathrm{s}} = 0 \end{cases} \tag{9-18}$$

由式(9-17)可求得 PIFA 的谐振频率为

$$f = \frac{c_0}{4(L + W - W_{\mathrm{s}} - h)\sqrt{\varepsilon_{\mathrm{r}}}} \tag{9-19}$$

其中,c_0 为光速;ε_{r} 为基板的相对介电常数。

图 9-5 左侧为 $\lambda/4$ 单极子天线模型,依据电磁场理论中的镜像原理,可以用镜像电流元

代替接地面,电流方向也相同,所以可以等效为图 9-5 右侧的半波偶极子天线形式。将半波偶极子天线的长度减少一半,就得到了单极子(Monopole)天线。单极子天线是最早的移动电话的首选天线,单极子天线常应用于覆盖范围有限的国家。单极子天线具有明显的优点,在天线与头部间存在间距,这有利于降低 SAR 值,并且实现高效率辐射。根据单极子天线的基本原理,其大概结构如图 9-6 所示。

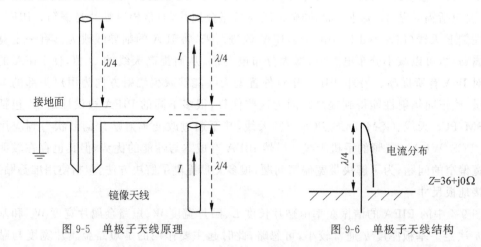

图 9-5　单极子天线原理　　　　　　图 9-6　单极子天线结构

如图 9-6 所示,单极子天线的输入阻抗为 $36+j0\Omega$,因为当输入电阻为 36Ω 和输入电抗为 0 时,大多数单极子天线的电长度接近 $\lambda/4$,其能与常用的 50Ω 系统阻抗实现匹配。可见,当单极子天线安装在手机上时,电长度小于 $\lambda/4$ 的单极子天线可以匹配到 50Ω,并且由于手机导电部分的影响,会产生相当大的辐射。

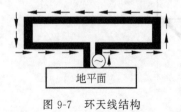

图 9-7　环天线结构

此外,环(Loop)天线也是经典的手机天线,如图 9-7 所示,天线的一端是天线信号的馈入点,另一端为接地短路点,这样就会使天线辐射结构、地面、信号源三者之间形成一个环形信号回路,这样的结构即是环天线。与单极子天线有明显的区别,环天线长度近似等于第一个谐振频点 f 的波长,而且天线长度是天线产生的谐振频率波长的整数倍,也就是独立的环天线结构能够产生 f 整数倍的高频谐振,但是独立环天线的反射系数性能比较差,因为其阻抗值一般为半波偶极子天线的 4 倍。

9.1.5　宽带 MIMO 手机天线

MIMO 天线被认为是 LTE 和 LTE-A 系统不可分割的部分。此外,近年来集成移动终端的趋势增加了跨不同无线应用的工作频带数量。一种减少天线阵元数量和为不同的无线标准提供覆盖的方法是使用宽带天线。

图 9-8 所示为一种手机用的宽带 MIMO 天线。该天线的设计将多个倒 F 天线(IFA)放置在一个人工磁导体(Artificial Magnetic Conductor,AMC)地面上。IFA 激活了 AMC 上两种不同的模式,即局部谐振模式和 TM_0 表面波模式。将这两种模式结合起来,可以实现 12% 的分数带宽,剖面为 $0.01\lambda_0$。(λ_0 为自由空间中心频率的波长)。天线工作在 $3.4\sim$ $3.8GHz$ 频段内,辐射效率高达 50%,天线间互耦低于 $-10dB$,包络相关系数低于 0.2。天

线的总厚度为 0.97mm，可以集成到智能手机的后盖，而不占用设备的内部空间。图 9-8 中的 IFA 手机天线分为两类：天线阵元 1、天线阵元 4、天线阵元 5、天线阵元 8 具有同样的相对位置，称为第一类天线阵；天线阵元 2、天线阵元 3、天线阵元 6、天线阵元 7 称为第二类天线阵。这两类天线阵在场方向相互正交，有助于隔离。图 9-8(a) 为单个倒 F 天线示意，L_1 和 W_1 为主电流路径的长和宽，L_2 和 W_2 为接地点和馈电点的长和宽，接地点和馈电点的距离为 L_3。图 9-8(b) 显示了 7×14 个人工磁导体（AMC），8 个倒 F 天线阵元放在 AMC 上。图 9-8(c) 为手机天线全景摆放图。

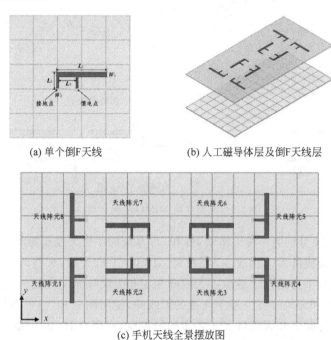

(a) 单个倒F天线 (b) 人工磁导体层及倒F天线层

(c) 手机天线全景摆放图

图 9-8　一种宽带 MIMO 手机天线

9.1.6　双频或多频 MIMO 手机天线

双频段或多频段天线是减少移动终端天线阵元数量的有效方法。这是出于提供跨不同无线应用程序的覆盖的目的。在双频段和多频段天线上进行的研究包括解耦技术。采用基于 T 形槽的阻抗变压器，使双模和宽带两种不同天线之间的互耦最小化。除此之外，地面结构的缺陷也是达到解耦目的的有效方法。同时，地槽和寄生元件的引入也可以使双频天线的互耦降低。

图 9-9 所示为一种典型的双频 MIMO 手机天线，它是一种应用于 5G 手机的 MIMO 八端口天线，其工作于 3.5GHz 频段（3400～3600MHz）和 5GHz 频段（4800～5100MHz）。为了预留 2G/3G/4G 天线配置空间，由两个四阵元组成的八阵元天线阵被印在智能手机的两个长边上。每个天线阵元由折叠单极子和间隙耦合环路支路构成，分别布置在系统电路板的上、下侧。由于每个阵元之间的距离只有 10mm，为了减少相互耦合，在两个中间天线阵元之间引入了一条中和线。

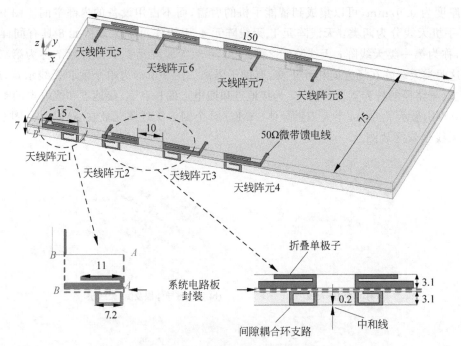

图 9-9　一种双频 MIMO 手机天线

　　图 9-10 和图 9-11 分别为一种工作于 4G 和 5G 系统的手机天线实物图和仿真图。图 9-11
中的天线阵元 1 和天线阵元 2 构成 4G 系统的 MIMO 手机天线,天线阵元 1 和天线阵元 2
的馈电臂每个都激励下方的两个缝隙。天线阵元 3 和天线阵元 4 构成 5G 系统的 MIMO 手
机天线,天线阵元 3 和天线阵元 4 基于连接的天线阵,使用图 9-10(c)中的合路/功分器激励
馈电。为提高天线阵元 3 和天线阵元 4 之间的隔离度,在图 9-10(b)中加了 4 个环,其尺寸
为 27mm×1.4mm。该天线覆盖了 4G 系统中的 1.975～2.08GHz,2.16～2.23GHz,
2.35～2.62GHz,3.06～3.14GHz,3.48～3.54GHz,以及 5G 系统的 16.5～17.8GHz,天线
电路板的总尺寸为 100mm×60mm×0.76mm。

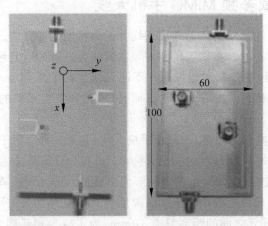

图 9-10　一种多频 MIMO 手机天线实物图

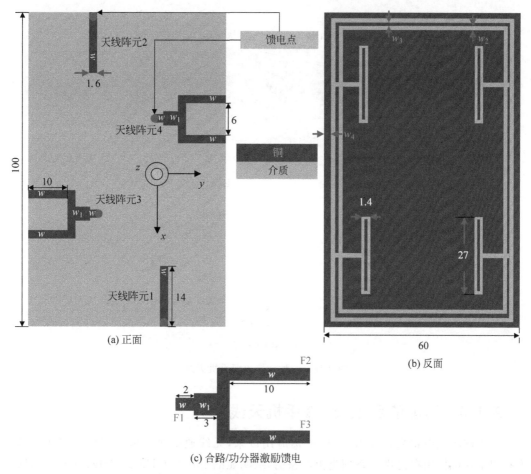

(a) 正面

(b) 反面

(c) 合路/功分器激励馈电

图 9-11　一种多频 MIMO 手机天线仿真模型

9.1.7　金属边框手机天线

近年来,天线和手机行业越来越多地设计带有金属边框和大屏幕的智能手机,这种金属边框的智能手机具有出色的机械稳健性和良好的美学外观。但是,这种结构对工程师来说是一个重大的挑战,因为它对天线的性能有影响,特别是选择完整金属边框类型时。由于这一问题的重要性,金属边框天线的研究越来越受到关注。

针对 4G/5G 智能手机应用,提出了一种基于单环槽的多频带金属边框手机天线结构,如图 9-12 所示。天线的基本结构由一个大的金属地板和一个完整的金属边框组成,在金属地板和边框之间实现一个 2mm 宽的环形槽。在这里,一个可重构的 4G 天线(820～960MHz 和 1710～2690MHz)最初是通过加载多个接地存根和一个简单的控制电路与变容二极管到环形槽的上半部来设计的。为了进一步覆盖未来 5G 通信的 Sub6GHz 频段(3400～3600MHz),利用环形槽的下半部设计了四元多输入多输出(MIMO)槽天线配置。由于多频段操作、5G 通信的 MIMO 配置、高隔离、结构紧凑等优点,该天线设计方案对 4G/5G 智能手机很有吸引力。

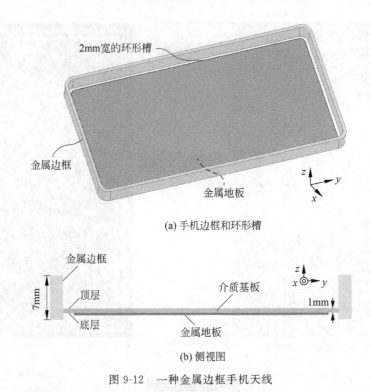

(a) 手机边框和环形槽

(b) 侧视图

图 9-12   一种金属边框手机天线

9.1.8   节能的毫米波 5G 手机天线

自从首次提出将毫米波用于 5G 蜂窝应用以来,无线通信领域取得了巨大进步。各国政府和监管机构正在提供一系列毫米波频谱,最明显的是在 24GHz、28GHz、37～39GHz 附近,以支持未来所设想的超高宽带 5G 蜂窝服务。然而,毫米波 5G 承诺的机遇和好处仍然难以捉摸。为了加速毫米波 5G 应用,用户场景必须向 5G 之后的基础设施扩展,并最终包含手机用户。

要使毫米波 5G 手机蓬勃发展,首先必须解决其电池寿命有限的问题。近几十年来,无线系统的传输吞吐量增加了 1 万多倍,而同期电池容量提高了 5 倍。此外,能量效率(Energy Efficiency,EE)随着天线数量和射频链的增加而显著下降。然而,考虑到毫米波的自由空间路径损耗和大气衰减,需要大量的天线阵实现足够的频谱效率和有效的等效全向辐射功率(EIRP)。从手机用户功耗的角度来看,这带来了一个极具挑战性的权衡问题,需要节能的毫米波 5G 波束形成天线系统,兼容目前的独特的问题,如超薄、金属智能手机。

图 9-13 所示为一种采用垂直极化的端射平面折叠式缝隙天线(Planar Folded Slot Antenna,PFSA)制成的节能 5G 相控阵,其中包括了 28GHz 的 5G 射频前端芯片。通过分析确定,在不影响 EIRP 和天线波束转向范围的前提下,引入天线方向性系数,增强 5G 移动天线体系结构的能量效率。针对该架构的实用性进行设计、测量和评估发现,该 PFSA 具有很高的效率和非常小的轮廓($\lambda_0/9$),与 4 个天线阵元结合,使其工作于 28GHz 的 PFSA 相控阵天线中。

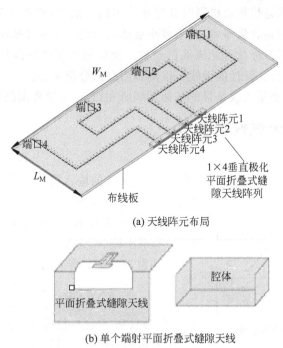

(a) 天线阵元布局

(b) 单个端射平面折叠式缝隙天线

图 9-13　一种毫米波 5G 手机天线

9.2　基站天线

无线通信系统在我国迅速发展,我国在 20 世纪 70 年代进入了第一代无线通信,后面经历了 2G、3G、4G 等无线系统的更替,目前正步入 5G 商业时代。基站天线是无线通信系统的重要组成部分,其主要功能是在基站与移动基站间提供链接。在移动通信网络中,基站天线变得越来越重要,尤其是频率的重复使用和信道容量的优化等功能上。所以其性能的优劣将影响整个通信系统的质量,因此,设计性能好的基站天线成为目前移动通信领域的一个重要课题。

在 4G 时代,0.85GHz 和 0.9GHz 频段称为低频段,而 1.71~2.17GHz 的频段称为高频段。随着 5G 时代的到来,低频、中频、高频的界定发生变化,3~6GHz 频段常称为中频段,毫米波频段则称为高频段。另外,随着移动通信技术的革新,目前市面上的通信格局是 2G、3G、4G 通信网络共同存在,这就要建立更多的基站为移动通信系统提供服务。然而,这也带来另一问题,随着站址资源的减少,对于即将到来的 5G 时代是极为不利的,为了解决这一问题,一个基站天线实现多个通信系统共存是合理的且无可避免的,这样会节省基站天线安装的站址资源和施工成本。因此,人们对可以同时工作在多个频段的宽带基站天线的需求不断增大,并且大量研究宽带天线,它具有重要的应用意义和经济价值。

在基站天线接收和传播电磁波的过程中,常常产生多径衰落。多径衰落是指电磁波在经过复杂的环境时,发送的信号遇到高层建筑等障碍物后发生反射、散射和折射现象等,之后接收机接收到这些不同路径到达的电磁波,使接收到的信号幅度随机变化。这一现象对于数字通信、雷达探测都会产生十分严重的影响。为了解决多径衰落问题,分集技术被提出并广泛应用。分集技术是指接收机同时获得几个不同的信号,再将这些不同的信号按照一定方式合并后得到总的接收信号,以此来减小衰落的影响。在设计基站天线时,一般采用极化分集技术,目前±45°双极化基站天线已经被广泛应用到移动通信基站中。另外,对比空间分集技术,采用极化分集设计的天线可以测得更高的分集增益。

因此,宽带双极化基站天线是目前基站天线研究热点,本节将围绕此进行讲述。

9.2.1 基站天线性能参数

1. 驻波比

驻波比是基站天线中首先要考虑的指标,当天线的输入阻抗与传输线的特性阻抗不一

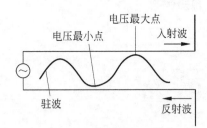

图 9-14 接收天线的传输线

致时,其产生的反射波和入射波在馈线上就会叠加形成驻波,而电压驻波比的定义则是驻波中相邻电压最大值(V_{max})和最小值(V_{min})之比,如图 9-14 所示。

电压驻波比的计算式为

$$VSWR = \frac{V_{max}}{V_{min}} = \frac{1+|\Gamma|}{1-|\Gamma|} \qquad (9\text{-}20)$$

其中,Γ 为反射系数。若用 Z_{in} 表示天线的输入阻抗,Z_{out} 表示传输线的特征阻抗,Γ 的计算式为

$$\Gamma = \frac{Z_{in} - Z_{out}}{Z_{in} + Z_{out}} \qquad (9\text{-}21)$$

反射系数表明了天线的匹配特性。一般来说,基站天线要求驻波比小于 1.5。

2. 端口隔离度

因为双极化基站天线至少有一个极化方向的天线处于收发双工的状态,所以必须考虑两极化方向的相互干扰。在工程指标中,使用隔离度表示两天线间耦合的强弱程度。一个极化的天线发射信号时,另一个极化的天线接收到信号,两者的比值称为隔离度,用 dB 表示。通常双极化基站天线的隔离度要求为 30dB 以上,然而要实现 30dB 隔离的双极化基站天线并不容易做到。双极化基站天线的辐射单元通常由双极性贴片、交叉偶极子、方形偶极子等组成。

3. 三阶无源互调

无源互调特性是指天线和其馈电网络内的各无源器件因为本身存在非线性而引起的互调效应。对于两个频率分别为 f_1 和 f_2 的未调制的载波,产生的互调频率如下。

- 二阶:$f_2 - f_1, f_2 + f_1$
- 三阶:$2f_2 - f_1, 2f_2 + f_1, 2f_1 - f_2, 2f_1 + f_2$
- 四阶:$3f_2 - f_1, 3f_2 + f_1, \cdots$

在工程应用中,特别关注三阶互调产生的干扰,指标上一般要求小于 -107dBm。三阶互调测试值没有达到要求的原因有很多,不同材料的接触、相同材料的接触表面有毛刺、连接处不紧凑、其他磁性物质存在等都会影响三阶互调测试值。互调产生的频率会对通信系统产生严重的干扰,尤其是落在接收频段内的互调产物将对系统的接收性能产生严重影响。

4. 天线增益

增益是衡量天线输入功率集中辐射程度的参数,其定义为在输入功率相等的条件下,实

际天线与理想的辐射单元在空间同一点位置产生的信号的功率密度之比。天线增益的单位一般有两种：dBi 和 dBd。其中，dBi 是以理想点源天线为参考的基准；dBd 则是以半波偶极子天线的增益作为比较标准。两种单位数值可以转换，因为半波偶极子天线的增益为2.15dBi，所以 dBi 数值等于 dBd 数值加上 2.15。通常，增益可以由天线的方向性系数与辐射效率相乘得到，即

$$G = \eta D$$

其中，η 为天线的辐射效率；D 为天线辐射的方向性系数。

5. 水平半功率波束宽度

水平半功率波束宽度是天线辐射的水平面方向上，在最大辐射方向的两侧，当天线辐射功率密度下降 3dB 时，其所对应的两个方向的夹角。一般在移动通信系统中，要选择合适的天线水平波束宽度以适应网络选择的频率复用方案，并且天线在最大辐射方向偏离±60°时到达覆盖临界点，而在人口稠密的城市地区，大多数网络的规划要取决于基站天线所覆盖的最大容量而不是覆盖尽可能大的区域，并且在建筑物密集的场区，因为多径反射现象严重，也要考虑降低相邻扇区之间的相互干扰问题。所以，为了获得最大容量以及降低扇区间干扰，在±60°的辐射电平最好能下降到－10dB，通过公式可推出水平半功率波束宽度为65°。如图 9-15 所示，当纵坐标为－3dB 时，对应横坐标的角度范围即是水平半功率波束宽度。

6. 下倾角

为了控制天线辐射的覆盖范围，一般采用天线下倾技术，下倾角度一般为 0°～10°，现在基站天线应用的下倾技术包括机械下倾和电调下倾，下倾技术的主要原理是当基站天线处于高度相对较高的情况时，利用基站天线垂直波瓣尖锐的特点，通过使基站天线朝下倾斜一定的角度，使覆盖区外的基站天线在水平方向上取得一定的增益减少值，从而可以有效地控制辐射覆盖范围和减少对远处同频基站天线的干扰。对比机械下倾和电调下倾，随着倾斜角度增加，具有电调下倾的基站天线的有效方向图面积在范围内减小，但是无论施加的倾斜角度如何，其具有基本恒定的方向图形状。如果基站天线是机械下倾，则随着倾斜角度的增加，方向图趋于变短和变宽，特别是对于方位角波束宽度超过 60°的天线，这是因为倾斜对远离视轴的方位角几乎没有影响。在许多情况下，如安装在墙壁上并具有机械下倾的天线，在视觉上比垂直安装并具有电调下倾的天线具有更优越的辐射性能。

7. 交叉极化比

对于双极化基站天线，一般有两个输出端口，每个端口发射相应的极化电磁波，但每个端口并不是发射纯粹的极化波，例如一个端口发射＋45°极化波，＋45°极化为主导极化，但在主导极化的正交方向上（如－45°极化），也存在少量的辐射。所以，在这个专门辐射＋45°极化的端口在＋45°极化方向和－45°极化方向都有辐射，－45°极化分量占据轻微分量。因此，交叉极化比的定义为轻微交叉极化分量与主导极化分量的比值，一般在工程指标上，要求在 0°视轴方向上大于 15dB，在水平角 ±60°方向时大于 10dB。如图 9-15 所示，$\min[F(\theta) - f(\theta)]$ 即表示在方位角为－60°时的交叉极化。

8. 前后抑制比

前后抑制比是指天线在主瓣方向的辐射功率与后瓣方向的辐射功率之比，也可以指天线的后向 180°±30°以内的副瓣最大电平值与主瓣最大电平的分贝值之差，用绝对值表示。

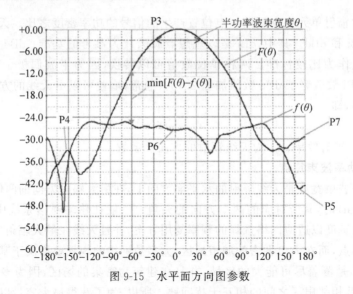

图 9-15　水平面方向图参数

$$FBR = 10\log\frac{P_{前}}{P_{后}} \tag{9-22}$$

基站天线在工程应用中,前后抑制比指标一般在 22dB 左右,对于密集城区,要特别采用前后抑制比大的天线,增加覆盖区域的信号容量,在这种频率紧密复用的场合下,后瓣过大容易产生邻频干扰,从而影响网络质量。在大多数情况下,基站天线的前后抑制比越大越好,但在某些情况下也需要前后抑制比不大的基站天线,如基站天线覆盖高速公路时,因为用户都是快速移动,为了保证切换的正常进行,就需要前后抑制比适中的基站天线,因为后瓣电平值小会造成定向小区交叠深度太小,从而造成切换不及时掉线的情况。

9. 零点填充

基站天线方向图主瓣、上旁瓣、下旁瓣第一零点如图 9-16 所示。零点填充是指存在一

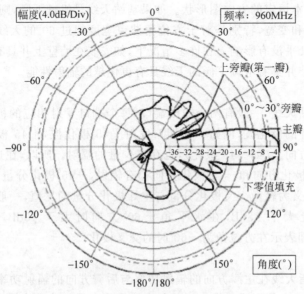

图 9-16　垂直面辐射方向图参数

定高度的基站天线照射在一个有限的水平区域,天线的辐射方向图中由于有零瓣电平的存在,在需要覆盖的区域可能会造成盲区问题,所以为了使业务区域内的辐射电平值比较均匀,下旁瓣第一零点需要被填充,不要存在较为明显的零陷问题。一般的高增益天线因为垂直面半功率波束宽度较窄,所以特别需要采用零点填充技术有效改善主瓣近处的覆盖问题。零点填充和下倾技术都可以用来解决由于天线零点带来的塔下黑问题,但两者又有所区别,采用零点填充只是一种赋形技术,可以得到较好的方向图,不会对别的方面造成影响,而采用下倾技术会缩小主瓣的覆盖范围。目前市面上的基站天线可能同时具备这两种技术,也可能只具备一种,在选择基站天线时要结合具体的覆盖要求进行选择。

9.2.2　宽带双极化基站天线原理

　　一般来说,基站天线主要由辐射阵元构成的阵列、馈电网络、反射板和外罩组成。辐射阵元是基站天线最基本的构成,最简单的辐射阵元是半波振子,如图 9-17 所示。

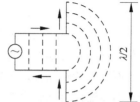

　　上下导线上的电流方向一样,导致双导线终端部分的辐射场同相叠加,从而形成有效的辐射结构,两段上下导线的长度都是 $\lambda/4$,加起来总长度即为 $\lambda/2$(半波长),因此这个辐射结构称为半波振子。通过技术的积累与工艺的创新,现在市面上主要用到的辐射阵元类型有微带天线、印刷电路板振子、压铸振子和

图 9-17　半波振子的结构

钣金冲压振子。在基站天线设计规划时,往往要根据在不同频率下的振子间距值来决定,一般来说,可靠性、性价比最高的为压铸振子以及钣金冲压振子。

　　一般天线阵元的辐射方向图波束较宽,副瓣水平较高,增益较低。为了提高增益,增强方向性以及降低副瓣,常用的方法是组成天线阵列。阵列天线是指相同天线阵元按照一定规律排列而成。阵列天线包括直线阵列天线和平面阵列天线两种,目前基站天线采用的阵列形式是天线阵元均匀激励的等间距直线阵列。在分析直线阵列天线的辐射方向图时,影响直线阵列天线方向图辐射特性的参数有:(1)天线阵元的个数;(2)天线阵元的分布规律;(3)天线阵元的幅度和天线阵元之间的相对关系;(4)天线阵元的相位和天线阵元之间的相对关系。直线阵列天线的分析就是根据以上 4 个参数分析其方向图的辐射特性,包括主瓣宽度、副瓣电平、零点位置、方向性系数和半功率波束宽度等。

　　如图 9-18 所示,假设各点均为全向点源,振幅相同($I_1 = I_2 = \cdots = I_N$),相邻辐射阵元相位差为 φ,则该 N 元直线天线阵的阵因子为

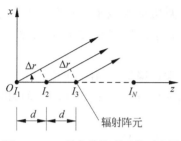

图 9-18　N 元直线阵列天线示意图

$$f_a = I \mid 1 + e^{j(k\Delta r + \varphi)} + e^{j2(k\Delta r + \varphi)} + \cdots + e^{j(N-1)(k\Delta r + \varphi)} \mid$$

$$(9\text{-}23)$$

设 $u = k\Delta r + \varphi = kd\cos\theta + \varphi$,则

$$f_a = I \mid 1 + e^{ju} + e^{j2u} + \cdots + e^{j(N-1)u} \mid = I \left| \frac{1 - e^{jNu}}{1 - e^{ju}} \right| = I \left| \frac{\sin\dfrac{Nu}{2}}{\sin\dfrac{u}{2}} \right| \qquad (9\text{-}24)$$

所以，当 $u=0$ 时，$f_a=I_0N$，该 N 元直线阵列天线的归一化阵因子为

$$F_a = \frac{\sin\left(\dfrac{Nu}{2}\right)}{N\sin\left(\dfrac{u}{2}\right)} \tag{9-25}$$

在实际工程开发中，运营商根据某地的场景和需求，需要部署某种辐射特性的阵列天线，然后设计人员据此设计出最接近运营商预想形式的辐射方向图，最后综合出直线阵列天线的 4 个参数。常规的设计步骤是先根据天线增益需求值确定出天线阵元的数目，然后根据其给出的对半功率波束宽度、上旁瓣抑制水平、交叉极化比、前后抑制比等的需求不同，使用不同的仿真优化方案，最后确定各天线阵元的相对位置，各天线阵元幅度、相位和相对关系等，并微调方向图，尽量逼近所要求的方向图。

因为基站天线由多个辐射阵元组成，所以馈电网络的功能就是给每个辐射阵元馈送特定的信号强度和相位，实现天线的垂直面赋形。在基站天线的馈电网络设计中，重点关注网络的驻波、阻抗匹配、插入损耗、幅相分配等指标，实现降低天线辐射损耗、提高天线增益以及获得良好上旁瓣的目标。调整馈电网络的幅度即可实现垂直面旁瓣抑制的大小，而改变馈电网络的传输相位即可实现基站天线的下倾。在目前的工程应用中，馈电网络设计中常用到的传输线有同轴电缆、PCB 带状线以及空气带状线等，馈电网络的作用就是以最小的损耗将高频能量从发射机传到天线的输入端，或者由天线传送到接收机，同时它本身不能引入或产生杂散信号。

因为馈电网络要对各个辐射阵元传输高频能量，但并不是每个阵元都分得相同大小的能量，天线阵列的方向图是各个辐射阵元的阵中辐射方向图在不同幅相激励下的叠加，如下所示。

$$F(\theta,\phi) = \sum_{i=1}^{N} f_i(\theta,\phi) I_i \mathrm{e}^{\mathrm{j}\phi_i} \mathrm{e}^{[\mathrm{j}(i-1)kd\sin\theta\sin\phi]} \tag{9-26}$$

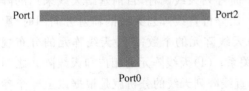

图 9-19　一个典型的 T 形功分器

合理分配各个辐射阵元的功率，能抑制副瓣，提高增益。在传统的天线方向图综合方法中，获得窄主瓣、低副瓣的途径主要有泰勒线源法和切比雪夫法。往往都是中间的辐射阵元分得的功率最大，两边逐级减小。而在馈电网络中使用较多的功分结构则是 T 形功分器，如图 9-19 所示。

T 形接头是一种最简单也是最常用的功分器，是一个三端口网络，具有一个输入端口和两个输出端口，其可以实现任意功率分配，假设传输线无损耗，Port0、Port1 和 Port2 的阻抗分别为 Z_0、Z_1 和 Z_2，Port0 处的电压为 V_0，则可以得到如下公式。

$$\frac{1}{Z_0} = \frac{1}{Z_1} + \frac{1}{Z_2}, \quad P_1 = \frac{1}{2} \times \frac{V_0^2}{Z_1}, \quad P_2 = \frac{1}{2} \times \frac{V_0^2}{Z_2} \tag{9-27}$$

由式(9-27)可推出功率与阻抗之间的关系为

$$\frac{P_1}{P_2} = \frac{Z_2}{Z_1} \tag{9-28}$$

式(9-28)表明，通过调节传输线阻抗，可以实现任意功率分配。

另外，馈电网络还要通过改变各个阵元的传输相位实现基站天线的下倾，一般在电调基

站天线中,有个专门实现信号相位改变的模块,叫作移相器。对于间隔排列为 d 的 N 个辐射阵元构成的阵列,当相邻辐射阵元的相位是等相位均匀分布时,天线的最大波束形成于法向正前方;而当相邻辐射阵元的相位差为固定值为 ϕ 时,最大波束形成于 θ_0 空间方向;当改变相位差 ϕ 时,主瓣指向 θ_0 也会发生改变,所以下倾角与相邻辐射阵元的相位差的关系式为

$$\phi = \frac{2\pi}{\lambda} d \sin\theta_0 \tag{9-29}$$

当频率为 f 的电磁波经过长度为 L 的传输线时,所产生的传输相位为

$$\varphi = 2\pi f L \sqrt{\varepsilon_{\text{eff}}}/c \tag{9-30}$$

由式(9-30)可知通过改变传输线的长度和等效介电常数 ε_{eff},就可以改变信号的传输相位,这正是移相器的设计原理。图 9-20 所示为一个典型的八阵元馈电网络,通过 T 形功分网络实现信号功率的分配,并且相邻辐射阵元的相位差为 f。

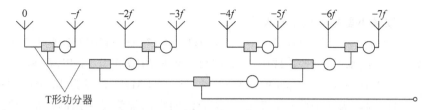

图 9-20　一个典型的八阵元馈电网络

再谈到天线的反射板,它可以使基站天线在某一角度范围内有信号增强效果,在其他方向上的信号强度则变弱,所以巧妙地设计反射板可以使功率集中在正表面。另外,通过仿真实验,证明了反射板还能影响方向图,可以令方向图的水平波束宽度、前后抑制比、增益等指标都满足行业标准的要求。

外罩就是天线的衣服,起到对天线主体封装防护的作用,可以减缓温湿度、雨雾、大风等各种因素对天线性能的影响,但外罩同时不能对天线的电路性能以及辐射性能产生影响,在工程设计时,工程师需要把外罩和天线的其他部分进行一体化考虑和设计。

目前,为了应对无线通信系统的多模共存模式,市面上大多应用的是宽带双极化天线,所谓的宽带是指在此频带范围内,基站天线的电路参数和辐射参数等性能指标符合产品标准所规定的要求。可以假设高频为 f_{H},低频为 f_{L},在这个连续频段内天线性能指标满足规定,则带宽和相对带宽表示如下。

$$\text{BW} = f_{\text{H}} - f_{\text{L}} \tag{9-31}$$

$$\text{RB} = \frac{2(f_{\text{H}} - f_{\text{L}})}{f_{\text{H}} + f_{\text{L}}} \tag{9-32}$$

其中,BW 为频段内带宽;RB 为相对带宽(根据美国联邦通信委员会的规定,相对带宽定义为信号带宽与中心频率之比),宽带天线就是指相对带宽为 $15\%\sim25\%$。图 9-21 所示即为一个 $+45°/-45°$ 双极化基站天线,现在工程上应用较多的组合是 $+45°/-45°$ 双极化天线,除了前面讲到的对抗多径衰落等原因外,还包括体积、接收等原因,对比垂直/水平极化的双极化天线采用"十"字形交叉,$+45°/-45°$ 采用的"×"字形交叉似乎占用面积会更小一些。另外,在移动互联网时代,移动终端天线的极化方向在各种场合是不一样的,有横的方向,也有竖的方向,所以天线采用 $\pm45°$ 双极化技术可以有效确保分集接收的良好效果。

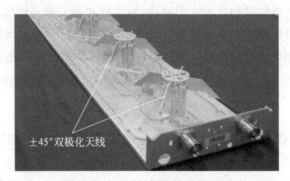

图 9-21   ±45°双极化基站天线

9.2.3   几种基站天线

1. 嵌套式双频小型化美化基站天线

图 9-22 所示为一种工作于双频 820～960MHz 和 1710～2170MHz 的基站天线,阵元采用嵌套式方案。该基站天线在 1710～2170MHz 频段的增益为 18dBi,在 820～960MHz 频段的增益为 15dBi;所采用的阵元的个数在 1710～2170MHz 频段为 10 个(±45°极化),在 820～960MHz 频段为 5 个(±45°极化)。该天线的突出优势是采用圆筒形天线外罩,容易与周围环境相融合,减少居民对电磁辐射的抵触情绪,达到美化效果。

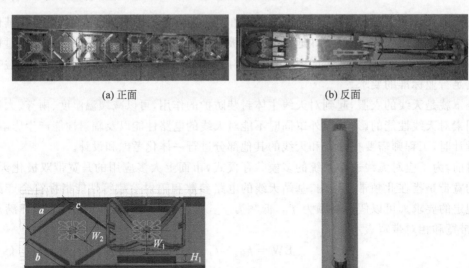

(a) 正面   (b) 反面

(c) 部分阵元仿真示意图   (d) 实物图

图 9-22   双频小型化美化基站天线

2. 宽带双极化 LTE 基站天线阵元

图 9-23 所示为一种工作于 1.71～2.69GHz 较宽带双极化 LTE 基站天线阵元,天线整体结构如图 9-24 所示。该天线阵元可以工作在整个 LTE 和除 CDMA2000 以外的整个 3G 频段,并将 GSM1800 的一部分 2G 频段包含在内。整个频带内增益均大于 8dB,中心频率(2.2GHz)附近超过 9dB,对于单个阵元来说实属性能优良,适合组成高增益大型阵列天线。

在辐射性能上,仿真并实测了 1.7GHz、2.2GHz、2.7GHz 这 3 个频率的主极化和交叉极化方向图。由图 9-25 可见天线方向图饱满匀称。该天线阵元整个频段内前后比大于 25dB,天线主轴上的交叉极化比大于 20dB,60°方向上大于 10dB,波束宽度稳定收敛在 60°~70°,符合 HPBW 要达到 65°±5°的标准。

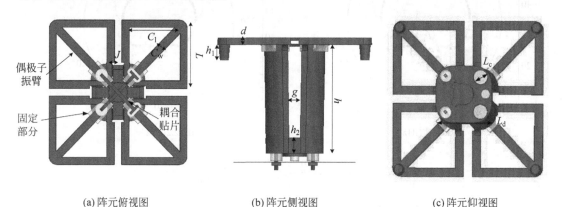

(a) 阵元俯视图   (b) 阵元侧视图   (c) 阵元仰视图

图 9-23 宽带双极化 LTE 基站天线阵元

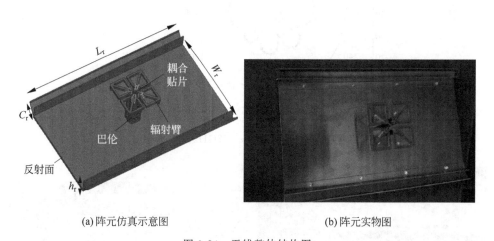

(a) 阵元仿真示意图   (b) 阵元实物图

图 9-24 天线整体结构图

3. 小型双极化宽带基站电调天线

图 9-26 所示为一种小型双极化宽带基站电调天线,所计算的整机模型的 VSWR 仿真结果良好,在整个工作频段(1.71~2.69GHz)内电压驻波比(VSWR)均小于 1.4,并且下倾角度分别为 0°、5°和 10°时,其电压驻波比的仿真结果依然能维持在 1.4 以下,仿真与实测结果一致,经过一些调试工作,如加隔离条,改良基站天线的隔离性能后,其隔离度在整个工作频段内均大于 30dB,并且隔离度随着下倾角度的增大而变得更优良。在下倾角度达到 10°时,整体的隔离度甚至大于 35dB。因此,这款天线能够满足基站天线的基本电性能参数要求。

4. 改进型嵌套式双宽频双极化基站天线

图 9-27 所示为一种改进型嵌套式双宽频双极化基站天线,其工作频率为 0.79~0.96GHz 和 1.71~2.17GHz,覆盖 CDMA800/GSM900/DCS/PCS/UMTS 通信频段。通过动态调节每个辐射阵元的输入功率和相位,该天线阵列在 1.71~2.17GHz 和 0.79~0.96GHz 频

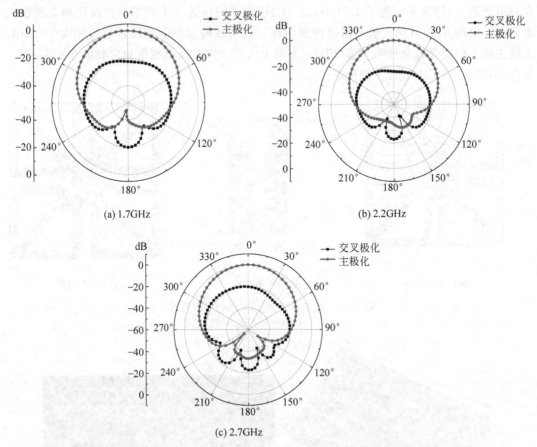

(a) 1.7GHz

(b) 2.2GHz

(c) 2.7GHz

图 9-25　天线在 1.7GHz,2.2GHz,2.7GHz 的水平面仿真方向图

(a) 实物图正面

(b) 实物图背面

图 9-26　小型宽频基站电调天线

段分别具有 0°~14°和 0°~10°的可调的电调下倾角,灵活调节覆盖范围。天线正面是辐射阵元,背面是馈电网络,该天线总尺寸为 1420mm×260mm×130mm,略小于其他同频率同增益的基站天线(1500mm)。当天线背面的传动杆拉动时,会带动馈电网络内部的传输设备产生传输行程差,进而在辐射阵元之间产生相位差实现波束下倾,拉动得越多,相位差越大,下倾角度也越大。为了降低两子阵列之间的互耦程度,每个端口均与一个滤波器相连,用于滤掉非本频率段的信号。同时,为了进一步提高天线的端口隔离度,两个线形隔离条被放置在第三个和第四个高频辐射阵元的旁边。

5. 肩并肩组阵双宽频双极化基站天线

图 9-28 为一种采用肩并肩组阵形式的双宽频双极化基站天线。该天线由 3 阵元

图 9-27 改进型嵌套式双宽频双极化基站天线

（Column 1，Column 2，Column 3）组成，中间一列阵元（Column 2）工作频段为 698～960MHz，上下两列阵元（Column 1，Column 3）工作频段从 1.7～2.7GHz。该基站天线背面安装了高频移相器（High-Frequency Phase Shifter）、低频移相器（Low-Frequency Phase Shifter）等。由于天线上下两列采用了 MIMO 技术，因此获得了更大的系统容量。该天线不仅可以覆盖 2G/3G/4G 的所有通信系统，而且可以电调下倾角。测量结果表明，该天线的各项性能指标均符合运营商的要求，在不同下倾角，不同频点的三阶无源互调的值均高于110dB，远高于 107dBm，这是工业生产以及移动通信运营商在使用载波为两个 20W（2×43dBm）时，对三阶无源互调的指标要求。

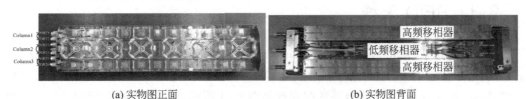

图 9-28 肩并肩组阵双宽频双极化基站天线

6. 基于超表面高性能新型基站天线

图 9-29 所示为一种基于超表面的多波束基站天线。该天线有一个多层结构的超表面，

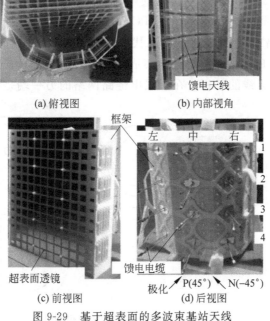

图 9-29 基于超表面的多波束基站天线

3 个 $\pm 45°$ 极化的交叉偶极子天线作为馈源,可以实现 $0°$ 和 $\pm 30°$ 方向上的 3 个波束,满足新型基站天线多波束和高容量的要求,其工作频段为 $1.7 \sim 2.2 \mathrm{GHz}$。图 9-30 所示为另一种基于超表面的应用于 5G Sub6G 频段($3.3 \sim 3.9 \mathrm{GHz}$)的双极化基站天线。该基站天线阵元由一个双极化天线和一个超表面组成,超表面的引入有效地提高了天线的增益,降低了天线的剖面。其在操作频段内保持了高的隔离度和稳定的辐射模式,对确保基站辐射稳定性和抗干扰性有显著的作用。

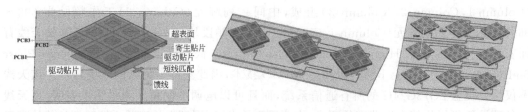

图 9-30　基于超表面的双极化基站天线

9.3　RFID 天线

射频身份识别(Radio Frequency Identification,RFID)系统是一个短距离的数字无线通信系统,通常被应用于识别领域。典型的射频识别应用例子包括动物标记、资产跟踪、电子护照、智能、商店安全等。RFID 系统的原理如图 9-31 所示,该系统至少包括阅读器、阅读器天线、标签(转发器)、主控计算机以及软件和数据库等。通常阅读器以特定的频率发射信号,当 RFID 标签在阅读器天线的读取区域内通过时,阅读器检测并询问标签的内容信息,这个过程是通过捕获电磁波以及电磁场耦合进行的,阅读器能够将标签对象的信息存储和传送到主控计算机系统。无线电链路系统右端的一侧则是有些许智能的小型化设备——标签,因为具有非常低廉的生产成本,所以得到广泛应用。标签可以比作条形码标签,它具有电子产品代码(Electronic Product Code,EPC),与条形码使用的通信产品代码(Universal Product Code,UPC)格式相当,但电子产品代码是可编程的,并且能够存储用户特定的信息,即标签包含一些用户记忆。标签包含集成电路(Integrated Circuit,IC),该集成电路连接到薄平板,用作标签天线的基板。在无线电链路网络的另一端是更昂贵和复杂的设备:

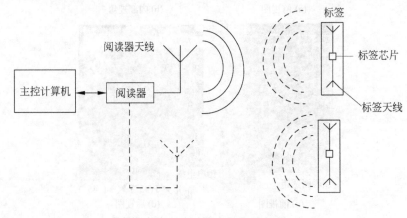

图 9-31　RFID 系统的简要模型

阅读器或询问器。这些常用设备反映了这样一个事实,即阅读器的主要工作是与标签天线快速通信(通常同时使用多个标签),然后从标签那接收数据。但是,与阅读的名字相反,阅读器通常还会将数据传输或写入到标签。在提示标签响应之前,阅读器还经常为其提供电源,这有助于降低标签的成本。因为标签天线使用电池,传输连接和维护成本很高。标签天线可分为无源、有源、半有源这几类。

无源标签天线的成本较低,但是通信范围和数据传输速率方面往往受到限制,无源标签天线只能在阅读器供电后响应,这个过程可能需要一些时间。有源标签天线则具有足够的板载电池电量,可以向阅读器"传播"其存在并进行高数据速率通信。半有源标签天线具有有限的电源能量,可以允许更快的数据传输。

RFID 标签是通过无线电波以非接触方式和传输数据到阅读器的设备。大多数标签都带有"芯片",包括两个主要部件:小型专用集成电路和天线,一些商业 RFID 标签如图 9-32 所示。RFID 阅读器通过阅读器天线与标签通信,阅读器天线将来自阅读器发射器的射频信号传播到其周围环境并使得标签接收与响应,因此射频识别系统所应用的频率在 125~134.2kHz(LF)、13.56MHz 的高频(HF),以及 840~960MHz 的超高频(UHF),甚至还有微波应用频段,包括 2.4GHz、5.8GHz 和 24GHz。正是因为应用在不同频段的 RFID 天线,所以阅读器的天线电长度也会有所不同。如图 9-33 所示,环形天线被应用于 LF/HF 频段,天线的尺寸可以达到几米,而用于 UHF/MWF 的天线通常是较小的贴片天线,通常这类天线被要求工作频带要宽并且极化方式为圆极化。

RFID天线

图 9-32　RFID 标签

LF/HF阅读器天线

UHF阅读器天线

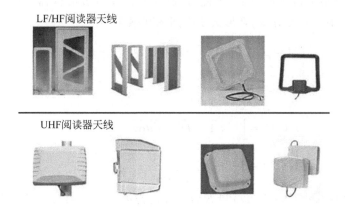

图 9-33　RFID 阅读器天线

射频识别系统按照使用的系统、工作频段、阅读距离、协议,以及传输到标签的功率大小等进行分类,最通用的分类是所谓的近场 RFID 和远场 RFID,这是由阅读器与标签之间的功率传输方法决定的。RFID 采用不同的方法将能量从阅读器传输到标签,一般有电感/电容耦合和捕获电磁波等方法。这两种方法都可以将足够的功率传输到遥远的标签以维持它的工作,典型的功率大小有 $9\mu W \sim 1mW$,所需能量的大小取决于标签上所使用的芯片种类。

图 9-34 所示为阅读器与标签在近场 RFID 系统中,其功率传输与通信的原理。当标签放置在阅读器附近时,标签从阅读器天线产生的磁场中获取能量,并且标签对阅读器天线产生的反馈将导致磁场发生变化,这一变化也随即被阅读器捕获到。另外,如果控制负载电阻器或电容器的连通和断开时间,则数据可以从标签传送到阅读器。标签通过开关负载电阻或电容改变负载阻抗,因此有电阻-负载调制和电容-负载调制。

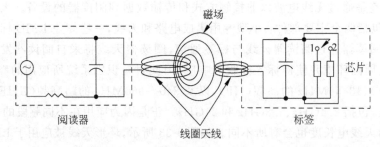

图 9-34　在近场 RFID 系统中,阅读器与标签之间的功率传输以及通信方式

近场射频识别系统的主要限制问题是阅读器与标签具有有限的读取距离,HF 频段的近场射频识别系统的读取距离通常小于 $1.5m$;近场射频识别系统的另一个限制问题是对标签检测的方向敏感,因为阅读器天线产生的磁场与方向有关。可以这样说,当标签被定好位置并且有足够的磁通量通过时,阅读器可以检测到标签。但是当标签平行于磁场方向时,阅读器则无法检测到标签,因为没有磁通量通过标签。一般在近场射频识别系统中,环路/线圈天线通常用于阅读器与标签,图 9-35 是简单的阅读器与标签模型,其中 a 为阅读器环半径,b 为标签环形半径,d 为标签和阅读器环形天线之间的距离。靠近阅读器,沿着环形轴产生的磁场场强最大,设为 z 轴。因此,产品通常被布置成阅读器与标签环具有相同的轴,通过这种环形中心对准方式,环形天线之间的互感 M 为

$$M = \mu_0 \sqrt{ab}\left[\left(\frac{2}{D} - D\right)K(D) - \frac{2}{D}E(D)\right] \tag{9-33}$$

$$D^2 = \frac{4ab}{d^2 + (a+b)^2} \tag{9-34}$$

$$E(D) = \int_0^{\pi/2} \sqrt{1 - D^2\sin^2\theta\,\mathrm{d}\theta} \tag{9-35}$$

$$K(D) = \int_0^{\pi/2} \frac{\mathrm{d}\theta}{\sqrt{1 - D^2\sin^2\theta}} \tag{9-36}$$

其中,μ_0 为真空中的磁导率;$E(D)$ 和 $K(D)$ 分别为第一类和第二类的完全椭圆积分表达式。这些公式表明,在系统设计阶段应该考虑标签环形天线和阅读器环形天线尺寸之间存在的最佳关系。

如前所述,阅读器和标签之间的能量传递通过两个环之间的相互耦合实现,进一步分析可以得到两个相互耦合的电感的等效电路如图 9-36 所示。图 9-36 左侧的电路代表阅读

器,右侧的电路代表标签,可以清楚地看到两个线圈之间发生的能量转移是由两个电流相关的电压源与线圈电感串联而成,电压源的大小取决于相互耦合的程度,并随着标签和阅读器之间的距离而发生变化。因为互耦通常较低,所以阅读器的电流可以被认为是近似恒定的。

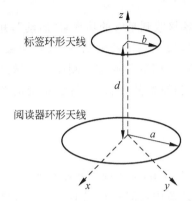

图 9-35　简单的阅读器与标签环形天线

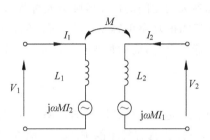

图 9-36　阅读器与标签的相互耦合

　　在远场射频身份识别系统中,通过发送和接收电磁波执行从阅读器到标签的功率传输以及两者间的通信,使用标签接收从阅读器天线辐射出来的电磁波。标签天线接收能量,并产生一个出现在芯片端口的交替电位差,二极管可以纠正这种电位差并将其连接到电容器上,这将导致能量的积累,从而为其电子设备提供能量。标签位于阅读器天线的远场区域,信息通过反向散射调制传回阅读器。

　　如图 9-37 所示,阅读器天线发出将被标签接收到的电磁波能量,一部分能量随后从标签反射并被阅读器检测到。标签负载阻抗的变化会导致标签天线与负载之间的阻抗失配,导致反向散射信号的变化,换句话说,通过改变标签负载的阻抗可以影响标签的后向散射辐射。

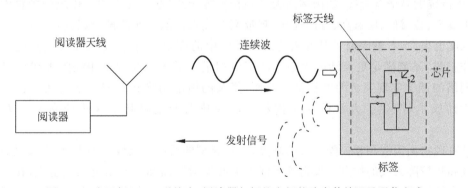

图 9-37　在远场 RFID 系统中,阅读器与标签之间的功率传输以及通信方式

　　远场天线之间的能量传递可以通过图 9-38 来描述,使用远场传输公式,可得

$$\frac{P_{\mathrm{R}}}{P_{\mathrm{T}}} = \left(\frac{\lambda}{4\pi d}\right)^2 G_{\mathrm{T}} G_{\mathrm{R}} \tag{9-37}$$

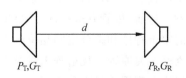

图 9-38　路径损耗模式

但是这个公式适用于具有相同极化的完全匹配的天

线,修正因子 $|\tau|^2$ 和 χ 被用于补偿不匹配和极化失调的影响。考虑这些修正因子,标签天线的接收功率可以修正为

$$P_R = \left(\frac{\lambda}{4\pi d}\right)^2 P_T G_T G_R \mid \tau \mid^2 \chi \tag{9-38}$$

为了使标签能够有效地工作,标签天线必须从标签接收到足够的功率来"启动",并且标签必须能够提供足够的调制让阅读器检测到,这些都取决于阅读器的功率、天线增益、阅读器和标签天线之间的极化匹配以及标签天线和相关 IC 之间的不匹配。阅读器灵敏度比激活标签所需的功率更容易改进,所以阅读器是更复杂和昂贵的设备。因此,系统的范围 d 通常由标签 IC 所需的最小功率决定,计算式为

$$d = \frac{\lambda}{4\pi}\sqrt{\frac{P_T G_T G_R \mid \tau \mid^2 \chi}{P_{CHIP}}} \tag{9-39}$$

其中,P_{CHIP} 是激活标签所需的功率。通过式(9-25)可以看出,为了改善系统的范围 d,标签 IC 应当设计为具有较小的 P_{CHIP},一般在典型的商业设备中,标签 IC 具有 $10-j245\Omega$ 的等效串联输入阻抗,所以标签天线被设计的阻抗尽可能接近芯片输入阻抗的复共轭阻抗,大概为 $10+j245\Omega$。这类电阻很低,特别适合标签天线这样的电小天线。

标准条件对于射频识别系统的应用是至关重要的,在过去 10 年中,为了开发不同的射频识别系统频段和应用的标准,学者们开展了大量的研究工作,并提出了几个射频识别系统标准协议,包括空中接口协议(标签和阅读器相互通信的方式)、数据内容(数据组织或格式化的方式)和一致性(测试产品是否符合标准指标)等。

9.4　反射阵天线

在现代无线通信、空间遥感、太空探索、雷达探测等领域中,对高增益天线的需求越来越大,其中传统的高增益天线(如抛物面天线和相控阵天线)起重要作用。传统的抛物面天线具有主瓣窄、旁瓣低、增益高、方向性强、频带宽等优点。但弯曲的抛物面使天线庞大笨重,加工难度也很大,严重限制了其在雷达通信系统中的应用。同时,抛物面天线只能实现机械工作扫描,不能满足更灵活的大角度波束电扫描的需求。高增益相控阵天线可以通过馈电网络的调节实现灵活的电扫描。然而,复杂的馈电网络和移相网络增加了相控阵天线的设计成本,产生了大量的功率损耗。这些缺点严重限制了这两种高增益天线的应用。

针对抛物面天线和相控阵天线的缺点,一种新型的反射阵天线被提出,该天线具有抛物面天线和相控阵天线的优点。反射阵天线由平面反射阵面和空间馈电天线组成,在反射面上有许多辐射阵元,它们的作用都是相同的,即产生一定的相移补偿。平面反射阵天线由于低剖面、重量轻、成本低、简单的馈电网络和高增益等优点,成为国内外学者研究的热点课题。然而,尽管有这些优点,反射阵天线最大的缺点是带宽窄,这主要是由于辐射阵元固有的窄带特性和差分空间相位延迟两个因素造成的。对于中小尺寸的反射阵天线,第一个因素是主要原因。反射阵天线虽然有带宽限制,但由于其性能的多样性,反射阵天线的发展、研究和应用前景十分广阔。

图 9-39 为一般的反射阵天线结构示意图,反射阵天线的基本工作原理为:由馈源发射

出的球面电磁波到达反射面的每个阵元路径不同,从而会产生波程差,为了让反射波在远场形成同相的波束,那么位于反射面不同位置的反射阵元需要提供不同的相移补偿量。由阵列天线理论可知,为了产生波束指向为(θ_b, φ_b)的平行波,反射阵口径面上的连续相位分布需要满足如下条件。

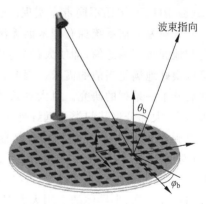

$$\Phi(x_i, y_i) = -k_0 \sin\theta_b (x_i \cos\theta_b + y_i \sin\varphi_b) + R_i k_0 \tag{9-40}$$

其中,k_0为自由空间中的波数;(θ_b, φ_b)为反射阵的波束方向;阵元的位置用(x_i, y_i)表示;阵元与馈电天线的相位中心之间的距离为R_i。

图 9-39　反射阵天线结构示意图

9.5　太赫兹天线

自进入 21 世纪以来,无线通信技术迅速发展,信息量的需求和通信设备的增加都对通信数据传输速率提出了更加严格的要求。因此,未来的通信技术面临的挑战之一就是在一个位置以每秒千兆比特的高数据速率工作。在目前的经济发展状况下,频带资源已经日趋贫乏,而人类对通信容量和速率的需求是无止境的。针对频谱拥挤问题,有不少研究者采用多带宽来解决问题。随着 5G 网络的推进,每个用户的数据连接速度将超过每秒吉比特,基站的数据流量也将大幅度增长,对于传统的毫米波通信系统,微波链路将无法处理这些巨大的数据流量。除此之外,红外或可见光通信会受到一些安全和技术的阻碍,所以处于微波和红外之间的太赫兹波因其独特的优点可以应用在高速通信系统的构建中。

太赫兹(Teraherz,THz)电磁波一般定义在 $0.1 \sim 10\text{THz}(1\text{THz} = 10^{12}\text{Hz})$ 频段,波长为 $0.03 \sim 3\text{mm}$,IEEE 标准对太赫兹波频段的定义为 $0.3 \sim 10\text{THz}$。图 9-40 显示了太赫兹波在电磁波谱中的位置。显然,太赫兹波处于微波和红外之间,是从宏观电子学过渡到微观光子学的中介。因为太赫兹波独特的频谱位置,太赫兹波在无线通信领域的特点为:带宽足够宽,传输速率高;波束窄,方向性好;波长短,太赫兹器件可以更加微型化等。

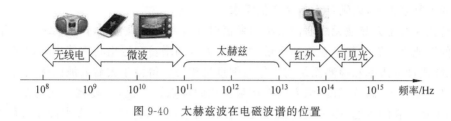

图 9-40　太赫兹波在电磁波谱的位置

太赫兹波可以提供比微波宽得多的通信带宽,因为太赫兹频率所处的频率范围是目前手机设备通信使用频率的 1000 倍左右。利用太赫兹波建立一个超高速无线通信系统是解决高数据速率问题的极具前景的方案,该方案引起了很多研究团队和行业的兴趣。2017 年 9 月,第一个太赫兹无线通信标准 IEEE Std 802.15.3d—2017 已经发布,该标准定义了在 $252 \sim 325\text{GHz}$ 之间的较低太赫兹频率范围内用于交换点对点链路的替代物理层(Physical

Layer，PHY），采用不同带宽实现高达 100Gb/s 的数据速率。

太赫兹通信系统拥有毫米波无法达到的大容量和高数据传输速率，主要应用在太空通信和地面短距离通信，即使太赫兹会在大气层有所损耗，但是其良好的保密性和高传输速率可以很好地满足当前的需求。因此，太赫兹通信系统的建立已得到全世界各国的重点关注，并展开了一系列的研究。对太赫兹的研究始于 19 世纪，但是那时并不作为一个独立的领域来研究，大部分将其归类为远红外线的范围，直到 20 世纪，研究学者才开始将毫米波的研究推进到太赫兹频段，建立起对太赫兹技术的专门研究。太赫兹技术的发展历程主要分为 3 个阶段：(1)20 世纪中后期，因为太赫兹源和飞秒技术的发展，很多相关技术得到快速发展；(2)20 世纪 90 年代以来，主要研究太赫兹光谱以及检测技术，应用于天文学领域；(3)近 10 年来，半导体的应用大大促进太赫兹器件制造技术的发展，引起了对太赫兹波的研究热潮，解决了探测器的灵敏度问题。太赫兹技术的发展历程如图 9-41 所示。从太赫兹技术的发展历程可以看到，电子学与光子学随着太赫兹技术的发展可以相互借鉴和融合，从而促进各自的发展。

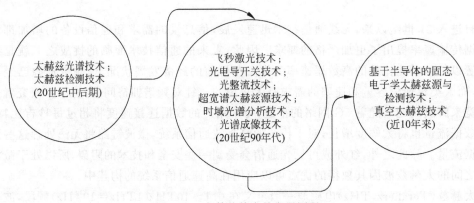

图 9-41　太赫兹技术的发展历程

当前太赫兹天线主要有 3 个基本设计思路：(1)基于传统的微波天线，采用频率比缩放方式实现太赫兹波的辐射和接收；(2)在高增益的平面天线上，对其介质层进行优化处理，以消除因天线辐射频率高造成的表面波效应；(3)结合当前最新研究成果——新材料，制造高精度的太赫兹天线，以满足太赫兹通信需求。

太赫兹天线是太赫兹无线通信系统用来辐射和检测太赫兹波的不可或缺的装置，太赫兹天线的性能直接影响整个系统的质量，尤其是天线的增益和输出功率等指标，与数据传输速率、系统成像分辨率和检测系统的工作范围息息相关。得益于太赫兹波的优点，太赫兹天线可以具有宽频带、高分辨度、强方向性和微型化的优点。但是，太赫兹天线与微波天线相比，增加了很多新的难题，因为太赫兹天线工作在高频段，器件尺寸会大大减小，因此，太赫兹天线在结构设计、材料制造、加工技术等方面都提出了更加严格的要求。例如，太赫兹频段决定了太赫兹天线的尺寸较小，所以加工技术需要微机械的加入。但是，太赫兹天线的加工相对复杂不单独在于几何形状，还涉及天线与电路的耦合，目前还没有一个统一的制造标准技术。3D 打印技术作为新型加工工艺，具有较好的灵活性，有望打印出复杂度较高的天线结构，而且满足高精度和低成本的加工需求。当前 3D 打印技术多用于打印太赫兹波导或喇叭天线，以及太赫兹透镜天线，具有成本低、预成型率高的快速成型优点。

9.5.1 太赫兹天线的基本类型

太赫兹天线发展至今,已有的类型有很多种:带偶极子的棱锥喇叭腔、夹角反射器阵、领结形偶极子、介质透镜的平面天线、用于产生太赫兹源辐射源的光电导天线、太赫兹喇叭天线、基于石墨烯材料的太赫兹天线等,纵观太赫兹天线的发展历程,可以将其大致分为金属天线(以喇叭天线为主)、介质天线(以透镜天线为主)和新材料天线。

1. 金属天线

喇叭天线是典型的金属天线之一。经典的毫米波辐射接收器的天线是圆锥形喇叭,波纹型和双模式设计的天线具有旋转对称辐射模式、20～30dB 的高增益、−30dB 的低交叉极化电平、97%～98% 的零阶高斯模式的耦合效率等众多优点,这两种喇叭天线的可用相对带宽分别约为 30%～40% 和 6%～8%。

然而,因为太赫兹波的频率非常高,喇叭天线的尺寸非常小,这就导致在喇叭的尖端部位加工比较困难,加工技术的复杂化又会导致成本昂贵和批量生产受限。所以,对于太赫兹频段,由于复杂喇叭设计的底部制造困难,通常使用简单的锥形或圆锥形喇叭形式的喇叭天线,这样可以降低成本和加工复杂度,而且天线的辐射性能可以保持良好。

另外一种金属天线是行波角锥棱镜天线,该结构由集成在 $1.2\mu m$ 介质膜上的行波天线组成,并悬挂在蚀刻在硅片上的纵向腔中,结构如图 9-42 所示。

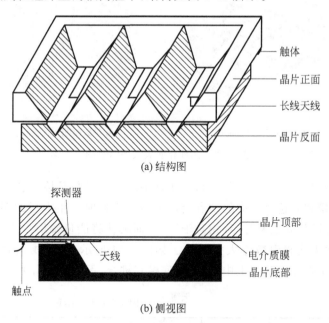

(a) 结构图

(b) 侧视图

图 9-42 行波角锥棱镜天线

该天线是一个开放式的结构,可以与肖特基二极管兼容。由于其结构相对简单,制作工艺要求不高,一般可以用于 600GHz 以上的频段。但是该天线的旁瓣电平和交叉极化电平较高,可能是因为其开放式的结构,因此其耦合效率比较低(大约为 50%)。

2. 介质天线

介质天线是由平面电介质基片和天线辐射体组合而成的。介质天线通过适当的结构和尺寸设计,可以实现在较大阻抗范围内与检测器进行阻抗匹配,而且具有加工工艺简单、容易集成、成本低等优点。2015 年,南京大学的超导电子学研究所就针对太赫兹介质天线设计了几种能够与低阻抗检测器匹配的窄带及宽带边射天线:蝶形天线、双 U 形天线、平面对数周期天线和对数周期正弦天线,如图 9-43 所示。

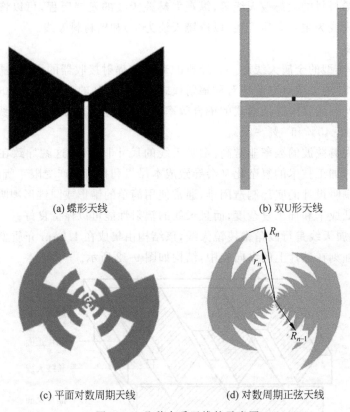

(a) 蝶形天线　　　　　　　　　　(b) 双U形天线

(c) 平面对数周期天线　　　　　(d) 对数周期正弦天线

图 9-43　几种介质天线的示意图

但是平面天线因为与电介质基片结合,在频率趋于太赫兹频段时会产生一个表面波效应(也称为厚介质模式),这个致命的缺点会让天线在工作时产生大量的能量损耗。表面波效应是指天线阵元因为介质层过厚(相对于波长)而无法将能量辐射出去,大部分能量停留在介质层中而导致天线辐射效率大大下降。如图 9-44 所示,当天线辐射角度大于临界角时,其能量都会被困在介质基片上中,并与衬底模式耦合,不能辐射出去。

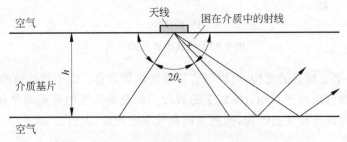

图 9-44　天线表面波效应示意图

　　表面波效应的产生：随着衬底厚度增加,衬底中的高次模也会增加,然而这些高次模会在衬底中反复反射而无法辐射出去,天线辐射的能量会耦合到越来越多的高次模中,从而导致天线与衬底介质的耦合效率提高,能量损耗加剧。

　　针对表面波效应问题,解决的方法可以从3个方向优化：(1)在天线上加载透镜,利用天线聚束性质取代半无穷厚的平面介质基片——透镜天线；(2)将衬底的厚度做得比较薄,可以限制电磁波的高次模产生——薄膜天线；(3)将衬底介质材料替换成电磁带隙(Electromagnetic Band Gap,EBG),EBG的空间滤波特性可以减少高次模。图9-45所示为这3种优化方案的示意图。

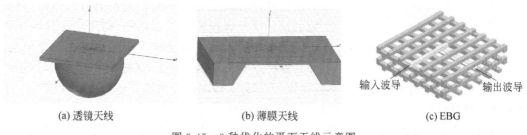

(a) 透镜天线　　　　　(b) 薄膜天线　　　　　(c) EBG

图 9-45　3 种优化的平面天线示意图

3. 新材料天线

　　除了以上两种天线类型,还有一种比较新颖的新材料天线。例如,2006年,Jin Hao等提出了一种碳纳米管偶极子天线,如图9-46(a)所示,传统的偶极子天线是用金属材料制作的,这里则采用碳纳米管替代。图9-46(b)所示为碳纳米管偶极子天线输入阻抗随频率变化的变化曲线,可以看到,在较高频段,输入阻抗的虚部 $\mathrm{Im}(Z_{in})/R_0$ 具有多个零点,相对应地表明该天线可以实现多个不同频率的谐振点,这为制作宽频带太赫兹天线提供了一个新的研究思路。

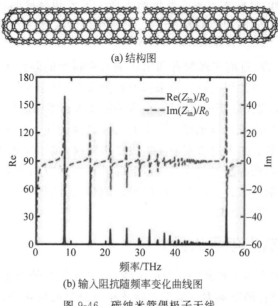

(a) 结构图

(b) 输入阻抗随频率变化曲线图

图 9-46　碳纳米管偶极子天线

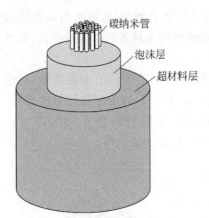

碳纳米管
泡沫层
超材料层

图 9-47　新型碳纳米管天线结构

2012 年,Samir F. Mahmoud 和 Ayed R. AlAjmi 基于碳纳米管提出了一种新的太赫兹天线结构,该天线由一束碳纳米管组成,碳纳米管由两个介质层包裹,内层是电介质泡沫层,外层是超材料层。泡沫层可以容许设计者选择超材料层的半径,超材料层减小轴向传播表面波沿天线轴的相位和衰减常数,具体结构如图 9-47 所示。通过测试,天线的辐射性能相对于单壁碳纳米管有所增强。

新材料的研究是一个比较新颖的研究方向,材料的创新有望突破传统天线的极限,衍生出多种新型符合发展趋势的天线。但是该类天线也存在一个问题,即其发展主要依靠新材料的创新和加工工艺的进步,材料技术的发展对其影响较大。不管如何,太赫兹天线的研发都需要创新材料、精密加工工艺和新颖设计结构来满足天线的高增益、低成本和宽频带等需求。

本节就太赫兹天线的基本类型——金属天线、介质天线和新材料天线这 3 种具有代表性的天线进行了简要介绍,并举例说明了每种天线的区别和优缺点。

(1)金属天线结构简单,组装方便,加工容易,成本相对较低,对衬底材料要求不高。但是,金属天线采取的是机械调整天线下倾角度的方式,这样容易出错,若调整不当,会导致天线性能大大下降。而且金属天线一般体积较小,不容易集成,与平面电路的组装比较难。

(2)介质天线具有较低的输入阻抗,容易与低阻抗的检测器等耦合,与平面电路的连接也相对简单,可以说集成度较高。已经研发出来的介质天线类型有蝶形、双 U 形、平面对数周期和对数周期正弦天线。但是,介质天线同样存在一个致命缺陷——表面波效应,该效应是因为厚介质产生的。针对该问题,优化的解决方案有加载透镜、制作很薄的衬底和用 EBG 结构替换介质衬底,后两种方案需要依赖于加工工艺和材料的创新和不断进步,但是其带来的优良性能(如全向性和抑制表面波效应等)可以为太赫兹天线的研究提供一个新的思路。

(3)对于新材料天线,目前实现的有利用碳纳米管制作的偶极子天线和结合超材料制作的新型天线结构,新材料的引入可以带来新的性能突破,但是前提是材料科学的创新,目前针对新材料天线的研究还处于探索阶段,很多关键技术还不够成熟。

综上所述,根据设计需求可以选择不同类型的太赫兹天线。如果追求制作简单和成本低的,可以选择金属天线;如果追求高平面集成度和低输入阻抗,可以选择介质天线;如果追求新的性能突破,可以选择新材料天线。以上的设计方案应当根据具体要求进行相对调整,如可以将两种类型的天线进行结合,使其同时拥有两者的优点,但是相对应的组装方法和设计技术需要更加严格的要求。

9.5.2　太赫兹光电导天线

光电导天线是用来产生太赫兹辐射源的天线,光电导天线的创新和发展对太赫兹通信系统和其他领域有着独特的影响力。鉴于太赫兹在电磁波的特殊位置,太赫兹波的产生方式总体可以分为 3 种:基于电子学方法的太赫兹源、基于光子学方法的太赫兹源和基于光电混合的太赫兹源。第一种方法研究比较新颖的是太赫兹量子级联激光器；第二种方法是研究比较早和普遍使用的太赫兹源产生方法，比较典型的是光电导天线（Photoconductive Antenna，PCA）；第三种方法使用固态电子设备实现。

关于光电导天线的起源，可以从 1984 年 Auston 和 Cheung 在贝尔实验室首先利用光电导发生了飞秒宽度的太赫兹波追溯，该设计最先发展了太赫兹时域光谱系统，经过十几年的发展，这个基于光子学的太赫兹源方法越来越流行，逐渐发展成一门新的学科，太赫兹波的产生和检测也得到了很大的突破。

1988 年，Smith 等也是在贝尔实验室首先报道了产生 0.1～2THz 的光电导偶极子天线，该天线使用飞秒光学脉冲照射从而产生皮秒电脉冲。1989 年，Exter 等使用蓝宝石透镜和抛物面镜对 PCA 进行优化，获得不错的效果。1990 年，Darrow 等演示了一种使用大孔径平面光电导体产生定向电磁脉冲的光电导天线的新方法，该定向电磁脉冲可以通过光学照明进行操纵，该 PCA 尺寸大，容易制作，相比于小间隔的天线，其在飞秒激光照射下可以辐射出更强的太赫兹波。1992 年，Justin 等基于大孔径 PCA 产生超快脉冲电磁辐射的饱和特性提出了相关函数，函数将饱和特性作为光激励通量。

当激光束照射在光电导开关（间隙）上的半导体（如 GaAs、InP 等）时，将会在其中产生电子空穴对。如果光电导开关间隙中存在外部电场，该电场通常是在直流电压和地面之间产生的，则会在其两端形成电流。此时，如果激光信号具有足够短的时间周期，即大约 100fs，那么太赫兹信号就会由所产生的光导电流产生。图 9-48 所示为一种 PCA 的原理图。光电导天线既可以用来产生太赫兹信号，也可以用来检测太赫兹信号。

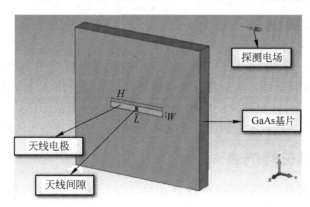

图 9-48　PCA 原理图

PCA 的天线模型基本包括天线间隙、电极和光电导衬底。天线间隙是激光脉冲直接照射在光电导材料上的位置，电极可以外加电场，衬底基片材料的一般选择低温的砷化镓（LT-GaAs）。光学激光脉冲聚焦于电极之间的间隙，并吸收在光导基片上，通常为了增强 PCA 的方向性和增益，会在 PCA 上面加载透镜，以增加耦合效率和产生法向方向的太赫兹波。

PCA 的辐射性能主要取决于 3 个因素：飞秒级的激光脉冲、光电导衬底材料和天线的几何结构。当前激光器的脉冲可以达到飞秒级，后续的创新还需要继续发展；对衬底材料的一般要求是载流子寿命更短、载流子迁移率更快、电阻率更高，目前使用广泛的有 GaAs、

GaP、ZnTe 等,追求更加完善有效的光电导材料是未来的研究重点;对于 PCA 的几何结构,最先提出的是偶极子天线,后续提出了优化的大孔径 PCA,目前得到较多研究和广泛应用的也是这两种。

针对当前光电导天线仍然具有材料损耗大、光电转换效率低、输出功率低等问题,当前研究比较热门的优化方案是加载硅透镜、利用等离子体共振、利用光子晶体等,这些方法可以用来提高光电导天线效率和增强方向性。图 9-49 所示为这 3 种优化方案的天线结构图。

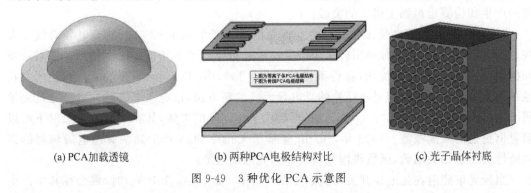

(a) PCA加载透镜   (b) 两种PCA电极结构对比   (c) 光子晶体衬底

图 9-49   3 种优化 PCA 示意图

PCA 的创新进步对太赫兹技术发展具有重大意义,但是当前的 PCA 存在着转换效率低等缺陷,在衬底材料、几何结构和结合新技术的研究方面还处于发展阶段,后续需要继续深入探索,以期可以实现高辐射效率的光电导天线设计。

9.6   仿真实例

Ansys HFSS 是一款功能十分强大的电磁仿真软件,本节将使用 HFSS 对手机天线、基站天线、RFID 天线、反射阵天线和太赫兹天线分别进行仿真,并列出仿真结果与辐射方向图,以此来说明性能情况。Ansys HFSS 采用极其标准的 Windows 图形用户界面,非常容易掌握,模型可轻易创建与操作,采用稳定成熟的自适应网络剖分技术,仿真结果极其接近实测结果。

9.6.1   手机天线仿真

对于手机天线的仿真,采用曾广泛使用的 PIFA,其工作频段覆盖 6 个波段,包括 GSM850、GSM900、DCS1800、PCS1900、UMTS2100 以及 LTE2300。手机天线的 3D 模型如图 9-50 所示,通过在天线旁增加寄生单元,以及在天线主辐射贴片上开槽,用这两种方法改善天线工作频段的高频段带宽,从而覆盖更多的通信网络模式。

图 9-51 所示为手机天线在软件 HFSS 中的模型仿真,天线模型外的大盒子即是空气盒子,长宽高尺寸大约为距离模型 $\lambda/4$,将该盒子设为辐射边界条件后设置扫频模式,并检查仿真设置,系统提示正确后,即可开始仿真。

为了进一步验证仿真结果,可以将手机天线实物制作出来,如图 9-52 所示,即是手机天线的实物图。通过在 ABS 支架上切割铜皮制作手机天线。手机天线完成后,可放入图 9-53 所示的 ETS 暗室进行有源测试。对于一般工业设计,除了手机天线的无源参数驻波比需要达到要求外,前面提到的有源参数 TRP 与 TIS 也要符合国家标准,合格的产品才被允许上市。

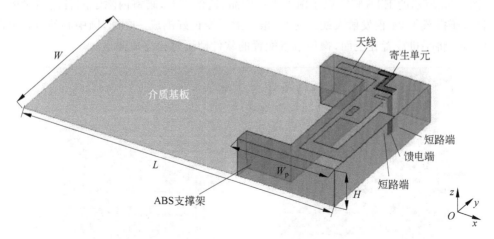

图 9-50   手机天线三维模型

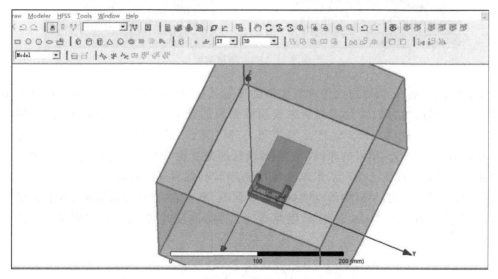

图 9-51   在 HFSS 中仿真的手机天线

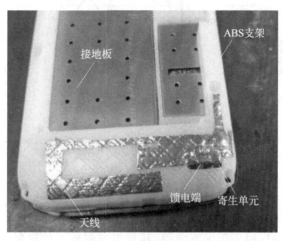

图 9-52   手机天线实物

图 9-53 所示的 ETS 暗室属于国外进口产品,造价不菲,暗室内除了配备高质量的吸波材料外,还搭载了 24 根发射天线。这 24 根发射天线正好围成一个圆,圆中心的位置上配备一个转台,将手机放置在上面,操控暗室配置的软件即可轻松完成测试。

图 9-53　ETS 测试暗室

实物测试合格后,可以对比仿真与实测的反射系数,结果如图 9-54 所示。可以看出实测结果要好于仿真结果,并且实测结果表明低频段的带宽为 805～990MHz,而高频段为 1705～2520MHz,这样的带宽性能足够覆盖 GSM/DCS/PCS/UMTS/LTE 等 6 个通信频段。实测结果优于仿真结果的原因是工程师调试的速度优于软件优化的速度,一般工程师均是通过软件仿真观察天线在工作频段上的性能情况,然后提出较为合理的天线设计方案,但实物物料总是与仿真环境中的模型材料存在误差,不可能完全等同,何况手机内部的元器件较多,对天线辐射的影响比较复杂,因此经过工程师的长时间调试后,实测结果才能够达到满足指标的要求。

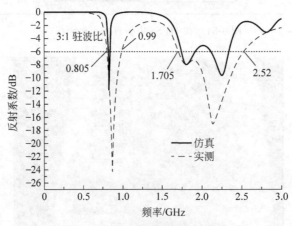

图 9-54　仿真与实测的反射系数

为了观察手机天线的辐射性能,可以在软件上导出二维辐射方向图。图 9-55 所示为手机天线在频率为 900MHz 时的辐射方向图,其与半波偶极子的辐射方向图较为相似,图中

在 yOz 平面的方向图表明该款手机天线具有全向辐射的特性,这符合现代移动通信的要求。

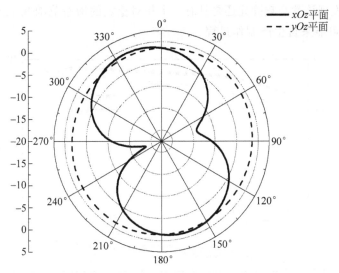

图 9-55　手机天线二维辐射方向图

9.6.2　基站天线仿真

本节仿真选取一款基站天线阵元,如图 9-56 所示。这款偶极子天线阵元主要由两个交叉偶极子、一对馈电条和两对馈电巴伦构成。两个交叉的偶极子正交放置,以此获得正交双极化辐射性能,另外,两对馈电巴伦也正交放置,作为相应的偶极子阵元的 $\lambda/4$ 阻抗变换器,同时也是偶极子阵元的支撑结构。这个辐射阵元与传统的矩形环状辐射体偶极子相比,具有两对加载的金属支路和两个寄生的金属枝节,通过两者的作用使其阻抗带宽获得显著提高。并且,当两对偶极子天线阵元的其中一个被激励时,则另一个天线阵元被看作寄生单元也在一定程度上拓宽了其阻抗匹配带宽性能。

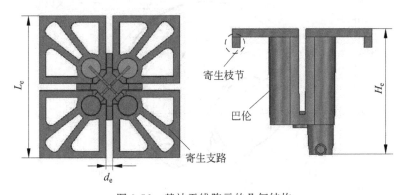

图 9-56　基站天线阵元的几何结构

用是德科技公司生产的 E5071C 网络分析仪对该高频阵元进行电性能方面的测量,另外在摩比天线公司的远场测试区对该偶极子天线阵元进行辐射性能方面的测量,其仿真与实测的电压驻波比(VSWR)和增益如图 9-57 所示。可以看出,仿真和实测的电压驻波比

（VSWR）值在工作频段 1.7~2.7GHz 上都小于 1.5，并且两者具有很好的一致性。对于该
天线阵元的增益，尽管仿真增益值为 9.5dBi 左右，实测增益值只有 8.5dBi 左右，但是通过观
测实测结果可以发现该款高频阵元还是具有一个相对稳定的增益范围 8.4±0.4dBi。仿真和
实测结果的差异可能来自生产制作过程。

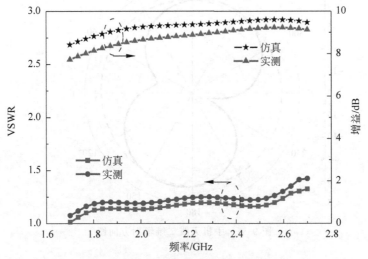

图 9-57　高频阵元仿真和实测的 VSWR 及增益

　　因为交叉偶极子天线在两端口具有高度对称的辐射性能，本节只给出该高频振子在端
口 1 上的水平面辐射方向图，如图 9-58 所示，辐射方向图的工作频点分别为 1.7GHz 和
2.7GHz。可以看出，该天线阵元的主极化方向图在整个工作频段内变化不大，0°的交叉极
化比大于 20dB 左右，符合现代基站天线的指标要求，并且主极化水平面波宽也稳定在
65.2°左右。综合以上技术指标，再加上阵元结构简单、小巧，便于大规模加工生产，所以这
款高频辐射阵元是一款优秀的天线，在移动通信市场上具有极大的潜力。

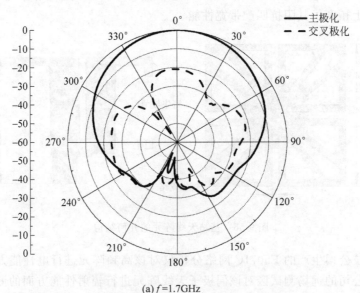

(a) f=1.7GHz

图 9-58　在不同频点的水平面辐射方向图

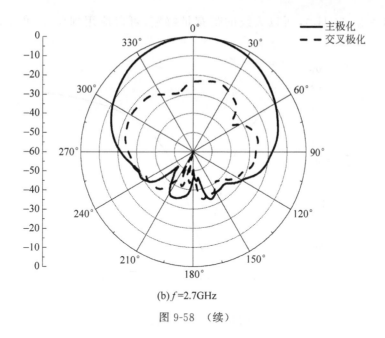

(b) f=2.7GHz

图 9-58 （续）

9.6.3 RFID 天线仿真

本节提供的仿真天线模型是一款中心频率为 2.4GHz 且应用于路边停车位的微带天线,该天线由两层构成,分别位于基质层的上下两个面,中间层介电基质采用普通的环氧树脂(FR4),顶层是天线的辐射层,主要由一个矩形环和一个单极子构成,辐射层的材料还是金属铜。天线的馈电方式为微带线馈电,底层为接地板,其尺寸为 $34mm \times 34mm \times 1.6mm$,天线的结构如图 9-59 所示。

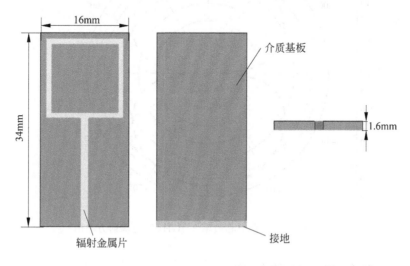

图 9-59 RFID 天线的结构

通过 HFSS 软件仿真,该款 RFID 天线的回波损耗结果如图 9-60 所示,回波损耗在中心频点 2.4GHz 处达到最小,并且天线回波损耗低于 $-10dB$ 的有效带宽仍然达到了

250MHz(2.3～2.55GHz)，所以天线的带宽足够宽，可以应用到蓝牙、WLAN、WIFI 等场景。

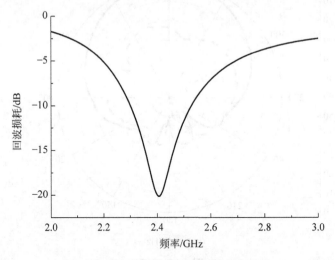

图 9-60　RFID 天线回波损耗的仿真结果

图 9-61 描绘了中心频率为 2.4GHz 时天线的辐射方向图，天线的辐射方向图遵从全向辐射，没有大的主瓣和小的旁瓣，对比传统的微带天线特性，这也是该 RFID 天线的一个优点，所以该天线能够广泛应用于无线局域网中。

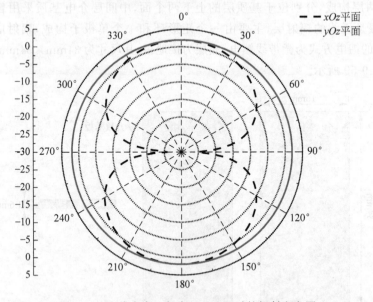

图 9-61　天线在中心频率 2.4GHz 时的辐射方向图

9.6.4　反射阵天线的仿真

本节所选取的反射阵是用于多功能系统的超宽带紧耦合反射阵，图 9-62 所示为其阵元的几何结构。反射阵的阵元由椭圆形偶极子、槽线和金属地板组成。椭圆偶极子和槽线印刷在介电常数为 3.55 的罗杰斯 RO4003C 介质基板上。在介质基板和地板之间利用空气层改善带宽性能。通过调节槽线的长度实现反射相位的变化。值得指出的是,所提出的反射阵列的相邻阵元彼此直接连接。通过这种排列,由于阵元之间强的相互耦合,可以大大提高阵列的带宽。图 9-63 所示为反射阵天线阵元及带支架的喇叭。反射阵包括 507 个反射阵元,呈圆形口径分布,所有反射阵元等间隔周期排列在介质基板上。图 9-64 所示为其归一化的等效距离延迟,图 9-65 所示为反射阵中每个阵元所需的等效距离延迟和槽线的长度。

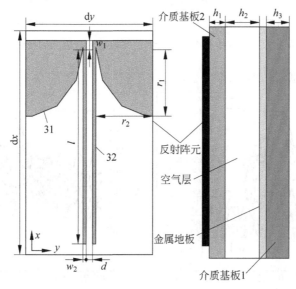

图 9-62 所提出的阵元结构

图 9-63 所提出的反射阵天线及带支架的喇叭

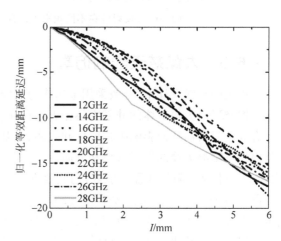

图 9-64 阵元的归一化等效距离延迟

　图 9-66 为反射阵在不同频率下仿真的 E 面和 H 面辐射方向图。如图 9-66 所示,辐射方向图在 100% 带宽内是稳定的,主波束在 10～30GHz 的频率范围内不失真。H 面的最高旁瓣电平约为 −8.2dB,E 面的最高旁瓣电平约为 −12.5dB。相对较高的旁瓣电平主要是由于溢出效应和边缘频率处的相位误差引起的。另外,在主波束区域,仿真的交叉极化电平

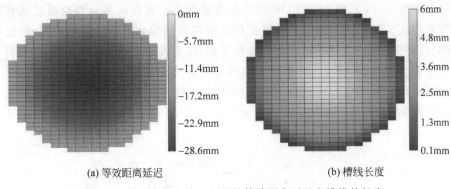

(a) 等效距离延迟   (b) 槽线长度

图 9-65 反射阵中每个阵元所需的等效距离延迟和槽线的长度

在 E 面和 H 面分别低于 -31dB 和 -24dB。

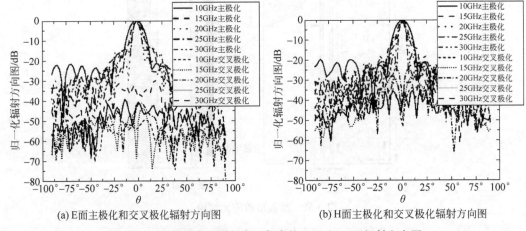

(a) E面主极化和交叉极化辐射方向图   (b) H面主极化和交叉极化辐射方向图

图 9-66 反射阵在不同频率下仿真的 E 面和 H 面辐射方向图

9.6.5 太赫兹天线的仿真

在传统的天线设计中,一般采用金属作为天线的辐射体。然而在太赫兹波段,以金属材料(金、铜、铅等)为辐射体的硅基太赫兹天线存在一些缺点,如由于金属的趋肤效应造成辐射体有效电阻增加从而影响阻抗匹配和效率、硅基底的厚度和高介电常数会激发高阶表面波从而严重影响天线的辐射效率和方向性,等等。而将石墨烯应用于太赫兹天线作为辐射体具有如下优势:阻抗匹配性能好、趋肤效应弱、频率与波束可重构等。

图 9-67 所示为一款工作频带为 $0.238 \sim 0.418$THz,且使用石墨烯作为辐射体的蝶形对偶极子太赫兹天线。该天线由两层构成,分别位于基质层的上下两个面。中间层介电基质采用一定厚度的砷化镓(GaAs)材料,厚度为 $h=75\mu m$。顶层是天线的辐射层,主要由一个蝶形对偶极子构成,辐射层的材料采用石墨烯,厚度为 $5\mu m$;底层为接地板。天线尺寸为 $285\mu m \times 285\mu m \times 80\mu m$。该天线的相应尺寸如表 9-3 所示。

通过 HFSS 软件仿真,该款基于石墨烯的蝶形对偶极子太赫兹天线的回波损耗仿真结果如图 9-68 所示,回波损耗在 0.36THz 处达到最小,并且天线回波损耗低于 -10dB 的有效带宽高达 180GHz($0.238 \sim 0.418$THz),所以天线的带宽足够宽(54.8%),可以应用到太赫兹高数据传输通信系统中。

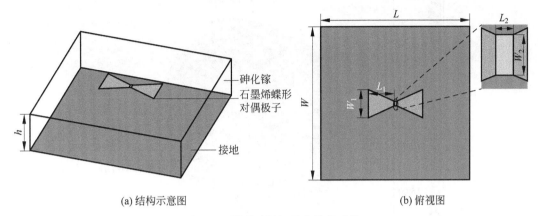

(a) 结构示意图　　　　　　　　　　(b) 俯视图

图 9-67　蝶形对偶极子太赫兹天线

表 9-3　蝶形对偶极子太赫兹天线结构尺寸参数

参　　数	数值/μm	参　　数	数值/μm
W	285	L	285
W_1	52	L_1	50
W_2	9	L_2	4

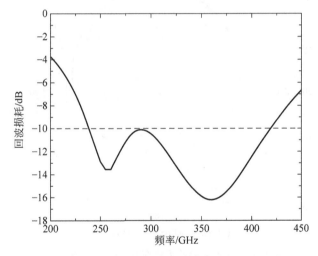

图 9-68　天线回波损耗的仿真结果

图 9-69 描绘出了在频率 0.36THz 时,天线的三维和正交平面的辐射方向图。可以看出,天线的辐射方向图遵从侧向辐射,但辐射分布比较平均,因而增益也较低,为 2.53dBi。

通过以上仿真结果可见,石墨烯作为天线辐射体时,其阻抗匹配表现优越。但是,石墨烯作为辐射体时的辐射效率很低,所以天线的辐射增益值也非常低,其原因是:石墨烯在太赫兹频段的虚部较大,导致石墨烯中较大的内部电流转化为热量,从而带来了严重的损耗(频率越高,损耗越大)。

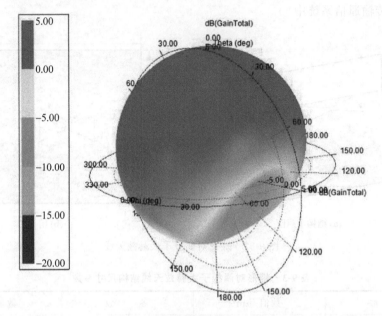

(a) 三维增益图

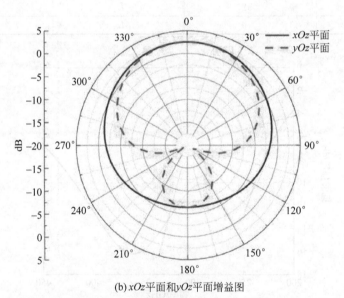

(b) xOz平面和yOz平面增益图

图 9-69　蝶形太赫兹天线在 0.36THz 的辐射图

第 10 章

天 线 测 量

天线测量是天线开发完成前的必要环节,以便验证天线设计的正确性并得到要求的性能指标。天线最重要的指标是阻抗和方向图,阻抗的测量相对简单,辐射参数的测量比阻抗的测量更复杂且更耗时。输入阻抗可以被指定为特定频率或最大的 VSWR,或者一定频率范围内的回波损耗下的值(通常为 50Ω),也可以通过测试天线的 S 参数反映天线阻抗的情况。典型的辐射参数是辐射方向图和增益,其测量必须在天线辐射范围内。一些天线(如用于雷达、微波链路、蜂窝基站和卫星通信中的天线)的辐射方向图是定向的,并且通常具有严格的包络。天线测量不仅要关注峰值增益,而且还要对诸如极化纯度(轴比)、旁瓣电平和辐射效率等参数提出要求,其中一些参数的测试和评估是很困难的。

10.1 测量仪器和场地

10.1.1 网络分析仪

在射频/微波工程中,示波器通常用于查看时域中的信号,频谱分析仪则用于检测频域中的信号。在天线测量时,最有用和最重要的设备是网络分析仪(Network Analyzer,NA),它基本上是发射机和接收机的组合。通常,网络分析仪有两个端口,可以从任意端口发射信号或接收信号,其测量的主要参数是 S 参数,即测量网络的反射与传输特性。网络分析仪分为以下两种。

(1) 标量网络分析仪(Scalar Network Analyzer,SNA):测量网络的各种参数的幅度,如 VSWR、回波损耗、增益和插入损耗。

(2) 矢量网络分析仪(Vector Network Analyzer,VNA):不仅可以测量网络的各种参数的幅度,还能测量网络的各种参数的相位。

矢量网络分析仪比标量网络分析仪强大很多,除了可以测量 SNA 测量的参数外,还可以测量一些重要的参数,如复阻抗,这是天线测量中必不可少的,所以在天线测量中一般选择矢量网络分析仪。

典型的矢量网络分析仪如图 10-1 所示。该设备有两个标准同轴连接器,测量结果可以通过后面的 USB 端口保存到磁盘或者计算机中。矢量网络分析仪的内部架构如图 10-2 所示,图中清楚表明,通过控制开关使源信号从端口 1 或端口 2 传输到被测设备(Device Under Test,DUT)。来自信号源的信号的一部分直接提供给参考 R,中央处理单元(CPU)

将其与接收到的信号 A(来自端口 1)或信号 B(来自端口 2)进行比较。

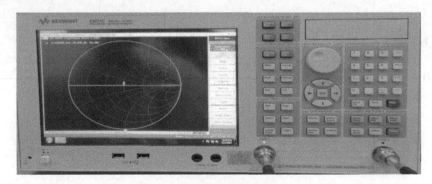

图 10-1　典型的矢量网络分析仪(E5071C)

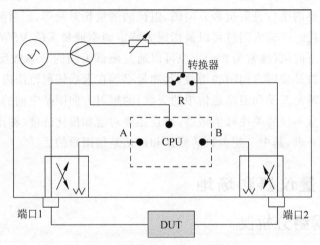

图 10-2　矢量网络分析仪的典型构造

矢量网络分析仪可以进行大部分必要的测量,无需任何手动调整。同样重要的是,它们还包含集成的计算机和图形显示,可以实现前所未有的数据操作和显示。例如,可以将校准的相位调整阻抗直接绘制到屏幕上的史密斯圆图上。实际上,网络分析仪现在具有典型个人计算机的大部分功能:高水平的处理能力、高分辨率彩色屏幕、熟悉的操作系统、网络连接等。此外,大多数网络分析仪支持所使用的标准化文件格式。电路仿真器允许执行测量,然后导入到天线工作的系统中模拟。

矢量网络分析仪是频域设备,它可以使用傅里叶变换在时域中获得信号。例如,它可以用作时域反射计(Time-Domain Reflectometry,TDR)来识别天线、传输线或电路的不连续性。对于天线测量,VNA 可以测量的典型参数如下。

传输测量:

- 增益(dB)
- 插入损耗(dB)
- 插入相位
- 传输系数(S_{12},S_{21})

- 电长度(m)
- 电延迟(s)
- 相位偏移
- 群延迟(s)

反射测量:

- 回波损耗(dB)
- 反射系数(S_{11},S_{22})
- 反射系数距离比(傅里叶变换)
- 阻抗($R+\mathrm{j}X$)
- 电压驻波比

值得注意的是,这些参数可以显示在 VNA 屏幕上。但是,当数据导出到计算机或保存到 U 盘时,我们通常会在每个采样频率下获得复杂的 S_{11} 反射系数(回波损耗)。还应该指出的是,虽然 VNA 可以被视为发射器和接收器的组合,但是接收信号不是作为其绝对值而是作为相对值显示,这与传统接收器不同。因此,VNA 通常不能用作接收器或频谱分析仪。

使用 VNA 进行天线测量时,必须进行仔细校准,原因如下。

(1) 作为辐射器,天线不应放置得太靠近 VNA(以避免耦合和干扰),也就是说,它不应直接连接到 VNA。因此,必须使用电缆和连接器。

(2) 电缆和连接器引入衰减和相移。

(3) VNA 上的读数位于默认参考平面,但我们要测量的是天线输入端口的读数。

因此,我们需要消除电缆和连接器的影响,并将测量参考平面移动到电缆的末端,此过程称为校准。标准校准需要 3 个终端进行单端口校准,即短路、开路和负载/匹配。常用的二端口网络校准是短路-开路-负载-直通(Short-Open-Load-Through,SOLT)校准。其他校准方法,如直通反射线(Through-Reflection-Line,TRL)校准、短路-开路-负载-倒数元件(Short-Open-Load-Reciprocal Element,SOLR)和线反射匹配(Line-Reflection-Match,LRM)(最高校准精度高达 110GHz)也被应用在实践中。测量中可能会引入各种错误,包括系统错误、随机错误和漂移错误。由于天线的辐射特性,天线测量具有许多其他可能的误差源,可以通过校准消除系统错误。某些错误(例如随机错误)无法消除,就像模拟结果一样,测量结果也是近似值。

10.1.2 电波暗室分类

根据形状分类,电波暗室可以分为矩形电波暗室和锥形电波暗室。目前大部分电波暗室是矩形,标准 3 米法、10 米法暗室都是矩形暗室;锥形电波暗室低频性能不会明显下降,并且形状不是矩形,可以避免侧面、顶面的电磁波反射,因此锥形电波暗室可以用来测量卫星等。

根据表面吸波材料,电波暗室可分为如下几类。

1. 半电波暗室

半电波暗室是除了地面之外,其余 5 面都装有吸波材料的暗室。半电波暗室是开阔试验场[也叫开放区域测试场(Open Area Test Site,OATS)]的替代场所,已经被国内外标准承认,成为普遍使用的电磁兼容测试场地。

2. 全电波暗室

全电波暗室是指内表 6 个面都装有吸波材料的暗室。全电波暗室是模拟自由空间的环境。全电波暗室完全抛弃了平面大地干涉原理,主要用于微波天线系统的测量。

3. 增强型半电波暗室

增强型半电波暗室是在接地平面上装有吸波材料的半电波暗室。当需要使用半电波暗室时,将吸波材料移走,露出接地平面,变成半电波暗室;当需要使用全电波暗室的时候,把吸波材料铺设在平面上,使地板没有反射,模拟一个自由空间的状态。这是改进型半电波暗室。

按电波暗室的尺寸分类,电波暗室可分为 3 米法电波暗室、5 米法电波暗室、10 米法电波暗室。3 米法电波暗室指暗室测试距离为 3m,电波暗室尺寸约为长×宽×高＝9m×6m×6m,主要用于被测设备尺寸在 2m 以下的产品,是国际上通用的代替开阔场的测试场地。5 米法电波暗室指暗室测试距离为 5m,电波暗室尺寸约为长×宽×高＝11m×7m×9m,造价比 3 米法电波暗室略贵,但性能相比优越许多,很多实验室出于成本以及性能的考虑,都会选用 5 米法电波暗室。10 米法电波暗室测试距离为 10m,电波暗室尺寸约为长×宽×高＝19m×12m×9m,适用于体积较大的产品。目前国际上很多标准仍然要求使用 10 米法电波暗室进行测量。

半电波暗室和全电波暗室在外观和用途上有所差异。半电波暗室内壁 5 个面铺设吸波材料,主要模拟开阔试验场,即接收天线接收的信号为反射波和直射波的矢量和。全电波暗室内壁 6 个面铺设吸波材料,主要模拟的是自由空间。从使用范围来说,全电波暗室主要适用于微波段,而半电波暗室频率下限可以低至十几千赫兹,尽管低频部分吸波材料性能下降,但仍然有屏蔽室可以提供使用。由此可见,尽管全电波暗室和半电波暗室看起来很相似,但两者的用途、使用和性能指标大不相同。

在实际使用过程中,实验室会建造一个增强型半电波暗室,这是为了兼顾半电波暗室和全电波暗室的需求,以最低的成本实现最大的效率。

10.1.3　开阔试验场与电波暗室举例

国际无线电干扰特别委员会(International Special Committee on Radio Interference)制定的 CISPR 标准中规定:电磁兼容的测试应在开阔试验场中进行。开阔试验场要满足以下条件:周围空旷,无反射物体,至少在要求的面积内,无明显的反射物,地面应平坦并且具有导电率均匀的金属接地表面,场地上没有架空线。开阔试验场应尽量远离建筑物、电线、树林、地下线缆和金属管道,并且环境的电磁干扰噪声很小。

根据国际无线电干扰特别委员会的要求,开阔试验场的尺寸通常为一个菲涅尔椭圆,被测设备与接收天线分别位于椭圆的两个焦点处,间距(测试距离)为 d,长轴是焦距的两倍为 $2d$,短轴为 $d\sqrt{3}$,如图 10-3 所示。但在实际使用开阔试验场的时候,场地还应该建造一个供测量区域使用的水平金属接地平板,尺寸要大于椭圆区域,还需要配备天线塔、转台等设备。此外,测试场地还需要满足 CISPR 的要求,归一化场地衰减要与理论值相差在±4dB 内。

当交变电压通过导体产生交变电流时,会产生电磁波,电场和磁场互为正交并且同时传播。电磁场可分为性质不同的两部分,一是电磁场能量在源周围来回流动,不向外发射,称为感应场；二是电磁场能量离开辐射体，以电磁波向外发射，称为辐射场。

当干扰源与接收天线距离 $d < \frac{\lambda}{2\pi}$ 时，属于近场区域，近场区域属于感应场，近场的电磁场强度随距离的变化而急剧变化，并且此空间内的不均匀度较大，不容易测量。当干扰源与接收天线距离 $d > \frac{\lambda}{2\pi}$ 时，属于远场区域，远场区域属于辐射场，它以平面电磁波形式向外辐射电磁场能量。在远场区域，电磁场强度的衰减要比感应场慢得多，其波阻抗仅与电磁波传播的介质有关，其数值等于空气特性阻抗，为 $120\pi\Omega$。

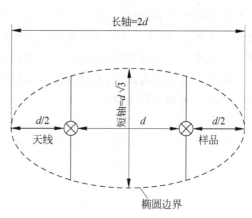

图 10-3　开阔试验场示意图

当测试频率为 30MHz，其波长为 10m，则 $\lambda/2\pi = 1.59$，因此测试距离 d 应大于 1.59m。CISPR 标准上建议的电波暗室场地，测试距离为 10m，因此可以保证测试在远场区域进行，以保证测量结果的稳定性和准确性。但通常往往由于场地、资金等限制，很多实验室没有条件建立 10 米法电波暗室，因此建造 3 米法电波暗室进行替代，当两者数据出现矛盾的时候，以 10 米法电波暗室测试结果为准。

在开阔试验场中，测试场地前方、后方、左边、右边以及上部都不存在反射，因此接收天线仅受两种波的辐射，分别是直射路径直射波和地面反射路径反射波，如图 10-4 所示。接收天线接收到的信号是它们的矢量和。两个矢量相加就是幅度和相位叠加，加上不同频率的波长有差异，于是接收天线必须在不同的高度进行测量，以找到被测设备的最大场强，所以标准中规定，接收天线要上下移动，以便找寻到场强的最大值。对于不同被测设备，被测设备发射最大能量的角度不一样，所以被测设备应在水平轴上进行 360°选择，以获得最大场强值。综上所述，应该通过不同高度、不同角度、不同极化的测量获取被测设备的最大场强值，所以开阔场应配备天线塔、转台等设备。

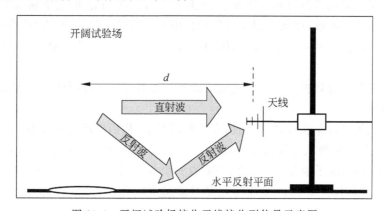

图 10-4　开阔试验场接收天线接收到信号示意图

但是开阔试验场有不少缺点。首先，受气候的影响，当遇上刮风下雨或气候条件不好的时候，无法进行测试操作，因此开阔试验场容易受气候条件的影响。其次，随着现今各种电子设备和通信产品(手机、基站等)的普及,要找一块干净或环境骚扰电平较低的合适自然场地几乎不可能,测试容易受到电磁环境的影响。为了克服上述开阔试验场的缺点,人们开始建造半电波暗室,通过半电波暗室模拟开阔试验场。

除了开阔试验场以外,测试场地可以按照测试环境的不同分成 3 种:自由空间测试场、无回波测试场和反射测试场。

自由空间测试场是指能够抑制或消除地面和周围环境带来的影响的一种测量场地,采取各种措施抑制待测天线或源天线的方向性和副瓣,消除地面的射线。自由空间测量场具体又可以分为架高天线测试场、斜天线测量场地、紧缩天线测试场地。自由空间的特点是没有任何的反射,空间所有的电磁波都是直射的,并且电波的场强是均匀分布的,由于自由空间在地球上不存在,于是我们使用全电波暗室来模拟自由空间的场景,全电波暗室内壁 6 个面都安装有吸波材料,电磁波由辐射源辐射出后,直射波直接抵达接收天线,如图 10-5 所示,反射波则由于吸波材料的作用,信号强度大幅度减小。全电波暗室减小了外界电磁波干扰信号对测试结果的影响,让测试的结果更加准确。相比半电波暗室,全电波的地面反射会减小,受外界环境干扰较小,所建造的空间也不必如半电波暗室那样大,有利于节省成本。

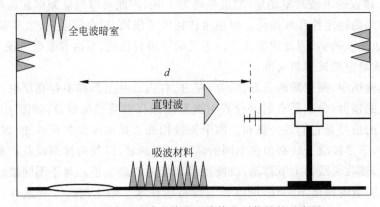

图 10-5　全电波暗室接收天线接收到信号的示意图

无回波测试场是用吸波材料将墙壁、天花板和地板覆盖的房间,它能将入射到 6 个壁上的大部分电磁波进行吸收,用来模拟无反射的自由空间,该测试场又称为"微波暗室"。在微波暗室内对无线通信产品或者电子产品做测试时,可以使产品不受干扰,提高 DUT 的测试精度和效率。

反射测试场就是合理控制和利用地面反射波与直射波干扰而搭建的一种测量场地。

1. 远场条件

天线方向图测量通常在远场中进行,在某些情况下,我们把远场定义为源与被测天线之间的距离,这个距离使测试系统发出的电磁波波前穿过被测天线孔径时的相位变化小于 $\pi/8$,如图 10-6 所示,除了需要 AUT 外,还需要一个源天线才能产生远场。参见图 10-4,很明显,来自源天线相位中心的圆形波前在穿过测试天线孔径(宽度为 D)时产生了相位变化,如式(10-1)所示。

$$\Delta\phi=\frac{2\pi}{\lambda}\left(\sqrt{l^2+\frac{D^2}{4}}-l\right)=\frac{2\pi l}{\lambda}\left(\sqrt{1+\frac{D^2}{4l^2}}-1\right) \tag{10-1}$$

假设 $l=D/2$,式(10-1)变为

$$\Delta\varphi \approx \frac{\pi D^2}{4\lambda l} \tag{10-2}$$

将穿过孔径相位变化小于 $\pi/8$ 时所需的间隔 l 定义为远场，即

$$l \geqslant \frac{2D^2}{\lambda} \tag{10-3}$$

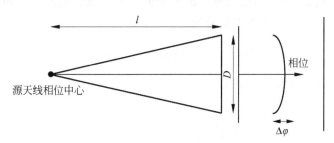

图 10-6　通过天线孔径的相位变化

注意：

（1）式(10-3)只适用于电大天线，而对于电小天线，需要满足 $l > 3\lambda$；

（2）当天线旋转时，天线的一端到源的距离从 $l+D/2$ 变为 $l-D/2$。由旋转产生的 $1/r$ 场可能会带来方向图误差。幅度误差在 ± 0.5dB 内是可以接受的，这时需要 $l > 10D$。

2. 开放区域测试场

开放区域测试场(OATS)，顾名思义，是在相对较宽的区域内不存在除地面以外的反射器的户外场地。OATS 最吸引人的优势是成本低，典型的站点如图 10-7 所示。

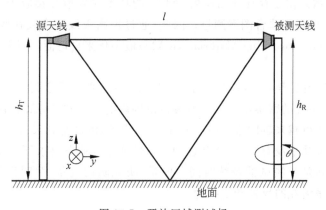

图 10-7　开放区域测试场

从图 10-7 可以看出，直射波和反射波之间的路径差为

$$\Delta = \sqrt{l^2 + (h_T + h_R)^2} - \sqrt{l^2 + (h_T - h_R)^2} \tag{10-4}$$

其中，l 为发射天线和接收天线之间的距离；h_T 为发射天线相对于地面的高度；h_R 为接收天线相对于地面的高度。假设 $l \gg (h_T + h_R)$，使用二项式展开得到

$$\left[1 + \left(\frac{h_T \pm h_R}{l}\right)\right]^{0.5} \approx 1 + \frac{1}{2}\left(\frac{h_T \pm h_R}{l}\right)^2 \tag{10-5}$$

将式(10-5)代入式(10-4)得到

$$\Delta \approx \frac{2h_T h_R}{l} \tag{10-6}$$

如果假设 $l \gg h_T + h_R$，可以忽略两个波之间与距离相关的幅度差异，并假设直接和反射分量都在距离 l 上传播。但是，必须考虑由于地面反射系数引起的幅度和相位差。由于波的相位分量是 $e^{j\beta r}$，所以接收器处的信号为

$$E = E_D \left[1 + \Gamma \exp\left(j \frac{4\pi h_T h_R}{\lambda l} \right) \right] \tag{10-7}$$

其中，E_D 为在自由空间中接收处测得的场强。因此，使用 Friis 传输公式，可以将接收功率写为

$$P_R = P_T \left(\frac{\lambda}{4\pi l} \right)^2 G_T G_R \left| 1 + \Gamma \exp\left(j \frac{4\pi h_T h_R}{\lambda l} \right) \right|^2 \tag{10-8}$$

很明显，如果地面的反射系数 Γ 不为 0，在固定距离 l 处接收到的功率是不均匀的。例如，在金属地面，水平和竖直的方向的反射系数都接近于 -1，则接收功率为

$$P_R = 2P_T \left(\frac{\lambda}{4\pi l} \right)^2 G_T G_R \left[1 - \cos\left(\frac{4\pi h_T h_R}{\lambda l} \right) \right] \tag{10-9}$$

化简得

$$\frac{P_R}{P_T} = 4 \left(\frac{\lambda}{4\pi l} \right)^2 G_T G_R \sin^2\left(\frac{2\pi h_T h_R}{\lambda l} \right) \tag{10-10}$$

当 $\lambda l \gg h_T h_R$ 时，式(10-10)可以化简为 $P_R = P_T \left(\frac{h_T h_R}{l^2} \right)^2$。但是，一般而言，接收功率是 $h_T h_R$ 的周期函数。由于存在地面反射，AUT 的功率对发射和接收天线的高度、距离以及波长都很敏感。该场不适合图案测量。因此，通过提高天线高度或在两个天线之间放置雷达吸波材料(Radar Absorbing Materials，RAM)最小化来自地面的反射非常重要，以便进行精确测量。

使用 OATS 时还要考虑一些其他问题。例如，站点必须位于射频干扰水平较低的地方。由于无线通信系统的密集度和无线电覆盖范围内的定位站点导致传输设备与人之间的逻辑问题，使测试变得越来越困难。由于 OATS 在户外，测试受到天气及时间的影响，在一些国家，寒冷的冬天几乎没有阳光，通常这种季节性变化与业务要求不一致。为了解决这一问题，可以采取措施延长测试的持续时间。但是，防风防雨设备、照明设备(以及相关的电缆)和加热系统都是潜在的反射和干扰源。

10.1.4 典型微波暗室

设计和建造暗室可以为天线工程师在室内进行辐射方向图测量提供便利，进一步提高天线企业的生产效率。但是室内的反射信号会干扰天线的测试，使辐射方向图扭曲。通常可以用雷达吸波材料防止室内的反射。另外，暗室的墙壁通常是全金属化的，以防止外部干扰进入测量室。典型的微波暗室如图 10-8 所示。图 10-9 所示为我们建造的一个天线微波暗室室内场景以及暗室外的场所监控，该暗室尺寸为 $8.6\mathrm{m} \times 5\mathrm{m} \times 3.7\mathrm{m}$，可测天线频率范围为 $600\mathrm{MHz} \sim 40\mathrm{GHz}$。

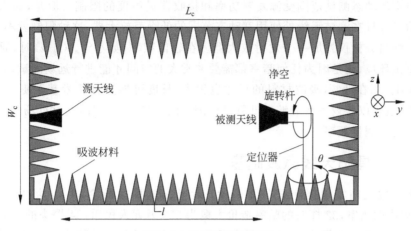

图 10-8 典型的微波暗室

(a) 暗室内场景   (b) 暗室外的场所监控

图 10-9 天线微波暗室实例

暗室是一个全金属封闭的空间,其一端接有源天线,用于激励另一端被测天线(Antenna Under Test,AUT)。被测天线通常安装在一个定位器(或转盘)上,定位器(或转盘)在方位角平面上旋转,以获得二维辐射方向图。一些暗室具有多个定位器,使其能够在仰角平面上移动或倾斜,还有一些暗室具有翻转方位定位器,使 AUT 与方位角旋转正交,从而可以测量三维辐射方向图。

源天线可围绕其轴旋转以进行极化测量。暗室通常布置成源天线作为发射,AUT 作为接收,但是如果更方便(倒易原理),则可以反转。转盘定位器、绘图仪、接收器和发射源都在计算机控制之下。暗室的形式可以是矩形,也可以是从源到被测天线逐渐变细的锥形,以防止形成驻波并使入射到 AUT 上的波更平坦,增加了暗室的有效长度。

辐射方向图的测量精度受到暗室内壁、定位器和连接被测天线的线缆反射的限制。多重的反射可能会使辐射方向图产生零陷,从而产生错误的旁瓣。暗室形状选择要以最大限度地减少内壁在各种入射角度和频率上的反射为目的。最低的工作频率取决于吸波材料的长度,通常吸波材料在操作空间的边上需要大约一个波长。频率范围的上限由吸波材料的组成及其表面决定。大多数 RAM 由碳载聚氨酯泡沫制成。金字塔和楔形是被广泛使用的形状,一般情况下,金字塔形的效果最佳。从自由空间到吸波材料背面的锥形阻抗过渡确保了宽带吸收性能。

天线暗室的动态测试范围受源发射功率和接收器灵敏度的限制。但是,如果在窄带宽中检测到信号并且在测试天线处使用宽动态范围的低噪声放大器,这种限制就不那么严重。通常可以在网络分析仪外加一个发射放大器。在较低频率(如小于 1GHz)时,通常会使用开放式的测试环境,这是因为任何暗室都需要非常大的空间才能进行远场测试,并且还需要大量的 RAM。而在低频,吸波材料的尺寸也很大,长度可能达到几米甚至更多。当然,如果条件允许,也可以建设一些能够在低频进行测量的大暗室。另外,通过近场的测量也可降低室内系统的可测量频率。

10.1.5 基站天线微波暗室

基站天线微波暗室根据原理分为两种:近场测试和远场测试。近场测试主要使用 SATIMO 提供的暗室,32 探头的暗室造价大概为 500 万元人民币,64 探头的大概为 600 万元人民币,128 探头的大概为 3000 万元人民币。不过近场测试的稳定性不如远场测试,但是测试速度较快。远场测试的国外微波暗室厂家主要有 ETS、西门子和诺基亚,国内远场测试的微波暗室厂家有大连东信、南京 14 所等。一般基站天线的暗室较大,如 128 探头的近场,或者几十米长、宽、高的远场。图 10-10 所示为一种 128 探头基站天线微波暗室。

(a) 转台   (b) 控制台

图 10-10 基站天线微波暗室

基站天线辐射特性的测试系统采用旋转天线法测试,即源天线固定不动而待测天线绕其轴旋转。图 10-11 所示为微波暗室的测试仪器的简要结构图,整套天线测量系统主要包括待测天线、源天线,转台、控制台以及计算机。测试系统的基本步骤是源天线通过极化位置的确认之后,信号发生器通过源天线向待测天线发射信号,而待测天线则通过绕其轴旋转在距离相等的不同位置上采集大量波瓣图取样值,然后传输到波瓣图记录器,最终输出到计算机上,进行数据处理。该套测试系统可以准确地测量天线的辐射方向图、极化以及增益等参数。而且几乎是全自动化操作,测量简单,节约测量时间,大大提高了研发天线的效率。

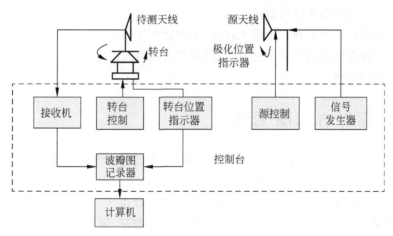

图 10-11　测试仪器结构图

10.1.6　毫米波天线暗室

图 10-12 所示为一种毫米波天线暗室,反射面频率支持范围为 18~110GHz。

图 10-12　毫米波天线暗室

10.2　S 参数测量

直到约 20 世纪 80 年代后期,大多数阻抗测量都是使用手动调谐的阻抗桥进行的。今天仍然使用这种桥。例如,操作阻抗桥用于调幅广播天线的测量,因为它们能够在线连接,而天线发射高功率。然而,对于实验室用途,VNA 已成为高频(分布式元件)阻抗测量的行业标准设备,它与用于直流和低频(集总元件)阻抗测量的万用表有很大不同。

根据电路理论,我们知道负载阻抗和传输线阻抗决定了反射系数、VSWR 和回波损耗。由于 VNA 的线路阻抗通常设置为 50Ω,因此当采用 VNA 时,天线阻抗和回波损耗测量基本相同。我们只需要将被测天线(AUT)连接到 VNA 的一个端口测量 S_{11}。标准测量程序如下。

(1) 为测量选择合适的电缆(低损耗和相位稳定)并确保它正确连接到 VNA(否则可能会产生严重错误)——这是测量误差的主要来源。

（2）设置频率范围和测试点数量。

（3）执行单端口校准并确保电缆未移动（或可能产生错误）。

（4）在几乎没有反射的环境中进行测量（如开放区域或暗室）。

（5）记录测量结果。

10.3 辐射方向图测试

天线的辐射方向图作为天线的重要性能指标，在天线加工完后必须进行测试，方向图的测试往往比阻抗和 S 参数测试复杂且耗时。测量天线辐射方向图的方法可以分为近场和远场测量方法，或频域和时域方法。选择用哪种方法主要取决于天线的大小和位置。例如，中波广播天线安装在铁塔上，可以在地面上的半球面进行测量，但是这样做需要直升机或热气球，通常这是非常昂贵的。相反，测量通常在地面上沿着"径向"进行，该"径向"是由天线相位中心发出并向外延伸（以选定的角度增量）几十公里。沿着这些径向在不同距离处进行测量，并且根据这些测量计算辐射图，在这种情况下，可能还需要考虑地面的电导率。这是一个特殊的例子，但它说明了天线方向图的测试方法可以根据特定类型的天线进行相应地选择。

要想准确测量天线的方向图，需要一个能将平面波均匀照射在待测天线上的理想场地。天线的测量场地按照测试距离不同可分为近场和远场。

辐射近场也称为菲涅耳区，辐射远场也称为夫琅和费区。两者的边界距离为

$$r_{ff} = \frac{2D^2}{\lambda} \tag{10-11}$$

其中，r_{ff} 为待测天线到夫琅和费区以内边界的距离；λ 为波长；D 为天线物理口径的最大尺寸，单位均是 m。所以，当待测天线与源天线的距离小于 r_{ff} 时，属于近场测试；当待测天线与源天线的距离大于 r_{ff} 时，属于远场测试。

10.4 增益测量

测量天线的绝对增益有几种方法，下面讨论这些方法。

10.4.1 与标准增益天线比较

当测试场中源天线发射功率恒定，将从测试天线获得的信号与将已知增益天线（如标准增益喇叭）放在同一位置测试获得的信号进行比较，被测天线的增益 G_{AUT} 为

$$G_{AUT} = \frac{P_{AUT}}{P_{SG}} G_{SG} \tag{10-12}$$

其中，P_{AUT} 和 P_{SG} 分别为当被测天线和标准增益天线放在同一位置测试时，测试设备接收到的功率；G_{SG} 为标准增益天线的已知增益值。该方法的优点是测试结果与测试场中源和测试天线之间间隔的路径损耗无关。其精度取决于被测天线和标准增益天线之间的位置以及标准增益天线的校准。将标准增益喇叭的绝对增益测量到几十分之一分贝是困难且昂贵的。在三维暗室中，可以测量标准增益喇叭的方向性（通过对辐射模式积分），并假设其等于

具有仅金属结构的喇叭的增益(损耗非常低,因此可以假设喇叭的效率为100%)。

10.4.2 双天线测量

双天线测量需要考虑暗室的路径损耗 L,即

$$L = \left(\frac{\lambda}{4\pi l}\right)^2 \tag{10-13}$$

其中,λ 为波长;l 为源天线与被测天线之间的间隔长度。将源天线的增益和被测天线的增益分别记为 G_S 和 G_{AUT},则被测天线接收到的功率为

$$P_{AUT} = LG_S P_S G_{AUT} \tag{10-14}$$

其中,P_S 为源天线的功率。这个公式与 Frris 传输公式 $P_r = P_t \left(\frac{\lambda}{4\pi r}\right)^2 G_t G_r$ 相似。如果源天线的增益未知,则可以在暗室的源端和接收端使用相同的测试天线得到它们的增益。或者,对着一个大的导电片的单个测试天线的返回信号也可用于测量其增益(暗室的有效长度为天线和导电片之间距离的两倍)。在这种情况下,重要的是允许测试天线的固有失配。

10.4.3 三天线测量

如果用 3 个未知增益分别为 G_1、G_2 和 G_3 的天线的所有 3 种组合情况作为源和被测天线,记源的功率为 P_S,则接收功率为

$$\begin{cases} P_{12} = P_S L G_1 G_2 \\ P_{23} = P_S L G_2 G_3 \\ P_{13} = P_S L G_1 G_3 \end{cases} \tag{10-15}$$

3 个方程有 3 个未知数,因而所有 3 个增益均可求出,解方程组得

$$\begin{cases} G_1 = \dfrac{P_{12} P_{13}}{P_{23} P_S L} \\ G_2 = \dfrac{P_{12} P_{23}}{P_{13} P_S L} \\ G_3 = \dfrac{P_{23} P_{13}}{P_{12} P_S L} \end{cases} \tag{10-16}$$

与双天线测量相比,这种方法不需要使用标准增益天线,但是需要知道暗室中源端与测试端的路径损耗。

10.5 圆极化天线轴比测量

10.5.1 圆极化天线轴比的定义

前面已经介绍了天线的极化分为线极化、圆极化和椭圆极化,而线极化和圆极化又可以看成是椭圆极化的两种特殊情况。任意椭圆极化波可以分解为两个线极化波或两个旋向相反的圆极化波。极化轴比的定义为极化椭圆长轴与短轴的比,用 R 表示,通常测量中用分贝表示,即

$$AR = 20 \lg R \tag{10-17}$$

可知,当轴比 AR＝0dB 或 R＝1 时为圆极化;当 AR＝∞或 R＝∞时为线极化。

在圆极化天线的设计中,轴比是衡量圆极化程度的一个重要技术指标,由于在实际中做到绝对的圆极化很难,工程上一般将轴比 AR＜3dB 都认为是良好的圆极化。

10.5.2　轴比的测量方法

天线轴比的测量和测量增益与辐射方向图一样,需要在微波暗室里进行。对于单探头的暗室,测量轴比的方法通常有两种:单天线旋转法和收发天线同时旋转测试法。图 10-8 所示的微波暗室就是典型的单探头暗室,一般情况下,源天线是正交极化性能很好的线极化天线(如标准增益喇叭)。测试时将源天线安装在极化旋转装置上,待测天线安装在带有方位和极化旋转的测试转台上,测试仪器一般用矢量网络分析仪,有时还需要功率放大器。

单天线旋转法是将源天线接网络分析仪的一端作为发射天线,待测天线接网络分析仪的另一端;待测天线固定在 0°,源天线旋转 360°,记录最大最小电平差,即为待测天线的轴向轴比。

收发天线同时旋转法中,源天线和待测天线的安装与单天线旋转法相同,区别在于源天线在快速连续绕收发轴线旋转的同时,缓慢转动待测天线,实时记录下来的图形即为待测天线的轴比方向图,方向图上任一方向的轴比就是该方向上最大和最小电平的差值。

10.5.3　测试步骤

(1) 按图 10-8 将测试系统准备就绪,并使源天线和待测天线的中心在一条直线上。

(2) 设置测试频率范围和频率间隔或设置测试频点数,一般情况下功率设置为网络分析仪默认的功率值。

(3) 缓慢旋转源天线一周,测试系统上实时显示的曲线为角度-功率曲线。

(4) 在每个频点选择多个电平最大值和电平最小值取平均后,将最大值的平均值减去最小值的平均值,即为该频点上的轴向轴比值。

(5) 按照上述方法计算各个频点上的轴比值。

(6) 按照实际需求,调整方位角度,每调整一个角度,重复步骤(3)～步骤(5)。

10.6　阻抗测量

天线的阻抗有两种:自阻抗和互阻抗。当天线向无界介质辐射时,天线与其他天线或周围障碍物之间不存在耦合,天线的自阻抗就是指天线馈电点的阻抗。如果被测天线与其他源或障碍物之间存在耦合,则驱动点的阻抗是其自阻抗和互阻抗的函数,这里的互阻抗指天线与其他源或障碍物之间的阻抗。在实际中,驱动点的阻抗通常称为输入阻抗。

为了在源和天线之间或传输系与天线之间(或者天线与接收机之间)实现最大功率传输,通常需要进行共轭匹配。在很多应用中,这可能不是最理想的匹配。例如,在一些接收系统中,如果天线阻抗低于负载阻抗,就可以获得最小的噪声。然而,在一些发射系统中,当天线的阻抗大于负载阻抗时可以获得最大的功率传输。如果不存在共轭匹配,则计算功率损耗的计算式为

$$\frac{P_{\text{lost}}}{P_{\text{available}}} = \left| \frac{Z_{\text{ant}} - Z_{\text{cct}}^{*}}{Z_{\text{ant}} + Z_{\text{cct}}} \right|^{2} \tag{10-18}$$

其中，Z_{ant} 为天线的输入阻抗；Z_{cct} 为从输入端看过去，连接天线的电路的输入阻抗；$P_{\text{available}}$ 为输入功率或可用功率。当传输线与系统相关联时（通常是这种情况），可以在传输线的两端进行匹配。然而，在实际中，匹配是在天线终端附近进行的，因为它通常使线路损耗和线路电压峰值最小化，并使系统的有效带宽最大化。

在不匹配的系统中，不匹配的程度决定了入射功率或可用功率的大小，这些功率反映在输入天线终端到线路中。失配度是天线输入阻抗和线路特性阻抗的函数。

辐射效率定义为在辐射过程中天线辐射的总功率与天线在其输入端接收的总功率之比。而天线的一些固有属性，如阻抗或极化的不匹配，都会影响天线的辐射效率。它们与用标准传输线连接时天线输入端的输入反射系数和输入电压驻波比（VSWR）相关。

$$\frac{P_{\text{refl}}}{P_{\text{inc}}} = |\Gamma|^{2} = \left| \frac{Z_{\text{ant}} - Z_{\text{c}}}{Z_{\text{ant}} + Z_{\text{c}}} \right|^{2} = \left| \frac{\text{VSWR} - 1}{\text{VSWR} + 1} \right| \tag{10-19}$$

其中，$\Gamma = |\Gamma| e^{\text{j}\gamma}$ 为天线输入端的电压发射系数；VSWR 为天线输入端的电压驻波比；Z_{c} 为传输线的特性阻抗。

式（10-19）表明天线输入阻抗（Z_{ant}）与电压驻波比（VSWR）有直接关系。也就是说，当输入阻抗（Z_{ant}）已知时，可计算出电压驻波比（VSWR）。而实际并非如此，我们通常测量的是电压驻波比（VSWR），而它本身并不能提供足够的信息唯一确定天线的复输入阻抗。为了克服这一问题，通常是通过测量电压驻波比，然后利用式（10-18）计算反射系数的幅值大小。反射系数的相位可以通过在传输线上定位电压最大值或电压最小值（从天线输入端）确定。因为在实践中，最小值比最大值测量得更精确，所以通常首选最小值。此外，通常选择第一个最小值，除非它到输入端子的距离太小，无法精确测量。反射系数相位 γ 的计算式为

$$\gamma = 2\beta x_{n} \pm (2n-1)\pi = \frac{4\pi}{\lambda_{\text{g}}} x_{n} \pm (2n-1)\pi, \quad n = 1, 2, 3, \cdots \tag{10-20}$$

其中，n 为电压最小值的数目（$n=1$ 代表第一个电压最小值）；x_{n} 为从输入端看过去第 n 个电压最小值的距离；λ_{g} 为输入传输线内测得的波长（为两个电压极小值点或两个电压极大值点之间距离的两倍）。

当获得了反射系数的幅值和相位，就可以确定天线的阻抗为

$$Z_{\text{ant}} = Z_{\text{c}} \left(\frac{1+\Gamma}{1-\Gamma} \right) = Z_{\text{c}} \left(\frac{1+|\Gamma| e^{\text{j}\gamma}}{1-|\Gamma| e^{\text{j}\gamma}} \right) \tag{10-21}$$

另外，利用阻抗桥、槽线以及宽带扫频网络分析仪也可确定天线的阻抗。

输入阻抗通常是频率、几何形状、激励方式以及天线周围其他物体的函数。由于其对环境的依赖性强，除非天线具有非常窄的波束特性，否则通常应在现场进行测量。

10.7 相位测量

完全确定天线的辐射方向图，需要测量接收或者发射功率的幅值和相位。这些测量应该是在两个正交的方向上进行，以便能够完全模拟出天线的所有分量。

例如,假设天线的发射频率为 f,在某一点上沿＋y 方向运动的场为

$$\boldsymbol{E} = \boldsymbol{a}_x A e^{jD} e^{j2\pi ft} + \boldsymbol{a}_z B e^{jF} e^{j2\pi t} \tag{10-22}$$

电场正交于远场的运动方向,电场的 x 分量和 z 分量的幅值分别为 A 和 B,相位分别为 D 和 F。如果 $D = F$,x 分量和 z 分量同相,天线为线极化;如果 D 和 F 相差 $90°$,且 x 分量和 z 分量的幅值相等,则天线是圆极化的。

相位是一个相对量,也就是说,它必须相对于某个固定的参考值进行测量。最简单的测量方法如图 10-13 所示,该方法用被测天线作为源天线,另一天线作为接收天线,且尽量使观测点的位置离测试天线不要太远,以便馈入测试天线的源波形也能同步输入相位测试箱。测试箱比较接收信号的波峰和波谷的位置,并根据此信息确定相对相位,然后移动接收天线,重复此过程。这种情况下,接收天线需要有极好的极化纯度,使其能够与接收场的一个极化分量匹配,然后可以旋转接收天线 $90°$,使其与接收场的另一个正交分量匹配。如果测试天线与测试点相隔很远,参考(源)不能直接输入波形进入相位测试,这种情况下,可以用一个已知相位特征的标准天线传输一个波形进入相位测试箱,用于与测试天线的接收信号进行比较。

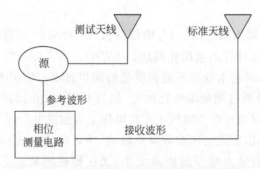

图 10-13　观察点靠近源时测量测试天线的相位

10.8　极化测量

天线辐射方向图的基础是它的极化,本节将讨论测量天线极化的方法和技术。需要注意的是,天线的极化会随着选择的辐射方向而变化。例如,圆极化天线可能仅在一个窄波束宽度上近似为圆形,而在远离天线主波束的地方为线极化(圆极化贴片天线通常是这种情况)。

为了进行测量,使用被测天线作为源,线极化天线(通常是半波偶极子天线)作为接收天线。线极化的接收天线进行旋转,接收功率记为接收天线角度的函数。通过这种方式,可以获得被测天线的极化信息。这个接收到的信息只适用于确定被测天线在功率接收方向上的极化。为了完整地描述被测天线的极化,必须旋转测试天线,以便确定感兴趣的任意方向上的极化。

极化测量的基本设置如图 10-14 所示。记录接收天线一个固定方向上的功率,然后如图 10-14 所示绕 x 轴旋转,再次记录功率。

根据这些信息,可以确定关于被测天线极化的一些参数。下面看几个例子。

(1) 假设被测天线是垂直极化,接收天线也是垂直极化,且方位角度为 0,两天线极化匹配。实验的输出可以表示成接收天线旋转角度的函数,如图 10-15 所示。

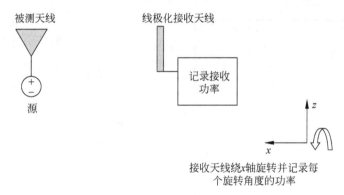

图 10-14　天线极化测量的基本设置

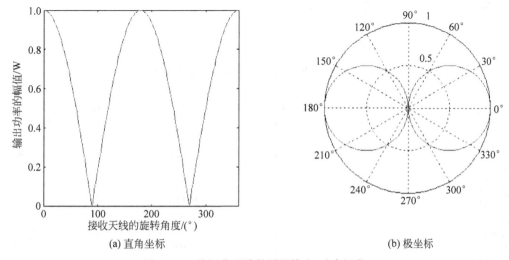

(a) 直角坐标　　　　　　　　　　(b) 极坐标

图 10-15　线极化天线的测量输出(垂直极化)

图 10-15 给出了输出结果在直角坐标和极坐标下的两个视图,可以看出结构是周期性的——当接收天线旋转 180°时,被测天线与接收天线极化再次匹配,此时接收功率是相同的。

(2) 假设被测天线是水平极化的,此时被测天线与接收天线极化不匹配,得到的接收功率图如图 10-16 所示。在这种情况下,得到的测量结果的形状是相同的,但接收功率的峰值出现在不同的角度。因此,可以得出当被测天线是线极化时,接收功率将类似于图 10-15 和图 10-16 所示的形状,通过确定接收功率峰值处的角度,可以确定线极化的角度。

(3) 被测天线辐射一个右旋圆极化(RHCP)波。如果采用上述相同的测量方法测试被测天线,得到的归一化(为了简单起见,使输出功率峰值等于 1)输出功率如图 10-17 所示。因为圆极化波在两个正交方向上具有相等的振幅分量,所以对于旋转的线极化天线,接收功率是恒定的。另外,还要注意的是无论被测天线是左旋圆极化(LHCP)还是右旋圆极化(RHCP),接收功率是相同的,因此,该方法可以确定极化的类型,但不能确定极化的旋向,这将需要另一种方法来确定。

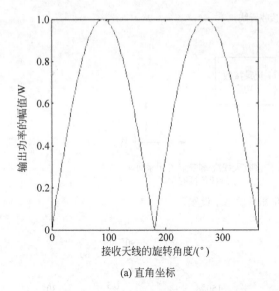

(a) 直角坐标

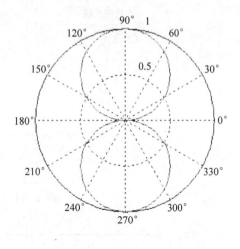

(b) 极坐标

图 10-16 线极化天线的测量输出（水平极化）

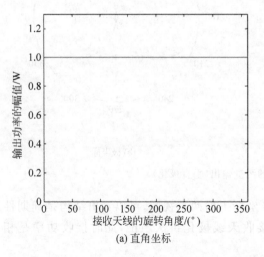

(a) 直角坐标

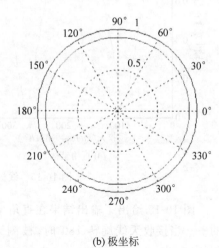

(b) 极坐标

图 10-17 圆极化天线的测量输出

（4）假设被测天线是椭圆极化，倾斜角度为 45°，轴比为 3dB。该天线的电场可以表示为

$$E = a_y\left(1 - \frac{j}{2}\right) + a_z\left(1 + \frac{j}{2}\right) \tag{10-23}$$

测量的结果输出如图 10-18 所示。首先可以通过接收功率在 45°时达到峰值的位置判断椭圆极化的倾斜角。椭圆极化的另一个参数——轴比，也能在图中确定。当倾斜角为 45°时，获得峰值输出功率为 1.0，而当角度为 135°时，输出功率最小为 0.5，则椭圆极化的轴比（AR）为最大输出功率与最小输出功率之比（AR＝1/0.5＝2，即 3dB）。因此，可以通过简单地观察图，快速地确认被测天线辐射方向图在某一个方向上的极化类型，但无法判断出电场的旋向。

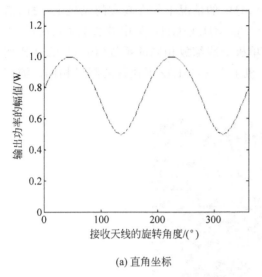

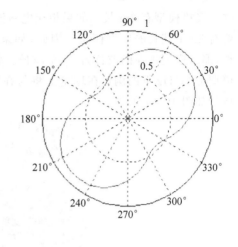

(a) 直角坐标　　　　　　　　　　　　　　　(b) 极坐标

图 10-18　椭圆极化天线(轴比＝3dB,主轴沿 45°方向)的测量输出

最后讨论如何确定天线的极化旋向。假设被测天线为右旋圆极化(RHCP),可以得到如图 10-17 所示的输出,但无法从图中判断出是右旋圆极化(RHCP)还是左旋圆极化(LHCP)。一个简单的方式是选择一个已知为右旋圆极化的天线作为接收天线,记录结果;然后选用左旋圆极化的天线作为接收天线,也记录结果。如果被测天线是右旋圆极化天线,则第一次记录的结果比第二次要大得多,输出功率较大的极化旋向即为天线的极化旋向。这种测试方法的弊端在于需要两个频率相近而极化旋向已知且不同的天线。

天线的极化也可以通过测量辐射模式中两个正交方向的相位来确定,然后将结果与接收功率的幅值进行比较。

10.9　比例模型测量

为了最好地估计天线在实际情况下的性能,对天线的测量应该在与天线实际工作环境非常相似的位置进行。然而,在某些应用程序中,需要精确的测量,但现实世界的测量是不可能的。例如,假设我们对天线的辐射模式、天线阻抗等感兴趣,而这个天线要在飞机上使用;或者假设我们对一个天线和另一个天线的耦合感兴趣,这两个天线都在飞机上工作。在飞机上安装天线并进行测量(特别是辐射模式)是非常昂贵和困难的。此外,通常需要在天线位置完全确定之前进行测量,因此我们希望尝试几个不同的位置,以找到具有理想视场和增益的天线。

在这种情况下,我们可以使用的一种方法是比例模型测量。在这种技术中,使用一个缩放模型(通常是实际结构的一个更小的物理模型)表示天线工作的平台。根据麦克斯韦方程,单频电磁波在传播过程中遇到障碍物后的行为只取决于障碍物波长的大小。也就是说,无论频率如何,平面波对一个直径为 n 个波长的完美导体圆板的响应是相同的。因此,假设我们想知道 $f＝300\text{MHz}$(波长为 1m)的单极子天线的特性,这个天线安装在一架 30m 长的飞机上,也就是说飞机有 30 个波长长。建立一个飞机的比例模型,可以把它放进消声室,这个飞机模型有 3m 长。如果想让电磁波在 300MHz 的情况下像在真实的飞机上一样,需要有 30 个波长的比例模型。因此,如果在 $f = 3000$MHz(3GHz,其中波长为 0.1m)下工作,那么模型现在的波长为 30 个波长。如果将单极天线缩放相同的系数(10),那么在比例模型上 3GHz 下的测量在理论上将与在实际飞机上在 300MHz 下执行的测量相同。测试场景如图 10-19 所示。

图 10-19　飞机的比例模型测量

测量结果的准确度取决于模型制作的精度。在航空航天和国防领域,这种方法是一种有效且经常使用的天线测量方法。

表 10-1 用于理解合适的缩放,表中假设模型按比例缩小了 n 倍。

表 10-1　按比例测量时各参数直间的关系

参数	长度(L)	频率(f)	介电常数(ε)	磁导率(μ)	电导率(σ)	阻抗(Z)	增益(G)	雷达截面(A)	电容(C)	电感(L)
缩放关系	L/n	fn	ε	μ	σn	Z	G	An^2	C/n	L/n

表 10-1 是对麦克斯韦方程组进行数学运算的结果,可以看出有些特性参数根本不需要缩放,特别是介电常数和磁导率。此外,天线的阻抗和增益也不需要缩放,这是一件好事。然而,在比例模型中,有些参数(如电导率)需要增加 n 倍。理解这一点的一种方法是注意按比例缩放的模型的电阻应该是恒定的,并且电阻与物体的电导率乘以长度除以横截面积成正比。通常,真实世界中的飞机有一个高导电性的外壳(金属)。因此需要注意,模型的电导率要尽可能高。

参 考 文 献

[1] Chen Z N, Luk K M. Antennas for Base Stations in Wireless Communications[M]. 2nd Edition. New York: McGraw-Hill, 2009.

[2] Huang Y, Boyle K. Antennas from Theory to Practice[M]. New Jersey: John Wiley & Sons, 2008.

[3] Balanis C A. Antenna Theory: Analysis and Design[M]. 4th Edition. New Jersey: John Wiley & Sons, 2016.

[4] Volakis J L. Antenna Engineering Handbook[M]. 4th Edition. New York: McGraw-Hill, 2007.

[5] Pozar D M. Microwave Engineering[M]. 4th Edition. New Jersey: John Wiley & Sons, 2012.

[6] Li R L, Fusco V, Nakano H. Circularly Polarized Open-Loop Antenna[J]. IEEE Transactions on Antennas and Propagation, 2003, 51(9): 2475-2477.

[7] Cooray F R. Analysis of Radiation from a Horn with a Superquadric Aperture[J]. IEEE Transactions on Antennas and Propagation, 2005, 53: 3255-3261.

[8] Lu J, Guo J. Small-Size Octaband Monopole Antenna in an LTE/WWAN Mobile Phone[J]. IEEE Antennas and Wireless Propagation Letters, 2014, 13: 548-551.

[9] Ban Y, Chen J, Yang S, et al. Low-Profile Printed Octaband LTE/WWAN Mobile Phone Antenna Using Embedded Parallel Resonant Structure[J]. IEEE Transactions on Antennas and Propagation, 2013,61(7): 3889-3894.

[10] Wong K, Jiang H, Weng T. Small-Size Planar LTE/WWAN Antenna and Antenna Array Formed by the Same for Tablet Computer Application[J]. Microwave and Optical Technology Letters, 2013, 55(8): 1928-1934.

[11] Li J, He Y J. A Novel Planar Inverted-F Antenna for 2G/3G/LTE Systems[C]//Proceedings of IEEE International Workshop on Antenna Technology(iWAT). 2018: 1-4.

[12] He Y J, Yue Y D. A Novel Broadband Dual-polarized Dipole Antenna Element for 2G/3G/LTE Base Stations [C]//Proceedings of IEEE International Conference on RFID Technology and Applications (RFID-TA). 2016: 102-104.

[13] He Y J, Chen M H. 2. 45 GHz Broadband Monopole RFID Reader Antenna Buried in the Ground of Parking Lot Near the Curb [C]//Proceedings of IEEE International Conference on RFID Technology and Applications. 2016: 1-5.

[14] He Y J, Pan Z Z, Cheng X D, et al. A Novel Dual-Band, Dual-Polarized, Miniaturized and Low-Profile Base Station Antenna[J]. IEEE Transactions on Antennas and Propagation, 2015, 63(12): 5399-5408.

[15] Sharawi S M, Ikram M, Shamim A. A Two Concentric Slot Loop Based Connected Array MIMO Antenna System for 4G/5G Terminals [J]. IEEE Transactions on Antennas and Propagation, 2017, 65(12): 6679-6686.

[16] Huang Y, Alieldin A, Song C. Equivalent Circuits and Analysis of a Generalized Antenna System[J]. IEEE Antennas and Propagation Magazine, 2021, 63(2): 53-62.

图 书 资 源 支 持

感谢您一直以来对清华大学出版社图书的支持和爱护。为了配合本书的使用，本书提供配套的资源，有需求的读者请扫描下方的"书圈"微信公众号二维码，在图书专区下载，也可以拨打电话或发送电子邮件咨询。

如果您在使用本书的过程中遇到了什么问题，或者有相关图书出版计划，也请您发邮件告诉我们，以便我们更好地为您服务。

我们的联系方式：

教学资源·教学样书·新书信息

地　　址：北京市海淀区双清路学研大厦 A 座 701

邮　　编：100084

电　　话：010-83470236　010-83470237

资源下载：http://www.tup.com.cn

客服邮箱：tupjsj@vip.163.com

QQ：2301891038（请写明您的单位和姓名）

人工智能科学与技术
人工智能|电子通信|自动控制

资料下载·样书申请

书圈

用微信扫一扫右边的二维码，即可关注清华大学出版社公众号。